La Vita oltre la Terra

Luigi Vacca

La Vita oltre la Terra

Il paradosso di Fermi - dove sono le civiltà extraterrestri?

Luigi Vacca
L'Aquila, Italy

ISBN 978-3-032-11459-4   ISBN 978-3-032-11460-0 (eBook)
https://doi.org/10.1007/978-3-032-11460-0

Dedicato a mio padre, Angelo

Prefazione

Questo libro parla di vita al di fuori della Terra. È rivolto al grande pubblico. Sebbene il libro contenga molte informazioni tecniche, il suo obiettivo principale è quello di stimolare l'immaginazione dei lettori, grazie alle intriganti ipotesi che vi sono presentate. Mi sono preso la libertà di menzionare scenari che sfiorano la fantascienza. L'ho scritto desiderando che fosse anche divertente da leggere. Il libro copre il maggior numero possibile di argomenti, dando al lettore un assaggio di alcuni dei problemi posti dall'astrobiologia. Vorremmo, soprattutto, evitare che il lettore potesse annoiarsi a causa di eccessivi tecnicismi. Il libro è stato anche scritto con l'intento di coprire aspetti della vita sulla Terra, compresa la nostra storia, in un'analisi comparativa, con ciò limitando la dimensione del testo a circa 200 pagine. L'analisi comparata assume che le forme di vita aliene condividano molte caratteristiche con gli esseri viventi sulla Terra.

Il libro è diviso in due parti diverse: la prima è dedicata a Enrico Fermi, all'universo e all'equazione di Drake; la seconda parte è interamente dedicata ad alcune delle principali ipotesi che possono spiegare il paradosso di Fermi. L'equazione di Drake è un'equazione euristica che stima il numero di civiltà comunicanti nella nostra galassia. Essa consiste in sette parametri: alcuni di questi parametri sono di natura astrofisica e astronomica, mentre altri sono di natura chimica e biologica. Il libro discute diversi casi per apprezzare il numero di civiltà avanzate, variando i valori di un paio di parametri.

Secondo un rapporto emesso da Los Alamos, il paradosso di Fermi risale al 1950: Fermi stava pranzando con i suoi colleghi e discuteva dell'esistenza di esseri extraterrestri avanzati. Proprio come Fermi, chi scrive trova strano che nonostante notevoli sforzi, non abbiamo ancora avuto prove di vita extraterrestre. Il problema dell'esistenza della vita aliena è una delle molte domande scientifiche e filosofiche per le quali cerchiamo risposte definitive.

Qualcuno potrebbe chiedersi perché mai un "novizio", sebbene con un vecchio dottorato in fisica del plasma, scriverebbe un libro su questo importante argomento. Il mio attuale campo lavorativo è, in effetti, l'intelligenza artificiale. Ebbene: l'ho scritto perché sono curioso del nostro universo e del mistero della vita. Sono un po' filosofo. Ho iniziato a studiare l'argomento tempo fa, perplesso dalla mia intuizione che mi suggeriva come debba esserci vita intelligente altrove. Man mano che invecchio, mi pongo le domande esistenziali che tutti si pongono. Sono fiducioso nel fatto che, un giorno, risponderemo alla domanda di Fermi. Negli anni, ho deciso di raccogliere le mie idee in un libro – questo libro – rendendomi conto della difficoltà di un simile compito, non essendo un esperto della materia. Comprendendo i miei limiti, ho cercato il feedback di molti specialisti, ma, in prima istanza, ho ricevuto pochi riscontri incoraggianti.

In ogni caso, non mi sono mai arreso. Scrivere mi ha messo nella condizione di studiare nuovi argomenti, per ampliare le mie prospettive, mentre cercavo risposte. In fin dei conti, sono stato soddisfatto della reazione positiva, quando ho presentato il testo agli editori della Springer. Ho lavorato alacremente per rispondere alle loro domande e venire incontro alle loro esigenze.

Anche se non sono uno specialista nel campo – il libro copre molti ambiti differenti – mi sono impegnato per essere certo che le parti più tecniche fossero corrette. Ogni autore sa quanto sia improbabile evitare errori nella stesura di un testo, anche avendone massima cura. Sarò grato al cortese lettore che volesse segnalare eventuali sviste o difetti: sarà mia premura correggerle in una successiva edizione.

Permettetemi di ringraziare un revisore anonimo per i suoi costruttivi feedback e i suoi suggerimenti. Ringrazio il fisico Andrea Oliva per avermi aiutato con la traduzione italiana. Vorrei, inoltre, ringraziare Angela Lahee e Marina Forlizzi della Springer, per avermi guidato nel processo di redazione, e la cosmologa Jennifer Wagner per i suoi commenti inerenti al capitolo sull'universo.

Italia   Luigi Vacca, Ph.D.
Ottobre 2024

Indice

1

Cos'è il Paradosso di Fermi?

1.1 Lo Scienziato

Enrico Fermi, fisico italiano di eccezionale talento, Premio Nobel, compì numerose scoperte nei campi dell'energia nucleare e della teoria quantistica. Fu tra i principali protagonisti nella realizzazione delle applicazioni pacifiche dell'energia nucleare.

Nacque a Roma il 29 settembre 1901, terzo figlio di Alberto Fermi e Ida de Gattis. Suo padre era un capo divisione nel Ministero delle Ferrovie. Sua madre era un'insegnante di scuola elementare.

Fin da giovane, Enrico Fermi dimostrò un'eccezionale predisposizione per la fisica. Il suo precoce interesse per la materia sembrò intervenire, anche, a sanare il dolore per la perdita del fratello Giulio, morto durante un intervento chirurgico. La padronanza di Fermi della matematica gli permise di dedicarsi alla lettura di testi di fisica molto avanzati – per esempio, il manuale di fisica generale di Orest Chwolson, eminente teorico russo – o di importanti classici, quali il trattato di meccanica di Simeon-Denis Poisson, fisico francese tra i maestri della fisica matematica.

La straordinaria preparazione di Enrico Fermi e la sua dedizione alla fisica lo portarono alla significativa vittoria in una competizione accademica. Questa vittoria gli guadagnò l'ammissione alla prestigiosa Scuola Normale di Pisa, fondata da Napoleone nel 1810 per sostenere gli studenti più dotati, oltre che meritevoli.

Durante i suoi studi alla Normale, Fermi apprese da autodidatta la teoria della relatività e la meccanica quantistica. Per il suo talento, il giovanissimo Fermi era molto rispettato sia dai colleghi normalisti che dai professori: questi ultimi, in particolare, gli chiedevano notizie sulle ricerche all'avanguardia in fisica teorica, e sulle recentissime scoperte in ambito sperimentale.

Alla notevolmente giovane età di 21 anni, Fermi, nel 1922, ottenne la libera docenza – quel che oggi si direbbe un dottorato di ricerca – presso la stessa Scuola Normale, presentando un lavoro sul fenomeno della diffrazione prodotta dai raggi X.

L'anno successivo, vinse una borsa di studio del Ministero della Pubblica Istruzione e si recò a Gottinga, in Germania, per studiare con il professor Max Born, eminente figura nel campo della teoria quantistica. Nel corso di quel soggiorno, Fermi incontrò anche Werner Heisenberg e Wolfgang Pauli, con Born e lui stesso, futuri premi Nobel. Sentendosi, tuttavia, in qualche modo insoddisfatto della "sistemazione", nel 1924, Fermi si trasferì a Leida, nei Paesi Bassi, per collaborare con Paul Ehrenfest, altro eminente fisico, noto per i suoi lavori in meccanica statistica e in meccanica quantistica. Questa collaborazione si rivelò di grandissima ispirazione per Fermi, perché ne riaffermava l'immenso potenziale. Il sodalizio professionale con Ehrenfest non derivava da una semplice coincidenza. Ehrenfest stesso inviò, nel 1923, una lettera a Fermi, per fargli delle domande sul suo ultimo lavoro inerente alla teoria ergodica. A Leida, Fermi ebbe l'onore di incontrare Albert Einstein, fisico svizzero-americano, che molti considerano il più grande di tutti i tempi [1].

Nel 1925, Fermi tornò in Italia e fu invitato dal sindaco di Firenze ad insegnare, per due anni, fisica e meccanica nella locale Università. Nel 1926, Fermi scoprì quella che oggi è nota come "statistica di Fermi-Dirac". La statistica di Fermi-Dirac governa le particelle di gas soggette al principio di esclusione di Pauli. Oggi queste particelle sono chiamate "fermioni", proprio in onore di Fermi. Esempi di fermioni sono l'elettrone, il protone e il neutrone. La doppia paternità della scoperta si deve al fatto che Paul Dirac, fisico britannico, anch'egli premio Nobel, giunse autonomamente al medesimo risultato di Fermi, ciò che, spesso, è sorte comune ai grandi.

Nel 1927, Fermi ottenne il prestigioso incarico di professore ordinario di Fisica Teorica presso l'Università di Roma. A Roma, riunì il gruppo di fisici che avrebbero studiato con lui le complessità dei fenomeni radioattivi e la natura del nucleo atomico. A causa della loro giovane età, questo gruppo sarà conosciuto per sempre come "I ragazzi di Via Panisperna", poiché in quella strada aveva sede l'Istituto di Fisica Sperimentale. I membri del gruppo erano: Franco Rasetti, Emilio Segrè, Edoardo Amaldi, Bruno Pontecorvo e Ettore Majorana [2]. Figura 1.1 mostra Fermi alla lavagna.

Nel 1933, Fermi pubblicò la sua teoria sul decadimento beta [3]. Forte dell'ipotesi sull'esistenza dei neutrini, proposta da Wolfgang Pauli, Fermi avanzò l'idea che, durante la trasformazione di un neutrone in protone, sarebbero sta-

Figura 1.1 Fermi alla lavagna. Di Smithsonian Institution – Flickr: Enrico Fermi (1901–1954), Public Domain, https://commons.wikimedia.org/w/index.php?curid=12686013. Ultimo accesso: 9 Aprile 2024

ti generati ed emessi un elettrone e un neutrino. Il lavoro di Fermi tracciò la rotta degli studi sull'interazione debole: una delle quattro forze fondamentali riconosciute in natura.

Il gruppo di Via Panisperna si dedicò a indagare gli effetti del bombardamento di neutroni su vari materiali: una linea di ricerca – un'impresa, per i tempi – che si sarebbe rivelata fondamentale per aprire la strada alla rivoluzionaria scoperta della fissione nucleare – per opera dei chimici tedeschi Otto Hahn e Fritz Strassmann, e della fisica austro-svedese Lise Meitner [4] – nel 1938.

Nel 1934, Fermi, per primo, si renderà conto che i neutroni lenti sono efficaci nell'indurre fenomeni radiativi in elementi bombardati. Per rallentare i neutroni, egli avrà la geniale intuizione di utilizzare la paraffina – una sostanza ricca di idrogeno e a basso numero atomico – anziché il più pesante piombo: ciò che, invece, il senso comune avrebbe suggerito. Fermi e il suo gruppo, tuttavia, non si accorsero subito che, dal bombardamento di elementi pesanti – come l'uranio – per mezzo di neutroni, derivavano elementi con numeri atomici inferiori, come il bario. Nondimeno, gli esperimenti di Fermi sulla radiazione indotta attirarono viva attenzione nella comunità dei fisici.

Nel 1938, l'Accademia Reale Svedese delle Scienze assegnò a Fermi il Premio Nobel per i suoi lavori sul bombardamento con neutroni lenti. Dopo il viaggio a Stoccolma, per ricevere il Nobel, Fermi emigrò direttamente negli Stati Uniti, spinto dalla necessità urgente di proteggere sua moglie Laura Capon, ebrea, dagli orrori della persecuzione fascista. Laura era figlia dell'ammiraglio Augusto Capon, il quale morì tragicamente ad Auschwitz nel 1943.

Fermi arrivò a New York via mare, nel gennaio 1939. Gli fu offerta una cattedra alla Columbia University, università presso la quale condusse esperimenti sulla fissione nucleare. Successivamente, Fermi si recò all'Università di Chicago, dove guidò la costruzione del primo reattore a fissione, comunemente chiamato "pila di grafite", perché proprio la grafite veniva utilizzata come mezzo per rallentare – ovvero moderare – i neutroni.

Nella pila di grafite si verificava una reazione a catena di fissione nucleare. Ecco che cosa accade: un neutrone collide con il nucleo di un atomo, causando la divisione di quel nucleo in due nuclei più leggeri. Il nucleo diviso emette due neutroni, che dividono altri nuclei, e così via. La pila di grafite è stata il primo esempio di reattore nucleare a potenza. Il primo reattore nucleare divenne critico – vi ebbe, cioè, luogo una reazione a catena – il 2 dicembre 1942: data che può essere considerata quella d'inizio dell'era nucleare.

Fermi si unirà al gruppo di scienziati del cosiddetto "Progetto Manhattan", nel 1944, per sviluppare una bomba nucleare; progetto che culminerà con il successo del relativo esperimento: l'esplosione della prima atomica, avvenuta il 16 luglio 1945.

Dopo la fine della Seconda Guerra Mondiale, Fermi fu professore all'Università di Chicago; periodicamente, si recava ancora a Los Alamos, nel New Mexico: in quei laboratori la sua competenza era sempre necessaria. Lavorò, infatti, anche come consulente della Commissione per l'Energia Atomica.

Fermi continuerà a fare ricerca, dedicandosi alla fisica delle particelle e a studi sulla radiazione cosmica, formando una nuova generazione di fisici. Tragicamente, la vita di Fermi si spegnerà prematuramente, a soli 53 anni, nel 1954, sconfitto da un cancro allo stomaco.

1.2 Dove Sono Tutti?

Un rapporto del Los Alamos National Laboratory di Eric M. Jones fornisce prove del fatto che Enrico Fermi, esclamando, pronunciò la famosa frase: "Dove sono tutti?" [5]. Il riferimento è all'esistenza di vita intelligente su altri pianeti. Secondo le testimonianze degli amici, i colleghi Edward Teller, Herbert York e Emil Konopinski, Fermi pronunciò queste celebri parole, durante un pranzo, nell'estate del 1950, mentre si trovava a Los Alamos, nel New Mexico.

Secondo Konopinski, quando raggiunse gli altri per il pranzo, Fermi si accorse che si parlava di dischi volanti. La discussione si spostò poi sulla possibilità che i dischi volanti potessero superare la velocità della luce per viaggiare nello spazio interstellare. È, infatti, ampiamente riconosciuto che, secondo la teoria della relatività ristretta, nessun oggetto materiale può eguagliare o superare la velocità della luce nel vuoto. Le discussioni su dischi volanti provenienti dallo spazio esterno erano, pertanto, considerate puramente speculative, date le limitazioni imposte da questo principio fondamentale della fisica.

Alla fine del pranzo, Fermi esclamò: "Ma dove sono tutti?".

Egli discusse, quindi, in ordine alle stime sul numero di pianeti simili alla Terra presenti nell'universo, sulla probabilità di vita intelligente in tali pianeti, e sul conseguente sviluppo tecnologico che potrebbe portare degli alieni a visitare la Terra in futuro. Da queste stime, Fermi concluse che gli alieni dovrebbero aver visitato la Terra molte volte.

La domanda di Fermi continua a suscitare un enorme interesse e resta punto focale di ampie ricerche. Il paradosso di Fermi emerge di fronte all'immensità dell'universo, brulicante di innumerevoli stelle e pianeti, e si contrappone all'assenza di prove riguardanti l'esistenza di forme di vita extraterrestri, dotate di intelligenza e tecnologie simili o superiori alle nostre.

Questo libro esplora varie possibili soluzioni al paradosso di Fermi.

Secondo l'autore, il paradosso rappresenta una delle indagini più significative, sia dal punto di vista scientifico, che filosofico; enigma il quale, persistendo, confonde, inquieta e affascina, ancora, i ricercatori.

2

L'Immensità dell'Universo

2.1 Di Cosa è Fatto l'Universo?

L'universo è il risultato delle diverse forme di energia esistenti in natura. La materia stessa, ad esempio, è una forma di energia. Nell'universo sembra ci siano due tipi distinti di materia: la materia ordinaria e la materia oscura. La materia ordinaria può dar luogo a strutture quali nubi di gas, lune, pianeti, stelle e galassie. La materia oscura non interagisce con la radiazione, ma esercita una significativa forza gravitazionale nell'universo. Anche la radiazione è energia. La luce è una radiazione elettromagnetica caratterizzata, come tutte le forme d'onda, da *frequenza* o rispettiva *lunghezza d'onda*; è emessa, per esempio, da corpi caldi. La radiazione di fondo – che è una radiazione cosmica – è una radiazione di microonde. La radiazione solare copre, invece, una gamma di frequenze che vanno dalle onde radio ai raggi gamma, compresa la luce visibile, che illumina la Terra. La composizione delle frequenze in un'onda è chiamata *spettro*.

Avere idea della scala dell'universo richiede la comprensione del concetto di velocità della luce. La luce, *onda elettromagnetica*, attraversa il vuoto dello spazio a una velocità costante di circa 300 mila chilometri al secondo. Per dare un'idea della velocità della luce, un raggio di luce emesso dalla Terra raggiunge la Luna in poco più di un secondo, mentre la luce del nostro Sole impiega circa 8 minuti per raggiungere la Terra. Sulla base di questi esempi, si direbbe che la velocità della luce sia vertiginosa, se non proprio istantanea. Una simile percezione dipende dal fatto che, in termini umani, 300 mila chilometri rappresentano una distanza immensa, ben superiore a qualsiasi altra riferibile al senso comune, sulla Terra. Considerando, tuttavia, la scala dell'universo e

© The Author(s), under exclusive license to Springer Nature Switzerland AG 2026
L. Vacca, *La Vita oltre la Terra*, https://doi.org/10.1007/978-3-032-11460-0_2

il tempo cosmico, si conclude facilmente che la velocità della luce è piuttosto esigua, come chiariremo a breve. Immaginiamo, ora, una luce che viaggia nello spazio per un intero anno. In questo ipotetico anno, la luce copre una distanza stupefacente – pari a, circa, 9,46 trilioni[1] di chilometri in un anno! Questa distanza sconcertante, nota come anno luce, è una delle unità di misura comunemente utilizzate in astronomia. Un'altra unità di misura della distanza, altrettanto familiare agli astronomi, è il parsec, equivalente a 3,26 anni luce.

Ci sono due modi per avere un'idea della dimensione dell'universo: il primo consiste nel contare il numero di galassie, stelle e pianeti; il secondo, consiste nello stimarne i confini osservabili, raccogliendo la debole luce che ci raggiunge dagli oggetti più lontani. Iniziamo mostrando come si contano le galassie.

2.2   Il Numero di Galassie nell'Universo

Una galassia è un immenso raggruppamento di gas, polvere, pianeti e miliardi di stelle. Le stime riguardanti il numero di galassie nell'universo osservabile variano. Inizialmente si pensava che l'universo contasse fino a 2 trilioni – due miliardi di miliardi – di galassie, basandosi sulle indagini del telescopio spaziale Hubble, della NASA [6]. Tod R. Lauer, Marc Postman *et al.* hanno analizzato le misurazioni del fondo ottico cosmico, fatte dalla telecamera della sonda spaziale New Horizons [7]. La sonda spaziale ha viaggiato verso il sistema solare esterno per evitare l'effetto di mascheramento della luce solare. L'analisi delle misurazioni ha dimostrato che la luce visibile proviene solo dalle galassie conosciute. Questo risultato suggerisce che il numero effettivo di galassie, nel nostro universo, potrebbe essere inferiore, di un ordine di grandezza – cioè dieci volte meno – rispetto alla stima del telescopio Hubble. Tuttavia, alcune galassie sono troppo deboli o troppo lontane da noi per essere osservate. I risultati più recenti dovuti al telescopio James Webb indicano un numero di molte migliaia di miliardi di galassie. Infatti, il telescopio James Webb può osservare le galassie operando nello spettro infrarosso.

La stima del numero di galassie, in futuro, potrebbe, pertanto, variare. Anche con una stima inferiore, data la vasta estensione occupata dalle galassie e i vuoti interstellari tra di loro, questi numeri descrivono una realtà che si estende oltre i confini della nostra immaginazione.

---

[1] Nell'uso americano, partendo dal milione – che conta sei zeri – si parla di bilioni e di trilioni in quanto potenze del 10 con esponente multiplo di 3. Così: un bilione o miliardo è pari a 10^9; un trilione è pari a 10^{12}. Un trilione è mille miliardi.

All'interno di ogni galassia, si può trovare un grande numero di stelle. Le galassie più piccole possono ospitare meno di un milione di stelle, mentre quelle più grandi possono vantare centinaia di miliardi di stelle, se non migliaia di miliardi. La nostra galassia, la Via Lattea, ospita un numero stimato tra i 100 e i 400 miliardi di stelle [8] e si estende per una distanza di circa 100.000 anni luce da un capo all'altro. È evidente che non è stato condotto un conteggio esaustivo delle stelle; queste cifre sono derivate da estrapolazioni basate su studi di regioni celesti.

2.3   Il Numero di Stelle nell'Universo

Moltiplicando il numero stimato di galassie per il numero medio di stelle in una galassia, otteniamo un'idea del numero totale di stelle nell'universo: un numero che varia, probabilmente, tra 10^{22} e 10^{24} [9].

Facciamo una breve digressione per discutere i numeri su scala cosmologica. In cosmologia, i numeri estremamente grandi sono spesso rappresentati usando la notazione esponenziale. Ad esempio, 10^{22} può essere letto come il numero 1 seguito da 22 zeri: 10.000.000.000.000.000.000.000; cioè, diecimila miliardi di miliardi di stelle. Data l'immensa scala di questi numeri, sarebbe più facile contestualizzarli confrontandoli con oggetti o concetti familiari. Se, ad esempio, dovessimo ipoteticamente raccogliere un milione di Terre e contare meticolosamente ogni granello di sabbia che copre le loro superfici, il conteggio risultante sarebbe paragonabile alla stima superiore per il numero totale di stelle nell'universo osservabile.

2.4   Il Numero di Pianeti nell'Universo

Cos'è un pianeta? La definizione tipica: *corpo non luminoso che orbita attorno a una stella*. Il pianeta è sferico, ma non è un asteroide. Inoltre, non dovrebbe esserci alcun detrito di dimensioni significative sul suo percorso.

Questa definizione pone, tuttavia, molti problemi, perché è stato scoperto che un incredibile numero di pianeti vagano nello spazio senza essere gravitazionalmente legati ad alcuna stella: si tratta dei cosiddetti *pianeti nomadi o vagabondi*. Secondo Louis Strigari e i suoi collaboratori, il numero di pianeti nomadi supera, di gran lunga, quello di pianeti ordinari [10]. Tuttavia, a causa della loro distanza da qualsiasi stella, essi non riflettono abbastanza luce e, quindi, sono estremamente difficili da rilevare e osservare. Alcuni pianeti nomadi potrebbero essere stati, originariamente, pianeti che orbitavano attorno a stelle; questi pianeti sarebbero stati successivamente espulsi dai loro sistemi solari. Le interazioni gravitazionali, durante incontri ravvicinati con altre stelle o pianeti, avrebbero causato l'espulsione del pianeta, divenuto orfano, dalla sua orbita; un'altra possibile causa sarebbero instabilità caotiche nelle orbite dei loro sistemi stellari *genitori*.

Tradizionalmente, il nostro sistema solare era riconosciuto per contenere nove pianeti: Mercurio, Venere, Terra, Marte, Giove, Saturno, Urano, Nettuno e Plutone. Tuttavia, nel 2006, un consorzio di astronomi, l'Unione Astronomica Internazionale, ha riclassificato Plutone come pianeta *nano*.

Mercurio, Venere e Marte sono dei pianeti rocciosi, composti, principalmente, di silicati e metalli. In altri sistemi solari ci sono super-Terre: pianeti rocciosi con superfici solide pari ad almeno due volte la dimensione della Terra, ma più piccoli di Nettuno.

Nel nostro sistema ci sono, inoltre, pianeti simili a Nettuno, noti come *giganti di ghiaccio*; l'elenco, con Nettuno, conta anche Urano. Essendo lontani dal Sole, Urano e Nettuno sono caratterizzati da un freddo estremo. Sono ricchi di acqua congelata, metano e ammoniaca, su di un nucleo solido, il che ha fatto loro guadagnare l'attuale designazione. Infine, Giove e Saturno completano la lista; questi pianeti massicci sono composti principalmente di elementi gassosi come idrogeno ed elio e, per tale ragione, sono spesso chiamati *giganti gassosi*.

La domanda successiva è: esistono pianeti, posti al di fuori del nostro sistema, che siano legati a stelle? Sí, certamente.

Al 15 luglio 2024, scienziati e ricercatori hanno confermato di aver scoperto 5.690 pianeti che orbitano attorno ad altre stelle, noti come *esopianeti* [11].

Questo numero dovrebbe aumentare significativamente con l'espandersi della ricerca di esopianeti. Un metodo impiegato per rilevare gli esopianeti è quello del transito. Questo approccio prevede l'osservazione della riduzione della luminosità di una stella, quando un pianeta passa tra quella stella e la Terra. A causa della dimensione relativamente piccola dei pianeti, rispetto alle loro stelle genitrici, la diminuzione della luminosità, tipicamente, è minima, per un ammontare che, spesso, non supera qualche punto percentuale della luminosità totale emessa dalla stella. Il metodo richiede, inoltre, che il pianeta transiti tra la stella e la Terra in modo tale da essere registrato. Di conseguenza, questo metodo tende ad identificare pianeti relativamente vicini alla loro stella genitrice e di dimensioni sostanziali, i quali possono, essi soli, limitare, in percentuale significativa, la luminosità della stella.

La missione TESS (Transiting Exoplanet Survey Satellite) gestita dalla NASA e dal MIT, utilizza il metodo del transito per trovare possibili esopianeti. Dal suo lancio, nel 2018, il satellite ha effettivamente scoperto migliaia di esopianeti.

Un altro metodo per scoprire esopianeti è quello dello spostamento Doppler. Come comunemente sperimentato, la frequenza e la lunghezza d'onda del suono di un'ambulanza in movimento cambiano man mano che essa si avvicina o si allontana da noi. Questo fenomeno, applicato alla luce proveniente da stelle e galassie, dà luogo al cosiddetto *redshift* – spostamento verso il rosso – quando l'oggetto si allontana da noi, e al cosiddetto *blueshift* – spostamento verso il blu – quando l'oggetto si avvicina. Un principio simile viene applicato, in astronomia, per identificare gli esopianeti, osservando le variazioni periodiche nello spettro luminoso di una stella. Queste variazioni sono causate dalla forza gravitazionale di un pianeta in orbita, che induce una leggera oscillazione nell'orbita della stella. Quanti pianeti esistono nell'universo? Determinare il numero totale di pianeti nell'universo osservabile resta una sfida, data la nostra limitata comprensione in relazione al fenomeno degli esopianeti. Gli astronomi ritengono che, nella Via Lattea, ci sia almeno un pianeta per ogni stella [12]. Questa stima deriva, proprio, dalla ricerca di esopianeti; il che ha dimostrato, per l'appunto, come ci sia più di un pianeta per ogni stella. Potrebbero, quindi, esserci più pianeti di quanti ne abbia individuati la ricerca, poiché i pianeti di minori dimensioni, se posti a grandi distanze dalla loro stella, sono difficili da scoprire.

2.5   Lune: Piccole ma Promettenti!

Le lune, compagni celesti legati gravitazionalmente ai pianeti, offrono prospettive affascinanti come potenziali culle per la vita. Mentre la Terra ha solo una luna e Marte ne rivendica due, i giganti gassosi Giove, Saturno, Urano e Nettuno vantano un incredibile totale collettivo di oltre 200 lune, come riportato dalla National Aeronautics and Space Administration (NASA) [13]. Giove ha 95 lune, secondo l'ultimo conteggio della NASA del 2024, mentre Saturno ne ha 146, più di qualsiasi altro pianeta. Il conteggio delle lune è soggetto a costanti revisioni e aggiornamenti.

Diverse di queste lune, originate da dischi di gas che circondavano i loro pianeti genitori, hanno oceani sotterranei e atmosfere sottili. Le *esolune* – le lune al di fuori del nostro sistema solare, rimangono elusive a causa della loro bassa massa, che rende difficile rilevarle. Di conseguenza, la nostra conoscenza delle esolune rimane scarsa, sebbene il loro fascino risieda nella prospettiva che esse ospitino dell'acqua liquida: un potenziale portatore di vita.

Le lune, tipicamente corpi legati gravitazionalmente ai pianeti, dovrebbero essere attentamente considerate nella ricerca di vita extraterrestre. Gli studiosi della Columbia University guidati dall'astronomo David Kipping stanno attivamente cercando esolune [14]. Data la nostra conoscenza del nostro sistema solare, dovremmo aspettarci più esolune che esopianeti nell'universo [15]. Questa affermazione rimane, tuttavia, speculativa, perché le esolune, come già detto, sono difficili da rilevare.

La presenza di acqua sulle grandi lune del nostro sistema solare suggerisce che la probabilità di vita primitiva su esolune potrebbe non essere trascurabile. Le lune dei pianeti giganti potrebbero ospitare la vita, avendo le giuste dimensioni e il campo gravitazionale più adatto; ciò che un pianeta gigante potrebbe non avere.

2.6   L'Età e la Dimensione dell'Universo

2.6.1   Le Proprietà dell'Universo

Il *principio cosmologico* afferma che l'universo è omogeneo e isotropo. Un universo omogeneo equivale a dire che, osservando l'universo da una galassia diversa, le galassie e gli ammassi nel cielo apparirebbero uniformemente distribuiti su larga scala e in media, come visti da qui. Isotropo significa che, cambiando l'orientamento del nostro telescopio, l'universo appare, con ottima approssimazione, più o meno lo stesso. L'idea prevalente è che il principio cosmologico sia valido su larga scala, ossia su centinaia di milioni di anni luce [16]. È importante aggiungere che il principio cosmologico è oggetto di attuale dibattito e ricerca tra i cosmologi [17–19]. Inoltre, definiamo cosa costituisce l'universo cosiddetto *osservabile*. Esso è definito come la regione spaziale sferica attorno alla Terra, dalla quale possiamo ricevere luce. Ogni osservatore nell'universo occupa il centro del proprio *universo osservabile*. La massima distanza percorsa dalla luce, fino a raggiungere l'osservatore, dal limitare dell'universo visibile, è ciò che definisce il confine dell'universo osservabile. La distanza massima in parola è chiamata *orizzonte delle particelle*. D'ora in poi, faremo sempre riferimento all'universo osservabile, a meno che non sia specificato diversamente.

2.6.2 La Scoperta di Edwin Hubble

La luce che illumina il nostro cielo proviene da stelle che si sono accese nel loro lontano passato, migliaia, milioni e persino miliardi di anni fa. La frequenza o la lunghezza d'onda della luce può essere utilizzata per scoprire quali sono gli elementi che l'emettono. Le lunghezze d'onda – o le frequenze – sono, in un certo senso, l'impronta digitale degli elementi che troviamo in natura.

L'americano Vesto Slipher ha utilizzato uno spettrografo per studiare l'emissione e l'assorbimento della luce proveniente dalle galassie (allora chiamate *nebulose*). Dall'analisi della luce delle galassie, ha osservato che gli spettri erano abbastanza simili a quelli degli oggetti sulla Terra, ma erano shiftati, cioè "spostati" verso un colore dominante. In una serie di articoli, pubblicati tra il 1913 e il 1917, Slipher ha documentato gli spostamenti nello spettro luminoso delle galassie [20–23]. La ricerca di Slipher ha aperto la strada alla scoperta che l'universo è in espansione.

Nel 1929, fu il rinomato astronomo americano Edwin Hubble a fornire prove sperimentali del fatto che l'universo è effettivamente in espansione. Utilizzando il telescopio più avanzato della sua epoca, un riflettore da 100 pollici – circa 2 metri e mezzo – situato sul Monte Wilson, in California, fece una scoperta rivoluzionaria: le galassie più lontane mostrano velocità di recessione più rapide [24]. Per arrivare a questo risultato, Edwin Hubble selezionò una serie di galassie distanti. Seguendo il metodo adottato da Vesto Slipher, Hubble misurò la loro velocità radiale e la distanza di ciascuna di esse dalla Terra. Una volta ottenuti tali dati, mise in grafico la velocità delle galassie in funzione della loro distanza. Osservò, così, che i punti sul grafico erano interpolati da una linea retta. Era la prova evidente del fatto che, tra la distanza radiale di una galassia dall'osservatore e la sua velocità, sussiste una relazione lineare, oggi nota come *legge di Hubble*. L'attuale tasso di espansione – il rapporto fra velocità e distanza – è noto come *costante o parametro di Hubble*.

Come ha fatto Hubble a misurare la velocità delle galassie usando il principio dello spostamento Doppler? Abbiamo già visto in che modo il metodo dello spostamento Doppler si applichi alla ricerca di esopianeti. Hubble ha registrato l'emissione spettrale delle galassie e ha osservato uno spostamento verso il rosso nelle linee dello spettro luminoso. La presenza di uno spostamento verso il rosso significa che una galassia si sta allontanando da noi. L'entità dello spostamento verso il rosso determina la velocità radiale della galassia.

La misurazione della distanza di una galassia è più impegnativa. Nel caso di galassie distanti, gli astronomi usano le cosiddette *candele*, ossia stelle di riferimento, la cui luminosità è nota o assunta. La misurazione diretta delle distanze è possibile solo per oggetti vicini, a poche migliaia di anni luce. La distanza di una candela può essere calcolata, a partire dalla sua *luminosità assoluta* e dalla sua *luminosità apparente*[2], attraverso l'applicazione della legge dell'inverso del quadrato.

Un altro genere di candele sono le *supernovae di tipo 1a*; tipicamente, si assume che tali oggetti abbiano tutti la stessa luminosità. Oggetti di questo genere sono, però, piuttosto rari. Hubble si concentrò su un particolare tipo di stella: una variabile Cefeide. Queste stelle pulsano radialmente, variando la loro luminosità. Luminosità che si può ricavare da misure del periodo di tali stelle. Dalla luminosità e dalla luminosità apparente, Hubble calcolò le loro distanze. Utilizzando la stessa tecnica, Hubble determinò che le nebulose a spirale – le nebulose di Slipher – sono, in realtà, galassie al di fuori della Via Lattea. Nondimeno, Hubble ha sottostimato, di un fattore sette, la distanza delle galassie che ha studiato, a causa di imprecisioni nella calibrazione delle variabili Cefeidi.

Misurazioni molto precise della costante di Hubble sono state ottenute utilizzando il telescopio orbitale a lui intitolato. Tanto per complicare le cose, in cosmologia, i valori della costante di Hubble differiscono a seconda del metodo utilizzato per misurarla. Più precisamente, c'è una apparente discrepanza tra il valore – più alto – della costante di Hubble, misurato riferendosi alle supernovae 1a e alle Cefeidi, e quello – più basso – ottenuto a partire dal fondo di radiazione cosmica – microonde – proveniente dall'universo primordiale: si tratta della cosiddetta *tensione di Hubble*[3]. Quello della tensione di Hubble è uno dei problemi più impegnativi in cosmologia.

2.6.3   L'Universo è in Espansione

L'aumento della velocità radiale delle galassie in funzione della loro distanza indica che l'universo è in espansione. Un osservatore, in qualsiasi galassia, vedrà un'altra galassia in recessione e viceversa, mentre lo spazio tra le due si espande. Facciamo l'esempio bidimensionale della distribuzione di punti su un palloncino che si gonfia. Si può dimostrare che la legge di Hubble è coe-

---

[2] La luminosità assoluta è una misura della quantità di energia radiante emessa dalla stella; la luminosità apparente misura, invece, l'energia radiante che arriva al fuoco di un telescopio. Partendo dalla luminosità apparente, si calcola quella assoluta, applicando "al contrario" la legge di attenuazione secondo l'inverso del quadrato della distanza.

[3] Significa che l'universo primordiale – remoto nel tempo e nello spazio – si espande più lentamente di quello locale. Per via di questa differenza fra le velocità di espansione delle due porzioni di universo – quasi che la porzione più recente fosse, per così dire, maggiormente "elastica" rispetto a quella remota – i cosmologi sono soliti parlare di tensione di Hubble.

rente con il principio cosmologico. In particolare, l'espansione può verificarsi su tutte le scale, ma non è così evidente su quelle più piccole.

Le galassie, con ciò che è al loro interno, rimangono per lo più invariate, perché la loro forza di attrazione gravitazionale predomina sulla forza di espansione. Ad esempio, la distanza tra la Terra e il Sole non è modificata in misura apprezzabile dal processo di espansione, a causa della forza di gravitazione che i due corpi esercitano l'uno sull'altro.

Ecco un'osservazione interessante: la legge di Hubble prevede che la velocità radiale superi la velocità della luce, quando le galassie raggiungono una certa distanza dall'osservatore. La distanza minima per cui le galassie eguagliano o superano la velocità della luce è la distanza di Hubble. Un lettore attento dovrebbe sapere che la teoria della relatività ristretta, in questo caso, non viene violata: le galassie non si stanno muovendo, localmente, più veloci di un raggio di luce; piuttosto, è lo spazio che le separa che si sta espandendo. La relatività generale spiega la legge di Hubble e i suoi risultati, come l'effetto di uno spazio in espansione a velocità superluminale.

Che cosa sappiamo della gravità in generale? Una breve descrizione delle teorie della relatività ristretta e della relatività generale è d'obbligo.

2.6.4 La Teoria della Relatività in Pillole

La *teoria della relatività ristretta* è stata pubblicata nel 1905 da Albert Einstein. Questa teoria descrive l'effetto che la velocità della luce – finita – ha su spazio e tempo[4] [25]. La teoria di Einstein si può meglio comprendere utilizzando la formulazione di *spaziotempo* del matematico Hermann Minkowski, già professore di Einstein al Politecnico Federale di Zurigo, in Svizzera [26]. La relatività ristretta postula che le leggi della fisica sono invarianti[5] nei sistemi di riferimento inerziali, e che la velocità della luce, nel vuoto, è la stessa per tutti gli osservatori. Un sistema di riferimento inerziale è stazionario – cioè, è in quiete – oppure si muove a velocità costante. In queste condizioni, la relatività ristretta di Einstein spiega gli effetti di dilatazione del tempo e di contrazione della lunghezza tra i sistemi inerziali. Si presume che l'osservatore sia in un si-

---

[4] Il senso di quanto detto è nel nome stesso della teoria: il tempo e la sua percezione non sono assoluti, ma dipendono dalla velocità alla quale viaggia l'osservatore che guarda il suo orologio. Non ha più senso, allora, parlare di eventi simultanei: di eventi, cioè, che avvengono contemporaneamente. Si comprende, perciò, come il termine relatività – che compare prima nel nome della teoria ristretta – sia stato scelto da Einstein quale contrario di simultaneità.

[5] *Nulla si crea, nulla si distrugge, ma tutto si trasforma* esprime, in parole, il fatto che la quantità totale di energia resta sempre la stessa. I fisici dicono che l'energia è invariante. Sono invarianti tutte le grandezze fisiche che esprimono leggi di natura.

stema inerziale. Tali leggi furono derivate, prima del 1904, dal fisico olandese Hendrik Lorentz. Sono, perciò, dette *trasformazioni di Lorentz*. La relatività ristretta di Einstein include tali leggi in un quadro generale. Una conseguenza significativa della teoria è che corpi con massa non possono mai raggiungere la velocità della luce, perché ciò richiederebbe energia infinita. Uno dei principali risultati è nell'equivalenza tra massa ed energia, data dall'equazione che le collega: $E = mc^2$, dove E è l'energia, m è la massa e c è la velocità della luce, che è una costante. Il fattore c^2 spiega come le reazioni nucleari possano produrre un'energia enorme. Tuttavia, la teoria della relatività ristretta non spiega l'esistenza della forza di gravità. Nel 1915, Albert Einstein pubblicò la sua teoria della gravità o *teoria della relatività generale* [27]. La figura 2.1 mostra Albert Einstein durante una conferenza a Vienna nel 1921. La teoria sostiene che la gravità è un effetto della curvatura dello spaziotempo, dovuta alla densità del termine (tensore) energia-impulso e al flusso attraverso il continuo spaziotemporale. Le equazioni di campo di Einstein esprimono la relazione fra queste ultime due grandezze. Una volta ottenuta una metrica del continuo spaziotempo – cioè, un modo per misurare la distanza nello spaziotempo – da una soluzione delle equazioni di Einstein, la materia e la luce seguono i percorsi più brevi nello spazio – quadridimensionale – descritto da quella metrica. Tali percorsi sono chiamati geodetiche. Ad esempio, un percorso geodetico su una sfera è un cerchio tracciato tutt'intorno alla sfera. In generale, il percorso geodetico è determinato dalla geometria dello spaziotempo. Una mela che cade segue il percorso identificato dalla geodetica che segue la curvatura dello spaziotempo; curvatura determinata dalla presenza della Terra, con la sua massa.

Nelle parole del fisico americano John Wheeler: "Lo spaziotempo dice alla materia come muoversi; la materia dice allo spaziotempo come curvarsi."

Einstein credeva in un universo statico, quindi aggiunse una costante alle sue equazioni di campo: la *costante cosmologica*. La costante cosmologica serviva a tener conto della forza di repulsione che avrebbe impedito all'universo di collassare per effetto della forza di gravità [28]. Il modello di Einstein era, tuttavia, instabile. Un piccolo cambiamento della densità della materia, nel suo modello, porta a un'espansione continua dell'universo o al suo collasso. Quattordici anni dopo la pubblicazione della teoria della relatività generale, la scoperta di Hubble dimostrò che la concezione dell'universo di Einstein era sbagliata. Lo stesso Einstein chiamò la costante cosmologica "il mio più grande errore".

La base teorica per la scoperta di Hubble esisteva prima che la scoperta stessa fosse fatta. Nel 1922, un matematico e cosmologo sovietico, Alexander Friedmann, formulò equazioni che descrivevano un universo in espansione, come

Figura 2.1 Albert Einstein durante una conferenza a Vienna nel 1921. Di Ferdinand Schmutzer/ Adam Cuerden – http://www.bhm.ch/de/news_04a.cfm, (2006) copia archiviata (immagine), Public Domain, https://commons.wikimedia.org/w/index.php?curid= 34239518. Ultimo accesso: 9 Aprile 2024

soluzione alle equazioni di campo di Einstein [29]. Egli inserì, in particolare, un fattore di scala che rappresentava proprio l'evoluto temporale dell'espansione dell'universo. La dinamica del fattore di scala è governata dalla densità massa-energia dell'universo e dalla sua curvatura.

2.6.5 Energia Oscura e Materia Oscura

Nel 1998, un'osservazione relativamente recente delle supernovae ha mostrato che l'espansione dell'universo sta accelerando [30–32].

L'accelerazione dell'espansione è stata scoperta da Saul Perlmutter, Brian Schmidt e Adam Riess, per cui hanno ricevuto il Premio Nobel nel 2011. Daniel Eisenstein e i suoi collaboratori hanno confermato indipendentemente l'accelerazione in uno studio basato sui dati delle oscillazioni acustiche *barioniche*: si tratta di fluttuazioni della densità della materia barionica, materia fatta di quark[6] [33]. Sulla base dei loro migliori modelli e di accurate osservazioni empiriche, alcuni cosmologi pensano che, all'origine dell'accelerazione nell'espansione dell'universo, ci sia una misteriosa forma di energia, detta energia oscura. Nessuno conosce l'origine e la natura di tale energia. La meccanica quantistica ci dice che ogni vuoto ha energia; quindi, l'energia del vuoto potrebbe essere una candidata per spiegare l'espansione accelerata dello spazio. Tuttavia, i calcoli quantistici della densità di energia nel vuoto non spiegano ancora la densità di energia oscura; la densità di energia nel vuoto è, infatti, superiore alla densità di energia oscura, per l'enorme fattore di 10^{120}. È generalmente accettato il ritenere che questa forma di energia, nell'universo, sia pervasiva su scala cosmica, tanto da rappresentare il 68 percento di tutta la densità massa-energia nello spazio.

È stata anche ipotizzata una diversa forma di materia nell'universo, come citato, la cui natura è pure sconosciuta: la materia oscura. Questo tipo di materia non interagisce né con la materia ordinaria, né con la radiazione, se non attraverso il suo campo gravitazionale. La materia oscura fu introdotta quando l'astronomo svizzero-americano Fritz Zwicky osservò che, in un ammasso di galassie, si apprezzava una quantità di materia insufficiente a giustificare che quell'ammasso si mantenesse in rotazione, senza disperdersi [34]. La deduzione di Zwicky è stata confermata da Vera Rubin e Kent Ford negli anni '70 in studi su singole galassie [35]. Si ritiene che la materia oscura costituisca circa il 26 percento della densità totale di massa-energia nell'universo. Solo un

---

[6] Il quark è l'intimo costituente: il più piccolo mattone di materia conosciuto. Ne esistono diversi tipi, che differiscono tra loro per speciali proprietà. I barioni sono una famiglia di particelle fatte di quark.

cinque percento sarebbe, invece, dovuto alla presenza di materia ordinaria e radiazione, delle quali noi tutti sperimentiamo quotidianamente l'esistenza.

In definitiva, la maggior parte del nostro universo e la sua intima natura sono, ancora, velati di intrigante mistero.

2.6.6 La Teoria del Big Bang

Georges Lemaître – fisico e prete cattolico belga – partendo dalle equazioni di Einstein, derivò una teoria sull'universo in espansione, che supportava la legge di Hubble. Einstein sottolineò che la teoria di Lemaître seguiva il lavoro di Friedmann [36]. Basandosi sul suo risultato, Lemaître ipotizzò che i punti nello spazio, che ora sono lontani, fossero molto più vicini nel passato, fino al limite del tendere a coincidere. L'idea di Lemaître è alla base della teoria del Big Bang.

È ormai ampiamente riconosciuto che l'universo ha avuto origine, circa 13,8 miliardi di anni fa, da uno stato primordiale densamente compattato. Tale stato primordiale era composto di particelle subatomiche come quark e gluoni. I quark sono i mattoni costitutivi dei protoni e dei neutroni; i gluoni sono, invece, responsabili dell'interazione forte, che tiene uniti i protoni nel nucleo dell'atomo.

Mentre l'universo iniziava a raffreddarsi, si formarono atomi di idrogeno ed elio. Nel corso di miliardi di anni, la gravità ha dato luogo a gas, polvere, galassie, stelle, pianeti e a tutti gli altri oggetti che popolano il nostro universo.

Le prove indicano in 13,8 miliardi di anni l'età più probabile dell'universo, dopo aver assunto che l'espansione sia accelerata. Avendo tenuto in conto l'espansione cosmica, l'età dell'universo è coerente con quella delle stelle più vecchie. Tali stelle devono certamente essere più giovani dell'universo del quale fanno parte.

Una delle scoperte fondamentali nel campo della cosmologia ha fatto seguito, più di 30 anni dopo, a quelle di Hubble: si tratta della *radiazione cosmica di fondo*.

2.6.7 La Radiazione Cosmica di Fondo

Nel 1964, il fisico americano Arno A. Penzias e l'astronomo radio Robert W. Wilson, mentre lavoravano ai Bell Labs, nel New Jersey, per studiare le emissioni radio della nostra galassia, fecero una scoperta notevole, in seguito alla quale ricevettero il Premio Nobel per la Fisica nel 1978 [37]. Osservarono che, indipendentemente da come regolavano la loro attrezzatura, e dalla direzione

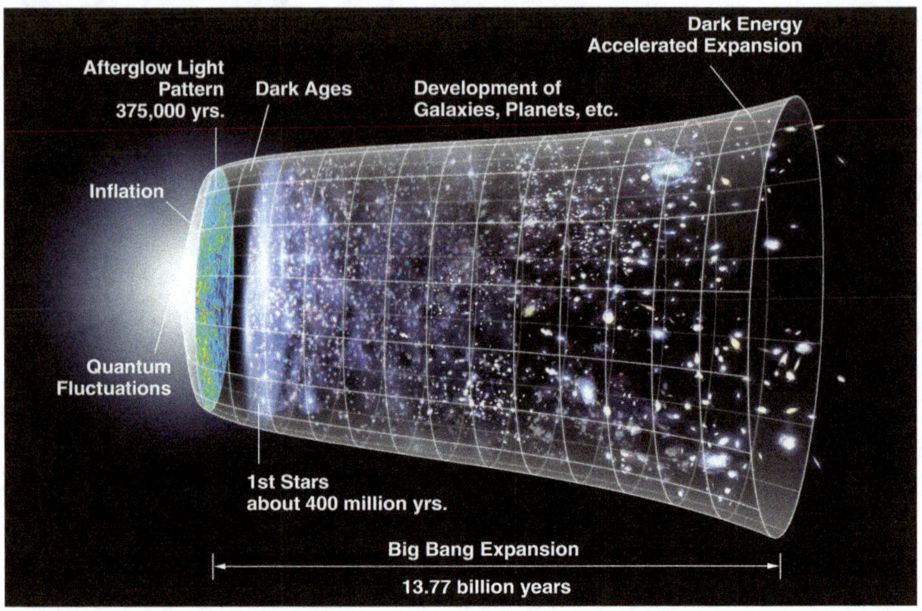

Figura 2.2 Cronologia dell'universo. Una rappresentazione dell'evoluzione dell'universo nel corso di 13,77 miliardi di anni. By NASA/WMAP Science Team – Versione originale: NASA; modificata da Cherkash. Public Domain, https://commons.wikimedia.org/w/index.php?curid=11885244. Ultimo accesso: 9 Aprile 2024

nella quale orientavano il loro rilevatore, veniva misurato un livello di radiazione costante sull'intero spettro delle microonde. I teorici che sostenevano l'ipotesi del Big Bang dedussero che questa radiazione era il residuo dell'esplosione dalla quale, circa 400.000 anni dopo il Big Bang, aveva avuto origine il caldo universo primordiale. Questa radiazione è universalmente conosciuta come Radiazione Cosmica di Fondo a Microonde (CMBR) [38]. La figura 2.2 mostra la cronologia dell'universo a partire da 13.8 miliardi di anni fa con il Big Bang.

La missione spaziale Planck ci ha mostrato che la CMBR è incredibilmente uniforme in tutto il cielo con piccole variazioni di temperatura, proprio come hanno scoperto Penzias e Wilson. Inoltre, la CMBR ha, inoltre, lo *spettro di corpo nero* caratteristico a una temperatura di 2,7 K [39], valore molto inferiore alla temperatura alla quale la radiazione di fondo è stata originata. Viaggiando, per più di 13 miliardi di anni, in un universo in espansione, la lunghezza d'onda della CMBR è aumentata: ne risulta, perciò, lo spettro di corpo nero caratteristico di una temperatura più "fredda".

2.6.8 Un Universo Piatto

Gli studi della CMBR effettuati dalla missione spaziale WMAP ci dicono che l'universo è spazialmente piatto con un basso margine di errore [40]. Tali risultati sono stati confermati dai dati della missione Planck, che mira a misurare le anisotropie della CMBR [41]. La CMBR ci dice che l'universo primordiale doveva essere molto piatto; piattezza che richiede una densità energetica dell'universo pari a un dato valore, secondo la teoria generale della relatività: è il cosiddetto valore critico per la densità di energia. La *teoria dell'inflazione cosmologica* può spiegare la necessità di fare riferimento a un *valore critico di densità dell'energia*. Un universo con una densità superiore alla densità critica collasserebbe, mentre un universo con una densità inferiore alla densità critica si espanderebbe per sempre.

2.6.9 Inflazione Cosmica

Una delle teorie più accettate per spiegare le condizioni dell'universo nella sua fase precoce è quella dell'inflazione cosmica. È stata introdotta da Alexei Starobinsky, Alan Guth, Andrei Linde e altri, per spiegare una serie di problemi, tra cui l'uniformità delle temperature caratteristiche della CMBR nel contesto del Big Bang [42–44]. Era difficile capire perché parti dell'universo potessero aver raggiunto l'equilibrio termodinamico così efficacemente, già nelle prime fasi.

Per spiegare questo problema, l'inflazione cosmologica postula che, nell'universo in fase molto precoce, una sezione infinitesimale di materia, molto più piccola di un protone, si è espansa esponenzialmente di un fattore pari a 10^{26}, guidata dalla densità energetica del vuoto metastabile. Si ritiene che la fase inflazionaria sia durata 10^{-32} secondi. La sezione si è espansa fino alle dimensioni di una mela, ad una velocità superiore a quella della luce; dopo questo periodo di rapida espansione, ogni effetto della fase di inflazione ha cominciato a svanire. L'espansione esponenziale ha livellato la regione, il che spiega le proprietà della CMBR e del nostro universo. Dopo la fine del periodo inflazionario, l'universo ha continuato a espandersi per miliardi di anni; negli ultimi 4 miliardi di anni, l'energia oscura ha addirittura accelerato questa espansione.

2.6.10   La Dimensione dell'Universo

La luce emessa nell'universo primordiale ha viaggiato quasi 13,8 miliardi di anni per raggiungerci, il che potrebbe suggerire che il raggio dell'universo sia proprio di 13,8 miliardi di anni luce. Questa conclusione è, tuttavia, errata, perché lo spazio si espande fin da quando quella luce ha avuto origine. L'espansione ha disperso i megaclastri di galassie presenti nelle prime fasi di vita dell'universo. La distanza dall'oggetto più lontano, tra quelli visibili, non è data, pertanto, solo dall'età dell'universo moltiplicata per la velocità della luce, ma anche da quanto quell'oggetto si è allontanato da noi per effetto dell'espansione dell'universo. Questa distanza dà la dimensione del nostro universo osservabile, pari a, circa, tre volte lo spazio coperto dalla luce dall'inizio del tempo: ovvero, 46,5 miliardi di anni luce [45].

2.7   Riassunto

L'universo è di vastità inimmaginabile, con innumerevoli lune e pianeti, molti dei quali potrebbero ospitare la vita. C'è, inoltre, un universo non osservabile, del quale non sappiamo nulla e che potrebbe essere infinito. Con questa idea ben presente, ci si potrebbe chiedere: siamo soli nell'universo? Forti dell'attuale livello di conoscenza scientifica, possiamo dire qualcosa sulla probabilità di vita primitiva nella nostra galassia? E che cosa possiamo dire riguardo alla probabilità di vita intelligente? Questa intrigante domanda ci introduce alla rinomata equazione di Drake, che esploreremo nel prossimo capitolo.

3

L'Equazione di Drake

3.1 Chi era Frank Drake?

Frank Donald Drake è stato un celebre astrofisico e astrobiologo americano [46]. Nato a Chicago il 28 maggio 1930, fin da giovane era affascinato dall'idea dell'esistenza di civiltà extraterrestri. Successivamente, si iscrisse alla Cornell University, ottenendo una laurea in Fisica Ingegneristica. Drake prestò servizio come ufficiale elettronico su una nave da guerra. La sua passione era l'astronomia. Si iscrisse, perciò, prima a un master e poi a un dottorato in astronomia a Harvard, dottorandosi nel 1955. Iniziò la sua carriera come radioastronomo nel 1958 presso l'Osservatorio di Radioastronomia Nazionale a Green Bank, West Virginia, e lavorò lì fino al 1963. All'osservatorio, si concentrò inizialmente sullo studio dei pianeti del sistema solare e delle pulsar[1]. I suoi progetti includevano studi sulle cinture di radiazione di Giove, sull'atmosfera di Venere e sulla mappatura del centro della Via Lattea[2]. Ha contribuito a potenziare il telescopio dell'Osservatorio di Arecibo, al fine di catturare segnali radio remoti.

Nel 1959, a Green Bank, Drake avviò il Progetto *Ozma*, alla ricerca di trasmissioni radio da civiltà extraterrestri avanzate. Le osservazioni del Progetto Ozma iniziarono l'8 aprile 1960. Nel settembre 1959, prima del Progetto Ozma, i fisici Giuseppe Cocconi e Philip Morrison pubblicarono un articolo su Nature intitolato "Searching for Interstellar Communications". Gli autori,

---

[1] È detta pulsar una stella che emette fasci di radiazioni dai suoi poli magnetici.

[2] Ciò a dire che l'universo osservabile non è fatto solo di galassie ben distinte: vi possono anche essere formazioni stellari che non sono galassie; considerarle erroneamente come tali, vizierebbe la statistica alla base della nuova equazione.

© The Author(s), under exclusive license to Springer Nature Switzerland AG 2026
L. Vacca, *La Vita oltre la Terra*, https://doi.org/10.1007/978-3-032-11460-0_3

Figura 3.1 Il Dr. Drake ha rivisitato le variabili dell'equazione di Drake diverse decadi dopo la sua invenzione. Di Raphael Perrino – Flickr: Dr. Frank Drake, CC BY 2.0, https://commons.wikimedia.org/w/index.php?curid=23566349. Ultimo accesso: 10 Aprile 2024

nell'articolo, proponevano di cercare segnali radio da extraterrestri intelligenti. Per Drake, questa pubblicazione fu un ulteriore incentivo a continuare il suo progetto. Non furono mai rilevati segnali di origine aliena, ma un laureando della Cornell, di nome Carl Sagan – che in seguito diventerà un rinomato astrobiologo americano – contattò Drake. Questo portò a una duratura collaborazione tra i due astronomi, nella ricerca di civiltà extraterrestri. Nel 1961, in un incontro scientifico a Green Bank, nel quale si discuteva della potenziale esistenza di civiltà extraterrestri avanzate, all'interno della nostra galassia, Frank Drake formulò l'ormai famosa equazione che porta il suo nome [47]. Il suo intento era quello di stimolare un dialogo tra i partecipanti. Forse, non si rese conto del fatto che la sua equazione avrebbe catturato l'attenzione degli scienziati di tutto il mondo, divenendo, negli anni successivi, oggetto di intenso studio da parte degli astrobiologi e motivo di fascinazione tra i non esperti.

Drake fu professore alla Cornell University dal 1964 al 1984 e direttore dell'Osservatorio di Arecibo. Tra il 1972 e il 1973, Frank Drake, Carl Sagan e Linda Sagan progettarono il design delle Targhe Pioneer per le missioni Pioneer 10 e 11: primo tentativo di inviare un messaggio materiale nello spazio, un messaggio materiale alla ricerca di un contatto con gli alieni.

Nel 1974, Drake scrisse il messaggio in codice binario, trasmesso da Arecibo in direzione del Grande Ammasso Globulare in Ercole, a 25.000 anni luce di distanza. Sempre nel 1974, Drake fu eletto membro dell'American Academy of Arts and Sciences. Nel 1977, lavorò con Carl Sagan a definire quali dovessero essere i contenuti di carattere "universale" – una raccolta di foto e audio – da inserire nel disco d'oro – il CD Golden Record – che sarebbe poi stato inviato nelle due missioni Voyager. Nel 1984, Drake divenne professore di astronomia e astrofisica all'Università della California, a Santa Cruz. Lavorò, anche, al Progetto Phoenix per il SETI, un programma organico, promosso tra il 1995 e il 2004, per la ricerca dell'intelligenza extraterrestre. Frank Drake morì nel 2022 all'età di 91 anni nella sua casa in California. Figura 3.1 è una fotografia di Frank Drake, astronomo statunitense.

3.2 Probabilità ed eventi indipendenti

Per arrivare alla sua famosa equazione, Drake introdusse argomentazioni probabilistiche. Apriamo una parentesi matematica, per fornire ai lettori un'introduzione di massima ad alcuni concetti fondamentali riguardanti la probabilità. Sebbene questa sezione non sia indispensabile per comprendere l'equazione di Drake, essa fornisce preziose suggestioni per coloro che siano interessati ai peculiari aspetti matematici e teorici [48–53]. Lo studio della probabilità intende "misurare" – stimare – il possibile verificarsi di eventi casuali – non deterministici – attraverso valori numerici. Esempi di eventi casuali si possono trovare ovunque in natura; basti pensare al *moto browniano* – casuale – di particelle sospese in un liquido[3]. Due dei campi che hanno inizialmente stimolato – e continuano a stimolare – lo studio e lo sviluppo della teoria della probabilità sono stati, tuttavia, il gioco d'azzardo e i mercati finanziari.

Consideriamo uno scenario in cui un individuo cerchi di stimare la probabilità di vincere alla lotteria e ad una partita di poker. Un metodo semplice prevede il calcolo delle istanze in cui gli individui hanno ottenuto questa doppia vittoria – numero di casi favorevoli –; questo numero viene poi diviso per le volte in cui le persone hanno partecipato sia alla lotteria che al poker, in tutte le possibili combinazioni. Il metodo appena descritto si allinea all'approccio cosiddetto *frequentista* nell'ambito della teoria della probabilità.

Un metodo alternativo per stimare le probabilità di uno o più eventi concomitanti consiste nell'approccio bayesiano, così chiamato in onore del suo ideatore: il reverendo inglese Thomas Bayes. Nel 1763, Bayes pubblicò un lavoro fondamentale sulla teoria della probabilità intitolato "Essay Towards Solving a Problem in the Doctrine of Chances". In questo trattato, Bayes introdusse la sua famosa formula per la probabilità condizionale, che includiamo qui per la sua importanza pratica.

Considerando due eventi A e B, la probabilità che entrambi gli eventi si verifichino insieme dipende dalla probabilità condizionale $P(A)$ dell'evento A, dato B, così come espresso dalla formula di Bayes:

$$P(\text{A e B si verificano insieme}) = P(\text{A si verifica dato l'evento B})$$
$$* \, P(\text{B si verifica}) \tag{3.1}$$

Questa formula può essere estesa a più eventi per ricorsività. Nel caso degli eventi A, B e C è dato da:

$$P(\text{A, B e C si verificano insieme}) = P(A) * P(\text{B dato A}) * P(\text{C dati A e B})$$
$$\tag{3.2}$$

e così via.

Nel caso, invece, di indipendenza statistica, la probabilità che si verifichino più eventi non correlati tra loro è semplice: essa è il prodotto delle probabilità relative a ciascuno dei singoli eventi. Ad esempio, per eventi indipendenti A, B e C, la probabilità che essi si verifichino contemporaneamente – senza, tuttavia, influenzarsi l'uno con l'altro – è data dal prodotto delle singole probabilità, come segue: $P(A)P(B)P(C)$.

Per comprendere fino in fondo l'equazione di Drake, è importante sapere anche questo: per determinare il numero atteso di vittorie, moltiplichiamo il

---

[3] Si dicono i moti browniani le vibrazioni che si osservano nelle particelle – pulviscolo – sospese in un liquido. Oggi è nota la natura termodinamica del fenomeno: ne è responsabile il calore, che è una forma di energia. La trattazione rigorosa del problema dei "misteriosi" moti browniani si deve ad Albert Einstein.

numero di tentativi per la probabilità di vincere. Ad esempio, se giochiamo alla lotteria dieci volte, il numero atteso di vittorie si ottiene moltiplicando dieci per la probabilità di vincere, assumendo che la probabilità di vincere sia ogni volta indipendente dall'eventualità precedente. Conclusa la nostra breve digressione sul calcolo delle probabilità, possiamo, ora, introdurre l'equazione di Drake.

3.3   L'Equazione di Drake

L'equazione di Drake è un'equazione euristica[4] che stima il numero di civiltà extraterrestri intelligenti nella Via Lattea in grado di comunicare con noi o con qualsiasi altra civiltà intelligente nella nostra galassia. È scritta nei termini di una moltiplicazione fra differenti parametri, così come segue:

$$\boxed{N = R * f_p * n_e * f_l * f_i * f_c * L} \qquad (3.3)$$

Dove:

- N è il numero di civiltà extraterrestri nella Via Lattea con le quali è possibile una forma di comunicazione;
- R è il tasso medio di formazione delle stelle nella Via Lattea, in un anno;
- f_p è la frazione di quelle stelle nella Via Lattea che ospitano pianeti in orbita;
- n_e è il numero medio di pianeti che possono potenzialmente sostenere la vita, dato un sistema solare con almeno un pianeta;
- f_l è la frazione di pianeti – per sistema solare – in grado di sostenere la vita, sui quali è probabilmente comparsa la vita;
- f_i è la frazione di quei pianeti in grado di sostenere la vita, sui quali l'evoluzione ha originato vita intelligente;
- f_c è la frazione di civiltà extraterrestri tecnologicamente avanzate, in grado di trasmettere segnali che veicolano informazioni comprensibili;
- L è la durata media – in ragione d'anno – di segnali trasmessi nel cosmo da una civiltà tecnologicamente avanzata.

Secondo la formula di Bayes, questa equazione può essere analizzata in modo euristico, ricavandone il compiuto significato [48]. Prima di tutto, $R * f_p$ è

---

[4] Qui *euristico* deve intendersi, in senso lato, come basato sull'esperienza – sull'osservazione scientifica – per dedurne le conseguenze più probabili. In questa accezione, il termine è corrente nel gergo degli studiosi.

Figura 3.2 L'equazione di Drake. Di NOIRLab/AURA/NSF/P. Marenfeld – L'equazione di Drake, CC BY 4.0, https://commons.wikimedia.org/w/index.php?curid=147958110. Ultimo accesso: 10 Aprile 2024

solo una stima, su base annua, del numero di nuovi sistemi solari individuabili nella nostra galassia. La stima probabilistica si fonda sull'assunto plausibile – valutato tal quale in termini di $R * f_p$ – che si individui un nuovo pianeta, interno alla nostra galassia, dal ricevere il messaggio di una civiltà intelligente la quale, in un lontano passato, – milioni di anni fa – lo avesse inviato nel cosmo – come noi oggi – in cerca di altra vita. Più in generale, $R * f_p$ può essere interpretato come riferibile a qualsiasi civiltà extraterrestre che volesse contattarne un'altra. I parametri successivi esprimono stime condizionali, ciascuna dipendente da quella relativa al parametro immediatamente precedente. La figura 3.2 riassume l'equazione di Drake.

Ad esempio: n_e esprime il numero medio di pianeti che possono sostenere la vita; è una stima condizionale al fatto di far parte di un sistema solare; ciò cioè di una stella con almeno un pianeta che le orbiti intorno. Ancora: f_l è la frazione di pianeti che ospitano la vita; che, cioè, fanno parte di un sistema solare con un pianeta almeno.

Così, il parametro f_i si riferisce alla frazione di pianeti con vita intelligente; stima condizionale al fatto che quei pianeti possano sostenere la vita e che una forma di vita vi sia effettivamente comparsa, per poi evolvere. Potremmo, ad esempio, avere molti pianeti dove la vita sia puramente microorganica. Infine, f_c si riferisce all'eventualità che vi siano specie tecnologicamente avanzate, in grado, almeno, di inviare segnali radio. Si può stimare f_c solo considerando, parametro dopo parametro, la catena di eventi ottimale. In alternativa, l'equazione di Drake può essere vista come un'equazione di stato stazionario in cui le civiltà nascono, iniziano il contatto e, una volta estinte, vengono sostituite da nuove civiltà. La frequenza dei segnali inviati da civiltà evolute, prevista in ragione d'anno, deve essere moltiplicata per la durata del segnale, sempre in ragione d'anno; durata assunta in linea con un tasso di formazione stellare, ancora in ragione d'anno, stimato secondo parametri simili a quelli sui quali si fondano le nostre previsioni.

3.3.1 Il problema della comunicazione intergalattica

Come il lettore avrà notato, la formulazione originale dell'equazione di Drake è confinata solo alla nostra galassia. È possibile, in effetti, formulare un'equazione per l'intero universo osservabile. In questo caso, il numero di pianeti con vita sarà astronomicamente più significativo, il che rappresenta, indubbiamente, un fatto positivo. Con questo approccio, tuttavia, sorge un problema. La formazione presumibilmente più vicina a noi, *Canis Major*, è una costellazione irregolare a 25.000 anni luce [54], classificata come galassia nana. Si pensa, però, che *Canis* possa, in realtà, far parte della Via Lattea. Più realisticamente, si guarda, allora, alla Galassia di Andromeda, che si trova a circa 2,5 milioni di anni luce dalla Terra. Ad ogni modo, qualsiasi segnale che dovessimo intercettare oggi da *Canis Major* sarebbe stato trasmesso molto prima dell'emergere della civiltà umana; prima, cioè, dell'era neolitica e dell'avvento delle società agricole più remote. È, pertanto, improbabile che sia stata destinata specificamente a noi una qualsiasi comunicazione, inviata da esseri extraterrestri, i quali abitassero una galassia al di là della nostra. In sostanza, tentare di inviare un messaggio a una galassia vicina, equivalerebbe a lanciare in mare la proverbiale bottiglia con, dentro, una richiesta di soccorso. È anche improbabile che una civiltà extraterrestre spenda una quantità immensa di energia per trasmettere un segnale su distanze extragalattiche, sapendo che tale segnale potrebbe non raggiungere mai l'obiettivo previsto. Di più: il destinatario finale di un qualsiasi messaggio intergalattico potrebbe rimanere sconosciuto al mittente o essere, addirittura, un popolo ostile. C'è un'altra possibilità. Gli esseri extraterrestri potrebbero averci già inviato un messaggio, prevedendo l'eventuale emergere di vita intelligente sul nostro pianeta, in base ai loro studi, rivolti a una Terra primitiva, di milioni di anni fa. Nondimeno, un messaggio, in arrivo milioni di anni dopo il suo invio, potrebbe, ragionevolmente, non trovare più nessuno a riceverlo. Per tutti i motivi sopra citati, una comunicazione tra civiltà che mirasse a un probabile successo, dovrebbe essere limitata alla nostra galassia.

3.4   Una forma alternativa dell'equazione di Drake

Una possibile critica all'equazione di Drake è che dovrebbe essere estesa per includere le esolune. Se lo facessimo, il numero di civiltà extraterrestri avanzate potrebbe aumentare di un fattore di dieci o più. Un'altra possibile critica è che l'equazione di Drake non rappresenta adeguatamente la dinamica della vita. I percorsi che portano all'intelligenza possono essere pieni di ostacoli per la vita in sé. È difficile giungere a stime affidabili dei parametri biologici nell'equazione. Molti autori forniscono formulazioni alternative e critiche dell'equazione di Drake. Ad esempio, Anders Sandberg, Eric Drexler e Toby Ord [55] criticano l'attendibilità di stime puntuali per i parametri che figurano nell'equazione. Secondo gli autori, le stime puntuali nell'equazione di Drake portano a un numero decente, se non addirittura grande, di civiltà extraterrestri. Tale risultato deriva dall'improbabilità che vi sia vita su un esopianeta; improbabilità bilanciata, nondimeno, dall'innumerevole quantità di esopianeti ed esolune nella nostra galassia e nel nostro universo. Per tracciare un'analogia matematica del caso, sarebbe come se moltiplicassimo zero per l'infinito, aspettandoci quale risultato, un numero finito[5] è piuttosto alta. Non dovremmo, pertanto, sorprenderci se non dovessimo trovare prove di vita extraterrestre.

3.5   Cosa Segue?

I capitoli seguenti forniranno stime approssimative di tutti i parametri, tranne che in due casi: presenza di vita intelligente e durata della comunicazione intergalattica. Secondo l'autore, questi parametri sono i più difficili da valutare. Per capire come mai il compito è complesso, basta considerare il fatto che, sul nostro pianeta, c'è solo una specie tecnologicamente avanzata, contro milioni e milioni di specie diverse.

Nell'ultimo capitolo dedicato all'equazione di Drake, il nostro approccio distintivo consisterà nel variare questi parametri, per trovare la relazione tra i

---

[5] In matematica – ricordiamolo – il prodotto tra zero e infinito non può essere calcolato: è una delle cosiddette forme indeterminate. I critici dell'equazione di Drake, con questo esempio paradossale, vogliono stigmatizzarne i punti deboli. I critici osservano anche che stime diverse possono produrre numeri molto differenti per il censimento di probabili civiltà. La loro ricetta introduce incertezza in ogni parametro, con l'utilizzo di diverse stime "storiche", ad opera di vari ricercatori. Raccolto, per ogni parametro, un insieme di probabili valori, gli autori estraggono a caso un valore per ciascun parametro, fino a quando ognuno dei parametri, nell'equazione di Drake, è determinato. I valori campionati vengono moltiplicati secondo l'equazione di Drake, per ottenerne il numero di civiltà. Ripetendo questo procedimento con l'utilizzo di generatori casuali, si ottiene una funzione per la densità di probabilità, relativa al numero di possibili civiltà. Pur non escludendo del tutto l'esistenza di altre civiltà, gli autori, in base al loro esperimento di calcolo, concludono che la probabilità ex-ante di essere soli. (Almeno, nei limiti dell'universo osservabile.)

due che abbiamo lasciato indeterminati, dato un dato numero di civiltà. L'autore proporrà una descrizione qualitativa di tutti i parametri dell'equazione, discutendo le peculiarità di ciascuno di essi. L'equazione di Drake è tipicamente usata per stimare il numero di civiltà comunicanti nella Via Lattea. Presumibilmente, "esercitarsi" nella stima puntuale dei parametri contenuti nell'equazione di Drake, non solo è altamente istruttivo, ma offre, anche, una sintesi della sinergia tra l'universo materiale e la biologia della vita. Distillare varie fonti di informazione in un singolo numero, per ogni parametro, ci costringe a pensare in modo critico e a toccare molti campi, dalla matematica alla fisica, dall'astronomia alla cosmologia, dalla chimica alla biologia.

4

Formazione Stellare

4.1 Cos'è un Sole?

Il nostro Sole è una stella. Le stelle sono state visibili nel cielo notturno ben prima della genesi dell'umanità e anche prima dell'apparizione, sulla Terra, delle più remote forme di vita. Ma cosa è una stella dal punto di vista della fisica? Una stella può essere descritta come una "fornace" di plasma, che genera elementi sempre più pesanti, attraverso la *fusione* dei nuclei atomici[1] Le stelle sono centrali nucleari a fusione, contenenti plasma. Il termine fusione va inteso alla lettera. L'idrogeno è il più diffuso e il più leggero dei gas. Nelle reazioni nucleari stellari, gli atomi di idrogeno si uniscono o meglio, si fondono, dando luogo ad atomi di elio, gas più pesante dell'idrogeno. Si comincia con l'elemento più semplice e più abbondante nell'universo: l'idrogeno. Le stelle sono composte principalmente da idrogeno ed elio con piccole frazioni di carbonio, ossigeno, azoto e ferro.

Il Sole è composto per il 70 percento di idrogeno e per il 25 percento di elio e altri elementi.

Il plasma, la forma di materia più diffusa nell'universo, si differenzia dai solidi, dai liquidi e dai gas per essere ionizzato: si tratta di uno stato della materia in cui gli elettroni sono stati separati dagli ioni[2] Quando si fa riferimento al plasma all'interno delle stelle, si allude tipicamente a temperature estrema-

---

[1] Si dice *plasma* un gas ionizzato.

[2] In un atomo, la somma algebrica delle cariche è zero. Si assegna, infatti, carica di segno opposto a protoni nel nucleo – convenzionalmente, di carica positiva – e agli elettroni in orbita – convenzionalmente, di carica negativa –. Quando, per effetto dell'energia assorbita, uno o più elettroni abbandonano l'atomo,

mente elevate; stelle che, spesso, al loro centro, raggiungono decine di milioni di gradi (15 milioni di gradi Celsius nel caso del nostro sole [56]).

Le reazioni di fusione nucleare che avvengono all'interno del nucleo di una stella sono alimentate dall'immensa forza gravitazionale risultante dalla sua massa, il che genera intense pressioni e, come abbiamo già detto, elevatissime temperature interne. Nonostante le forze repulsive tra gli ioni, note come forza di Coulomb – termine che onora il lavoro pionieristico del fisico francese Charles-Augustin de Coulomb nel campo dell'elettromagnetismo – le alte velocità degli ioni all'interno del plasma permettono loro di collidere e fondersi, superando la forza di Coulomb. Questo processo di collisione e fusione dà origine a elementi più pesanti e libera una notevole energia per reazione; molto più di quanta ne generi una reazione di *fissione*[3], che provoca la scissione di un atomo. La fusione di ioni per dar luogo a un elemento atomico differente, superiore in peso, si chiama, per l'appunto, "reazione di fusione".

Le stelle sono riconosciute nel cielo per la loro brillantezza. Sono gli elementi essenziali di una galassia.

Studiare il ciclo di vita di una stella, dalla sua nascita alla sua morte, è fondamentale per capire come si svilupperà il nostro universo.

4.2   Classificazione delle Stelle

Esistono diverse specie di stelle, che variano in massa, composizione elementare, luminosità, temperature esterne e spettro. Le stelle possono essere classificate sulla base di alcuni criteri; per esempio: tipo di luce che emettono, temperatura, dimensione e luminosità. Esistono diversi sistemi di classificazione stellare. Il sistema di Harvard, ideato dagli astronomi americani Annie Jump Cannon ed Edward C. Pickering [57], ad esempio, classifica le stelle in base alle loro temperature superficiali.

Se consideriamo stelle con massa e temperatura molto maggiori del Sole, esse rientrano in classi denotate – in ordine decrescente dalla più calda alla più fredda – con le lettere maiuscole O, B, A. La luminosità di una stella è proporzionale alla sua massa. Le stelle di tipo O, B e A costituiscono, complessivamente, meno dell'uno percento di tutte le stelle della nostra galassia.

---

quel che resta è un ente fisico – una particella di materia – a carica non nulla, detto ione. Il plasma è un gas ionizzato.
[3] Fissione deriva da un verbo latino – *findere* – che significa spaccare, rompere, scindere.

Il tipo O è il più caldo e il più massiccio. Queste stelle appaiono blu o bianco-azzurre; vantano temperature significativamente più alte di quelle del nostro Sole e sono estremamente rare.

Così come quelle di tipo O, le stelle di tipo B hanno, tipicamente, una vita molto più breve dei miliardi di anni necessari per l'emergere della vita intelligente. Di conseguenza, a causa della loro rarità e della loro breve vita, sono di minore rilevanza nel nostro contesto. D'altra parte, le stelle di tipo A hanno, tipicamente, una vita tra 0,6 e 2 miliardi di anni, ma sono anch'esse relativamente rare [58, 59].

Continuando nell'ordine di classificazione, incontriamo le stelle F, gialle e bianche, leggermente più grandi e più calde del Sole. Le stelle F costituiscono circa il 3 percento di tutte le stelle della Via Lattea [60]. A seguire ci sono le stelle di tipo G, che costituiscono circa il 7 percento di tutti i corpi stellari [61]. Il nostro Sole appartiene a questa categoria, essendo una stella gialla di tipo G. La sequenza di classificazione si conclude con le stelle di tipo K e M, caratterizzate da temperature e masse minori rispetto a quelle del Sole, che mostrano una tonalità arancione o leggermente rossa. Le stelle M predominano nella nostra galassia, costituendo circa l'80 percento di tutte le stelle nella fase di *sequenza principale* nella Via Lattea [62]. La fase di sequenza principale, nella vita di una stella, è quella nella quale avviene la fusione dell'idrogeno; questa fase copre la maggior parte del ciclo di vita di una stella. La figura 4.1 mostra il sistema di classificazione delle stelle nella sequenza principale.

Le statistiche sulla durata della vita stellare si riferiscono alla fase di sequenza principale. Ad esempio: per una stella media – come il nostro Sole – la sequenza principale dura, tipicamente, circa 10 miliardi di anni. Essa può, tuttavia, estendersi fino a 100 miliardi di anni o, addirittura, fino a un trilione di anni, nel caso delle stelle di classe M che, come detto in precedenza, sono il tipo di stelle più diffuso nella Via Lattea; lo stesso può dirsi di alcune stelle con masse anche inferiori: le cosiddette "nane rosse".

Il lettore attento potrebbe aver notato che queste stelle più piccole possono, in effetti, durare molto più a lungo dell'attuale stima in ordine alla vita dell'universo! Qual è, tuttavia, il corso naturale della vita per stelle grandi come il Sole o per quelle più piccole?

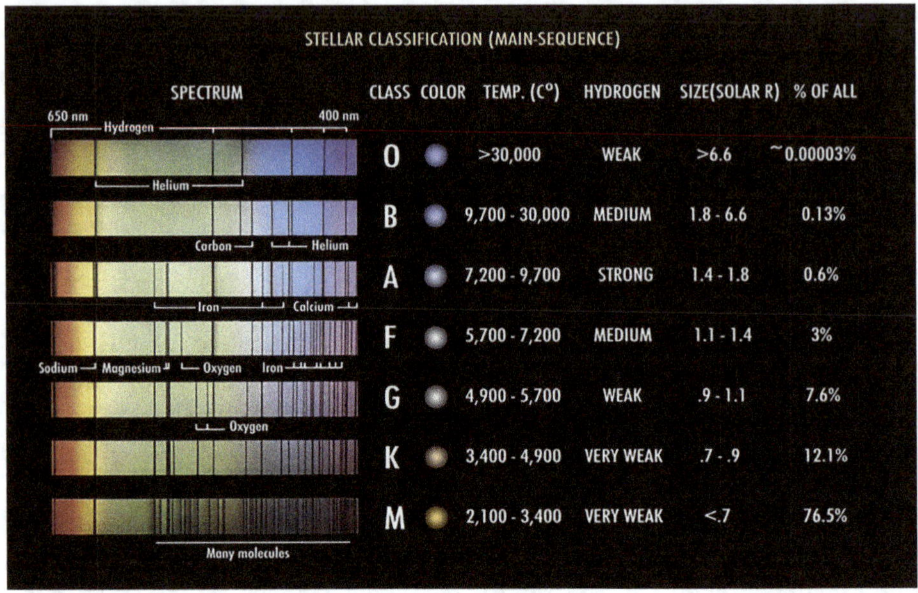

CLASS	COLOR	TEMP. (C°)	HYDROGEN	SIZE(SOLAR R)	% OF ALL
O		>30,000	WEAK	>6.6	~0.00003%
B		9,700 - 30,000	MEDIUM	1.8 - 6.6	0.13%
A		7,200 - 9,700	STRONG	1.4 - 1.8	0.6%
F		5,700 - 7,200	MEDIUM	1.1 - 1.4	3%
G		4,900 - 5,700	WEAK	.9 - 1.1	7.6%
K		3,400 - 4,900	VERY WEAK	.7 - .9	12.1%
M		2,100 - 3,400	VERY WEAK	<.7	76.5%

Figura 4.1 Tipi di stelle con il loro spettro tipico, colore, intervallo di temperatura, abbondanza di linee di idrogeno, dimensione e frazione di tutte le stelle conosciute. Pablo Carlos Budassi, CC BY-SA 4.0, https://creativecommons.org/licenses/by-sa/4.0, tramite Wikimedia Commons. . Ultimo accesso: 10 Aprile 2024

4.3   Il Ciclo di Vita delle Stelle

Introduciamo alcuni concetti di base sulla formazione stellare. Le stelle si originano dalle nebulose, nelle quali le forze gravitazionali attraggono insieme polvere cosmica e nubi di idrogeno interstellare. Tipicamente, la traiettoria evolutiva di una stella è determinata dalla sua massa; nebulose di massa superiore danno generalmente origine a stelle di massa superiore. Il ciclo di vita delle stelle con massa ridotta e temperatura bassa o media, come il nostro Sole, inizia con la formazione di una protostella. La protostella si forma da una nube di gas, che, messa in movimento, inizia a contrarsi e condensarsi. Man mano che la condensazione progredisce, elevando pressione e temperatura, gli atomi di idrogeno all'interno della protostella collidono, dando luogo alla fusione nucleare. Durante il processo di fusione, i nuclei degli atomi di idrogeno si combinano per formare atomi di elio, più pesanti, con ciò rilasciando una notevole energia[4] che alimenta ulteriori reazioni di fusione. Di conse-

---

[4] La massa è una forma di energia: per fondersi in elio, i nuclei di idrogeno perdono parte della loro massa; si parla, perciò, di difetto di massa; la massa "perduta" diventa, in parte, l'energia necessaria a fonderli.

guenza, una stella funziona come un vasto reattore autosostenuto. Durante la fase di sequenza principale, la forza gravitazionale verso il nucleo della stella è bilanciata dalla pressione esterna prodotta dall'energia liberata per fusione nucleare. Questo equilibrio persiste finché c'è disponibilità di combustibile a base di idrogeno per la fusione all'interno della stella. Una volta esaurito il suo combustibile – l'idrogeno – la stella passa a fondere elementi via via più pesanti; queste fasi sono relativamente brevi rispetto alla durata della sequenza principale.

Esaurito il ciclo di vita a base di idrogeno – la sequenza principale – una stella non può più mantenere l'equilibrio tra forza gravitazionale e reazioni di fusione. Di conseguenza, la stella collassa; ne segue l'espansione degli strati di gas esterni. Questo processo porta alla formazione di una *gigante rossa*, destino previsto anche per il nostro Sole, tra circa 5 miliardi di anni. Si prevede, per allora, che il Sole, a seguito dell'espansione, nella fase di gigante rossa, possa crescere fino ad inghiottire la Terra.

Durante la fase di gigante rossa, avviene un diverso tipo di reazione di fusione, in cui i nuclei di elio si fondono per generare carbonio e ossigeno.

Una volta esaurito l'elio, la stella si trasforma drasticamente, espellendo la maggior parte della sua massa nella forma di una nube di materiale nota come nebulosa planetaria. Il nucleo residuo della stella, ora diminuita dall'espulsione del gas, si evolve in un oggetto compatto, chiamato *nana bianca*. Con il tempo, queste nane bianche si raffreddano gradualmente e si trasformano in un corpo inerte. Questo processo descrive il futuro delle stelle che, come il nostro Sole, non hanno abbastanza massa per diventare una *stella di neutroni*[5] o un *buco nero*.

È fondamentale discutere l'evoluzione delle stelle con masse significativamente più grandi del nostro Sole. Queste stelle brillano di più e hanno una vita molto più breve rispetto alle stelle di massa inferiore. Passano anche attraverso una sequenza di reazioni di fusione che vanno verso la formazione di elementi più pesanti.

Quando, tuttavia, si formano nuclei di ferro, le reazioni di fusione non producono più energia netta positiva, come dettato dalla fisica nucleare. A questo punto, le forze gravitazionali superano le reazioni di fusione, comprimendo il nucleo della stella a temperature immense. Se il nucleo di una stella massiccia è soggetto a enormi pressioni e a temperature di miliardi di gradi Celsius, può verificarsi una spettacolare esplosione; il fenomeno dà luogo a una *supernova*.

Una porzione di questa energia viene comunque ceduta, per legge fisica, tutto intorno: è questa la fonte che alimenta ulteriormente il processo di fusione.

[5] Se la materia stellare collassa, protoni ed elettroni si fondono a formare neutroni, particelle prive di carica. Ne deriva, per l'appunto, una stella di neutroni.

A seguito dell'esplosione di una supernova, la maggior parte del materiale della stella viene espulso nello spazio interstellare. La materia espulsa può arricchire altri sistemi con elementi più pesanti; elementi come questi – il carbonio, per esempio – fanno parte del nostro corpo. Dopo l'esplosione di una supernova, se la massa del nucleo residuo è sufficientemente alta, il materiale stellare residuo può collassare in un buco nero[6], singolarità[7] nello spaziotempo, come prova la relatività generale di Einstein.

Nel 1915, il matematico tedesco Karl Schwarzschild scoprì la prima soluzione alle equazioni di campo di Einstein, una *metrica*[8] dello spaziotempo contenente tale singolarità. Questa singolarità matematica si interpreta fisicamente introducendo il concetto di buco nero: un oggetto incredibilmente denso, capace di intrappolare anche la luce. I buchi neri sono stati osservati sperimentalmente all'inizio degli anni '70 [63, 64], ma l'osservazione diretta di un buco nero è stata realizzata solo di recente, nel 2019, con l'Event Horizon Telescope.

Per masse inferiori, il collasso dà luogo a stelle compatte, composte di neutroni densamente impacchettati, chiamate, perciò, *stelle di neutroni*.

È da notare che circa la metà di tutti i sistemi solari nella Via Lattea contengono due o più stelle, legate insieme gravitazionalmente. Non è lo stesso nel caso del nostro sistema solare, realtà isolata. I sistemi in cui due stelle orbitano attorno a un centro di gravità comune sono chiamati *sistemi stellari binari*. Come le stelle di alta massa, le stelle binarie possono culminare nell'esplosione di una supernova; è vero, in specie, quando due pesanti stelle binarie collidono.

4.4   Il Primo Parametro dell'Equazione di Drake

Le stelle subiscono un ciclo di vita che ricorda i processi osservati negli organismi viventi. Come gli esseri viventi, tutte le stelle nascono e muoiono: incontrano la loro fine dopo milioni e miliardi di anni, una volta che il loro combustibile nucleare si esaurisce.

Il primo parametro nell'equazione di Drake, denotato come R, si riferisce al tasso di nascita delle stelle. In particolare, R rappresenta il tasso medio di formazione stellare all'interno della galassia della Via Lattea, riferito a miliardi

---

[6] Come ripeteremo più avanti il buco nero è un oggetto incredibilmente denso, capace di intrappolare anche la luce.

[7] Una *singolarità* è un punto in corrispondenza del quale non è possibile effettuare calcoli di alcun tipo. In presenza di un buco nero, le leggi della fisica non valgono e le equazioni perdono di senso.

[8] Metrica significa misura. Altezza, lunghezza e profondità sono un esempio di metrica dello spazio nel quale viviamo. Lo spaziotempo – che guarda a tempo e spazio come ad un tutt'uno – richiede una metrica speciale.

di anni fa. È opportuno fare diverse considerazioni: tra 13 e 6 miliardi di anni fa, nel cuore della nostra galassia, c'è stato un altissimo tasso di formazione stellare, seguito da un periodo di quiete. La formazione stellare non è uniforme nello spazio e nel tempo [65, 66]. E', inoltre, improbabile che il centro della galassia ospiti sistemi solari pieni di vita, perché vi compare un buco nero supermassiccio, Sagittarius A*, e vi si registra la presenza di supernove.

Tenendo presente questo, gli studi offrono diverse stime per R. Uno studio recente mostra che la nostra galassia produce tra 0,5 e 6 masse solari ogni anno [66]. Sebbene questo tasso di produzione non faccia, della Via Lattea, la più attiva tra le molte galassie nell'universo, il numero in sé assume importanza nell'equazione di Drake, ed è considerato scientificamente affidabile.

Il ritmo di formazione stellare nella nostra galassia sta diminuendo a causa dell'esaurimento delle riserve di gas freddo. Dopo aver considerato la variabilità nel tempo e nello spazio del tasso di crescita della materia stellare, possiamo stimare conservativamente l'ordine di grandezza del primo parametro come vicino all'unità, in coerenza con le stime di Drake e dei suoi colleghi.

$$\boxed{R \approx 1} \tag{4.1}$$

4.4.1 La Questione della Vita in R

Non tutte le stelle recenti, all'interno della Via Lattea, sono compatibili con il sostentamento della vita. Quali, fra le stelle appena formate, sono probabili che offrano, durante la sequenza principale, condizioni favorevoli all'emergere della vita? Questa domanda rimane inevasa, con un ristretto margine in riscontro. Le prime forme di vita sono emerse sulla Terra circa 3,7–3,8 miliardi di anni fa, come suggerisce la scoperta di formazioni sedimentarie generate da colonie microbiche in Groenlandia [67].

L'inizio dell'era tecnologica dell'umanità si data, circa, a due-tre secoli fa: un lasso di tempo notevolmente breve, se confrontato con l'esistenza della vita sulla Terra. Di conseguenza, è plausibile che l'emergere di una civiltà extraterrestre, con una competenza tecnologica pari o superiore alla nostra, richieda miliardi di anni, a partire dalla comparsa di vita.

Come abbiamo visto prima, più piccole sono le stelle, più la loro sequenza principale dura a lungo. Si può, pertanto, dedurre che le stelle con masse simili o inferiori a quella del nostro Sole possano essere favorevoli al sostegno della vita. Questo tipo di stelle rappresenta la stragrande maggioranza di quelle nella fase di sequenza principale, all'interno della Via Lattea.

4.5   Tipi di Stelle e Vita

Le stelle giganti (di tipo O e di tipo B, ad esempio) durano molto meno del Sole ed emettono uno spettro ultravioletto particolarmente dannoso per il DNA. È ragionevole, pertanto, supporre che non vi si trovino sistemi con pianeti i quali ospitino la vita.

Le stelle piccole, come quelle di tipo K e M, emettono spesso significative eruzioni solari, che rappresentano, anch'esse, un potenziale pericolo per la vita. Di conseguenza, in teoria, tali stelle sono, generalmente, considerate meno adatte ad ospitare sistemi solari che sostengano la vita.

Studi recenti mostrano, tuttavia, che i pianeti in un sistema solare di tipo M, i quali rivolgano sempre la stessa faccia alla loro stella – come fa la nostra Luna verso di noi – possono ospitare la vita, grazie all'effetto protettivo delle loro calotte glaciali [68].

Ad ogni modo, le stelle medie, nella fase di sequenza principale – come il nostro Sole – sono considerate più compatibili con la vita, principalmente a motivo della loro maggiore durata. Anche le stelle di tipo F o quelle di tipo A potrebbero essere incluse nell'elenco delle stelle compatibili con la vita, poiché la loro durata si quota in miliardi di anni. Se si dovesse, pertanto, stimare il parametro R, basandosi esclusivamente sui tipi di stelle più favorevoli alla vita, come le stelle di tipo G, il valore di detto parametro potrebbe risultare significativamente inferiore all'unità. È importante, tuttavia, notare che altri parametri cruciali influenzano la compatibilità di una stella con la vita. Uno di questi fattori è la notevole zona abitabile all'interno del sistema solare di una stella: i pianeti situati troppo vicini alla stella sarebbero eccessivamente caldi per la vita; quelli troppo distanti sarebbero eccessivamente freddi.

4.6   Vita a Base-Carbonio in Ambienti Estremi

Gli argomenti fin qui esposti presuppongono che qualsiasi civiltà extraterrestre condivida con la nostra elementi simili, dal punto di vista biologico, e che le condizioni prevalenti non siano estreme. Sulla Terra sono state, tuttavia, scoperte forme di vita speciali, che prosperano in ambienti e temperature estreme. Queste forme di vita sono chiamate *estremofili* e possono essere batteri, come gli *archaea*[9], o *eucarioti*[10].

---

[9] Ne è un esempio la flora intestinale.
[10] Gli eucarioti sono dotati di cellule il cui nucleo è delimitato da una membrana. Noi siamo eucarioti. Cellule prive di un nucleo definito si dicono procariote.

Gli estremofili possono essere classificati in diverse categorie, in base alla loro adattabilità [69]. Ad esempio: i termofili e gli ipertermofili sopravvivono in sorgenti idrotermali ad alta temperatura. Un esempio di termofilo è il *Bacillus stearothermophilus*, un batterio.

I psicrofili sono estremofili che crescono meglio a basse temperature [70]. Molti di questi psicrofili sono batteri. Fanno, però, parte della categoria anche alcuni eucarioti, come i licheni e le alghe della neve. Le alghe della neve si trovano nelle regioni polari e prosperano in presenza di neve, dal che il loro nome.

Altri tipi di estremofili sono acidofili e alcalofili [71]. Alcuni acidofili possono vivere in ambienti estremamente acidi (pH di 0). Gli alcalofili sono organismi – tipicamente batteri – adattatisi a sopravvivere in ambienti alcalini (pH 11). I barofili (piezofili) sono organismi che crescono meglio sotto pressione. Questi organismi sono tipicamente batteri trovati a 10 chilometri oltre il fondo oceanico (Fossa delle Marianne). Gli alofili, infine, sono organismi che prosperano in ambienti con alte concentrazioni di sale. Molti di questi estremofili sono poliestremofili; sopravvivono in ambienti con diversi parametri estremi.

L'esistenza di estremofili suggerisce che la vita possa prosperare in ambienti considerati, in passato, impensabili.

La qualità del sopravvivere in ambienti estremi è propria anche di alcuni animali. I tardigradi, noti come orsi d'acqua, a motivo del loro aspetto, che richiama vagamente quello di un piccolissimo orso, sono esempio di una notevole resilienza [72]. Queste minuscole creature acquatiche, tipicamente, di dimensioni inferiori al millimetro, vantano otto zampe e possono sopportare condizioni estreme. Sopravvivono sia alle temperature ben al di sotto del punto di congelamento, sia a quelle superiori al punto di ebollizione; abitano le profondità della Fossa delle Marianne e possono tollerare lunghi periodi senza cibo. Nel 2007, i tardigradi sono stati esposti al vuoto dello spazio e a un'intensa radiazione solare per 12 giorni. Gli scienziati hanno scoperto che la maggior parte dei tardigradi era sopravvissuta alla prova, grazie alla loro capacità di entrare in uno stato di animazione sospesa, noto come "stato di tun". Questa esemplificazione dimostra che le forme di vita basate sul DNA possono sopportare ambienti molto meno ospitali di quelli trovati sulla Terra. Allo stesso modo, la vita extraterrestre potrebbe prosperare anche in sistemi solari con stelle diverse dal nostro Sole.

4.7   Riassunto

Tenendo a mente le considerazioni fin qui esposte, data la limitatezza delle nostre conoscenze, dovremmo ragionevolmente ammettere che il parametro R possa essere, in alcuni punti dell'universo, di un ordine di grandezza vicino all'unità.

$$\boxed{R_{\text{life}} \approx 1} \tag{4.2}$$

5

Sistemi Solari con Pianeti

5.1 Sistemi Solari con Uno o Più Pianeti

Occupiamoci del secondo parametro dell'equazione di Drake: f_p. Questo parametro rappresenta la probabilità che un sole abbia almeno un pianeta in orbita. Come abbiamo visto nei capitoli precedenti, nell'universo, o anche solo nella nostra galassia – la Via Lattea – si può prevedere un numero di pianeti significativamente maggiore – presumibilmente di un ordine di grandezza – rispetto al totale delle stelle.

Con un eccellente grado di certezza, è generalmente accettato che il secondo parametro f_p sia, molto probabilmente, vicino all'unità [73]. Ciò significa che quasi ogni stella nella fase di sequenza principale, all'interno della Via Lattea, dovrebbe avere in orbita, in media, almeno un pianeta. Ad esempio, il sistema stellare Kepler-90 ha otto pianeti, come il Sistema Solare. È, infatti, un sistema stellare che assomiglia molto al nostro. I pianeti di Kepler-90 sono stati scoperti dal telescopio spaziale Kepler della NASA, grazie al metodo del transito. Uno degli otto pianeti in particolare – Kepler-90i – è stato scoperto applicando al metodo del transito modelli di intelligenza artificiale. La figura 5.1 illustra artisticamente il sistema Keplero 90. Il sistema orbita intorno a una stella di tipo F, a circa 2800 anni luce dalla Terra. La scoperta di un sistema solare con molti pianeti supporta l'idea che il totale dei pianeti sia di gran lunga maggiore rispetto al numero delle stelle nella nostra galassia.

Faremmo bene a sottolineare che questa stima esclude i pianeti nomadi, che sono soggetti all'essere catturati gravitazionalmente da una stella vicina. È improbabile che i pianeti nomadi in quanto tali diano seguito alla vita, anche nelle sue forme primitive. Da un punto di vista molto speculativo, il decadi-

Figura 5.1 Sistema Kepler-90. By NASA/Ames Research Center/Wendy Stenzel – https://photojournal.jpl.nasa.gov/jpeg/PIA22193.jpg, Public Domain, https://commons.wikimedia.org/w/index.php?curid=64818984

mento radioattivo potrebbe, tuttavia, rappresentare una fonte di energia che permetta l'esistenza di microrganismi all'interno di questi pianeti. Incidentalmente, i pianeti nomadi e gli asteroidi possono svolgere un ruolo essenziale nella sopravvivenza di forme di vita extraterrestri avanzate. Alcuni di essi possono essere catturati gravitazionalmente dalle stelle e portare, così, alla nascita della vita attraverso la disseminazione dei suoi componenti basilari, come descritto dalla teoria della *panspermia*. In uno scenario altamente speculativo, potrebbero essere significativi per le civiltà tecnologicamente avanzate, in cerca di rifugio e di un accesso a energia cinetica "gratuita". Tali civiltà potrebbero considerare di trasferirsi temporaneamente su pianeti nomadi per sfuggire a cataclismi cosmici prevedibili, come l'esplosione di una supernova che si verificherebbe pericolosamente vicino ai loro pianeti di origine.

Il nostro focus si è concentrato su pianeti conformi alle stime del secondo parametro di Drake. È, comunque, essenziale riconoscere l'importanza potenziale delle lune e di altri vagabondi celesti, nella ricerca della vita extraterrestre. Questa ammissione stimola la curiosità e incoraggia ulteriori esplorazioni. Rivolgiamo, ora, la nostra attenzione alle lune nel nostro sistema solare.

5.2   Vita sulle Lune

Come è noto, le spedizioni spaziali non hanno ancora trovato alcun organismo sulla Luna. Questo sottolinea la complessità e la profondità della nostra ricerca di vita extraterrestre. È ampiamente accettato che la Luna sia priva di vita. Tuttavia, nel nostro sistema solare, alcune lune hanno il potenziale per ospitarla. Le lune che possono, in linea di principio, sostenere la vita sono Europa, Encelado, Titano, Callisto, Ganimede, Io, Tritone, Dione e Caronte[1]. In particolare, la missione spaziale JUICE, avviata dall'Agenzia Spaziale Europea nel 2023, mira ad indagare tre lune in orbita attorno a Giove: Europa, Callisto e Ganimede [74]. Con il suo potenziale – maggiori approfondimenti – questa missione promette di raccogliere molti dati per comprendere quali siano le possibilità di vita al di là della Terra. È un momento emozionante per l'esplorazione spaziale.

E' in programma un'altra missione, prevista nei prossimi anni, per esplorare Titano ed Encelado (Explorer of Enceladus and Titan) e due lune di Saturno, sulle quali si ritiene esistano le condizioni per la vita. Anche Tritone, la luna di Nettuno, è di grande interesse e potrebbe essere, in futuro, oggetto di esplorazione. L'ottimismo dei ricercatori, in ordine a queste lune, deriva dal fatto che le loro superfici ghiacciate, probabilmente, nascondono oceani di acqua liquida. L'interazione tra la crosta ghiacciata e l'interno caldo della luna ne facilita, infatti, la formazione. Il calore interno, generato – oltre che dal decadimento radioattivo – da processi geologici e chimici, risente dell'effetto delle maree, indotte – sulla massa fluida ad alta temperatura che si trova sotto la crosta – dai massicci pianeti a cui queste lune appartengono: Giove, Saturno e Nettuno. In altre parole, l'azione delle notevoli forze gravitazionali, esercitate da questi giganteschi pianeti sulle loro lune, contribuisce ad amplificare gli effetti termici dell'attività geologica interna. L'acqua, come avviene sulla Terra, è fondamentale per l'emergere della vita. Forme semplici potrebbero nuotare negli oceani delle lune di pianeti giganti. Le osservazioni hanno, in specie, rilevato vapore acqueo nelle atmosfere di Europa, Encelado e Titano, rafforzando ulteriormente la tesi di una loro potenziale abitabilità [75–77].

Scoperte recenti, che suggeriscono paralleli tra la Terra e gli altri mondi, sfidano, per esempio, le precedenti nozioni sui limiti della vita in ambienti estremi. Gli scienziati dell'Università danese di Aarhus, guidati dal professor Alexandre Anesio, hanno trovato comunità microbiche che prosperano all'in-

---

[1] Sono dette *satelliti medicei* le quattro lune di Giove osservate da Galileo: Europa, Callisto, Ganimede, Io; sono satelliti di Saturno: Encelado, Titano e Dione; Tritone e Caronte orbitano, rispettivamente, intorno a Nettuno e Plutone.

terno dei ghiacciai [78]. Questi ghiacciai sono pieni di microrganismi come alghe, batteri, funghi e virus, che si adattano alle estreme condizioni di freddo degli ambienti polari. Vi si trovano microrganismi quali alghe, batteri, funghi e virus, che si adattano alle estreme condizioni di freddo degli ambienti polari. i microbi all'interno della calotta glaciale della Groenlandia, ad esempio, si sono adattati emettendo notevoli quantità di materiale organico volatile [79]. La scoperta di forme di vita in ambienti ghiacciati è di buon auspicio per ipotizzare che si possa trovare vita anche sulle esolune (lune in altri sistemi solari). A causa delle loro dimensioni limitate, tuttavia, le esolune non sono ancora state osservate direttamente. Se, nondimeno, l'ipotesi della vita sulle esolune fosse verificata, la probabilità di scoprire forme di vita all'interno della Via Lattea potrebbe superare le nostre stime attuali, basate esclusivamente sul numero previsto di pianeti potenzialmente ospitali. Oltre a presentare acqua liquida, le lune devono mantenere orbite stabili attorno ai rispettivi pianeti per periodi prolungati. Questa necessità deriva dal fatto che l'evoluzione naturale della vita richiede miliardi di anni per dare origine a organismi complessi. Altro fattore critico è la massa di una luna, che contribuisce alla potenziale esistenza di atmosfera. Essenzialmente, ogni corpo celeste richiede una massa minima, per trattenere un'atmosfera come effetto dell'attrazione gravitazionale. Le lune con masse paragonabili a quella della Terra sono, pertanto, più promettenti nell'ospitare la vita rispetto a quelle meno massicce. In particolare, le lune con un nucleo di ferro potrebbero essere circondate da un campo magnetico in grado di proteggere l'atmosfera dagli effetti nocivi della radiazione solare. Io, Europa, Ganimede e Calisto sono dotate di campi magnetici. Il campo magnetico di Ganimede è generato internamente da un *effetto dinamo*[2] nel suo nucleo di ferro, mentre la magnetosfera di Giove induce i campi delle altre lune. Tuttavia, sebbene in forma elementare, lune e pianeti non sono gli unici oggetti teoricamente in grado di ospitare alcuni componenti della vita.

---

[2] Un filo percorso da corrente si comporta, letteralmente, come una calamita. Il movimento di cariche elettriche in un fluido metallico – metallo fuso, come avviene, per esempio, intorno al nucleo di un pianeta – è lo stesso che dire una corrente elettrica: da ciò origina il campo magnetico che orienta le bussole. D'altra parte, un campo magnetico variabile – una calamita che ruota, come avviene nella dinamo della bicicletta – induce corrente elettrica. Magnetismo e corrente elettrica sono, perciò, intimamente legati: la loro concomitanza dà, infatti, origine alla radiazione elettromagnetica, parte della quale è luce visibile. Il campo magnetico di un pianeta – anche quello della Terra – non è, però, stabile: i poli, in milioni di anni, tendono ad invertirsi. Per questo, come nella dinamo di una bici, la "calamita planetaria" ruota; dal che, la dicitura effetto dinamo.

5.3 Meteoriti e Blocchi Costitutivi della Vita

I meteoriti sono corpi celesti; possono essere frammenti di asteroidi, comete, lune o pianeti. Se, a motivo di una massa non trascurabile, questi frammenti sopravvivono parzialmente all'ingresso nell'atmosfera, giungono ad impattare il suolo. Possono essere composti di roccia, ferro e altri elementi. La Terra è "colpita" da milioni di questi oggetti solidi; fortunatamente, la maggior parte di essi è molto piccola. I cosiddetti meteoroidi, ad esempio, sono tipicamente piccole rocce che vagano nello spazio.

Gli oggetti spaziali che raggiungono dimensioni chilometriche sono denominati asteroidi e possono rappresentare una minaccia significativa per la vita sul pianeta. Tra i casi d'impatti notevoli, è provato quello dell'asteroide Chicxulub, che ha colpito la Terra circa 66 milioni di anni fa, lasciando dietro di sé un cratere largo 100 chilometri. Questo evento catastrofico ha generato altissimi megatsunami di centinaia di metri e ha espulso enormi quantità di cenere e detriti nell'atmosfera, innescando incendi diffusi e sconvolgendo gli ecosistemi globali. Le particelle di polvere risultanti hanno avvolto l'atmosfera del pianeta, portando a un prolungato periodo di riduzione della luce solare e alla conseguente riduzione della flora, contribuendo, in definitiva, alla scomparsa dei dinosauri.

Le ricerche suggeriscono che i meteoriti potrebbero anche fungere da vettori di vita su pianeti o lune. L'analisi dei resti di meteoriti ha rivelato che potrebbero trasportare alcuni o tutti i costituenti essenziali del DNA, presenti anche sulla Terra. Ad esempio, possiamo citare il lavoro di Yasuhiro Oba e dei suoi collaboratori, che sostengono questa tesi [80]. Questi componenti potrebbero aver contribuito, o addirittura accelerato, la comparsa della vita sulla Terra. L'ipotesi che la vita o i suoi componenti primari siano stati originati altrove nell'universo e abbiano viaggiato, trasportati da meteoriti, fino a giungere sulla Terra, è chiamata panspermia. L'idea della panspermia non è un fatto nuovo o recente. Nel V secolo a.C., il filosofo greco Anassagora proponeva la tesi che la vita potesse essersi originata in un qualche altrove e che si fosse, poi, diffusa in tutto l'universo [81].

Una teoria alternativa che attribuisce la nascita della vita sulla Terra esclusivamente a un primordiale brodo inanimato – fatto di acqua, metano e ammoniaca – bombardato da forte radiazione ultravioletta e fulmini, è conosciuta come abiogenesi. I primi sostenitori della teoria abiogenetica, negli anni '20 del Novecento, furono il biochimico sovietico Alexander Oparin e il biologo indo-britannico J. B. S. Haldane [82].

Consideriamo, per un attimo, la possibilità che la panspermia sia realisticamente legata alla comparsa di vita sulla Terra. L'ipotesi suggerisce che i mattoni della vita siano stati depositati sul nostro pianeta miliardi di anni fa, attraverso meteoroidi interstellari. Nonostante le vaste distanze tra pianeti e lune in diversi sistemi solari, è, in effetti, concepibile che numerosi meteoroidi interstellari abbiano potuto trasportare i componenti della vita da un sistema solare all'altro, nel corso di centinaia di milioni di anni.

Questo processo potrebbe essere paragonato all'impollinazione esogama: sulla Terra, il vento aiuta la dispersione del polline. Un simile scenario, suggerisce che la vita potrebbe essersi propagata esponenzialmente, attraverso la galassia e persino in tutto l'universo, coprendo distanze precedentemente ritenute irrealistiche. Ci sono casi documentati di meteoroidi che impattano sulla Terra – come il meteorite CNEOS 2014-01-08 – che si è schiantato in Papua Nuova Guinea nel 2014 [83]. Tali meteoroidi sono stati inizialmente identificati come interstellari; è stato, poi, accertato che appartengono, invece, al nostro sistema solare. Distinguere gli oggetti interstellari da quelli originati nel nostro sistema solare rappresenta una sfida: i meteoriti interstellari, infatti, sembrano essere rari. Da tutte queste considerazioni, possiamo dedurre che la teoria della panspermia sia una spiegazione plausibile della comparsa di vita sulla Terra, sia quale ipotesi in autonomia, sia se intervenuta in combinazione con l'abiogenesi.

5.4   Riassunto e Stime

In linea di principio, pianeti, lune e oggetti vaganti nello spazio possono ospitare la vita nelle sue forme più varie: dai componenti elementari del DNA alle civiltà aliene tecnologicamente avanzate. Nell'equazione di Drake, il parametro f_p si riferisce solo ai pianeti; ma come abbiamo visto, questa ipotesi è molto conservativa quando si considera la presenza di lune e altri corpi celesti. Una stima ragionevole, per il secondo parametro f_p dell'equazione di Drake, è che quasi tutti i sistemi stellari ospitino almeno un pianeta.

$$\boxed{f_p \approx 1} \tag{5.1}$$

6

Esopianeti Abitabili

6.1 Il Parametro n_e

La vita, così come la conosciamo, potrebbe prosperare su pianeti e lune con sufficiente atmosfera, acqua, elementi e un campo magnetico che protegga dalle radiazioni, all'interno di un sistema stabile. Il potenziale per la vita nell'universo si estende oltre i confini dei corpi planetari. Sia i meteoriti interstellari, sia quelli provenienti dal sistema solare, possono contribuire a diffondere gli elementi e le strutture essenziali alla base della vita, sebbene in forme semplici. Questo amplia la nostra prospettiva, suggerendo che la probabilità di vita intelligente nell'universo non sia limitata ai soli pianeti. È un concetto che ci invita a esplorare e considerare le vaste possibilità di vita, che sembrerebbero vadano ben oltre la nostra attuale comprensione.

Concentriamoci, qui, sul parametro n_e, fattore cruciale nell'equazione di Drake. Questo parametro rappresenta il numero medio di pianeti potenzialmente abitabili in un sistema solare con almeno un pianeta, il che sottolinea la sua importanza quando si intende stimare la probabilità di vita oltre la Terra.

Quali elementi fondamentali delineano l'adeguatezza di un corpo celeste per l'abitabilità? I determinanti sono sfaccettati e comprendono molti fattori, alcuni dei quali vanno oltre i paradigmi convenzionali.

Qui ci limitiamo a pochi fattori importanti necessari per l'insorgenza della vita [84].

1. L'esistenza di una zona abitabile.
2. La composizione e la massa del pianeta o della luna. La presenza di una superficie solida, un'atmosfera e acqua in forma liquida.

3. Il tipo di stella madre.
4. La stabilità della sua orbita.

Approfondiremo ciascuna di queste voci.

6.2   L'Esistenza di una Zona Abitabile

Zona abitabile è la regione dello spazio orbitale attorno a una stella tale che l'acqua sulla superficie di un pianeta possa essere presente in forma liquida. Questo concetto non è solo importante: è fondamentale, poiché definisce il potenziale per la vita nel nostro universo. La quantità totale di radiazione che qualsiasi pianeta o luna riceve dal suo sole segue la legge dell'inverso del quadrato della distanza. Un semplice esempio basta ad illustrare l'importanza di questa legge. Se raddoppiamo la distanza tra una stella e il suo pianeta, la quantità totale di radiazione solare ricevuta dal pianeta si riduce di un quarto. Di conseguenza, la radiazione diminuisce rapidamente all'aumentare della distanza tra una stella e il suo pianeta. Intuitivamente, su un pianeta o una luna troppo vicini al loro sole l'acqua sarà presente in forma gassosa a causa dell'alta temperatura, per la gran quantità di energia radiante che colpisce la superficie. Facciamo il caso di Mercurio: per la sua vicinanza al Sole, il pianeta è rovente [85]; l'acqua e altri elementi sono in stato gassoso. Al contrario, un pianeta troppo lontano dal suo sole avrà acqua allo stato solido: congelata, come su Nettuno o su Urano. Deve pertanto, esistere un intervallo intermedio fra le possibili distanze da una stella; intervallo che permetterà all'acqua di restare liquida. La distanza da una stella non è, tuttavia, l'unico fattore determinante. Un pianeta deve, infatti, avere un'atmosfera che eserciti una minima pressione sull'acqua, tale da conservarla allo stato liquido. Questo è il caso del nostro pianeta. La Terra ha un'atmosfera che esercita una pressione significativa sull'acqua superficiale. Le combinazioni di pressione e temperatura che producono acqua liquida si trovano utilizzando un diagramma di fase dell'acqua. La determinazione del bordo interno e del bordo esterno della zona abitabile, nel sistema solare, è argomento della ricerca attuale. Menzioniamo, qui, i risultati e le motivazioni di alcuni degli articoli scientifici attinenti.

6.3   La Zona Abitabile della Terra

Un'unità astronomica o AU è la distanza tra la Terra e il Sole, pari a circa 150 milioni di chilometri. Illeana Gomez-Leal et al. hanno studiato un modello climatico globale soggetto a un aumento della radiazione solare [86], in

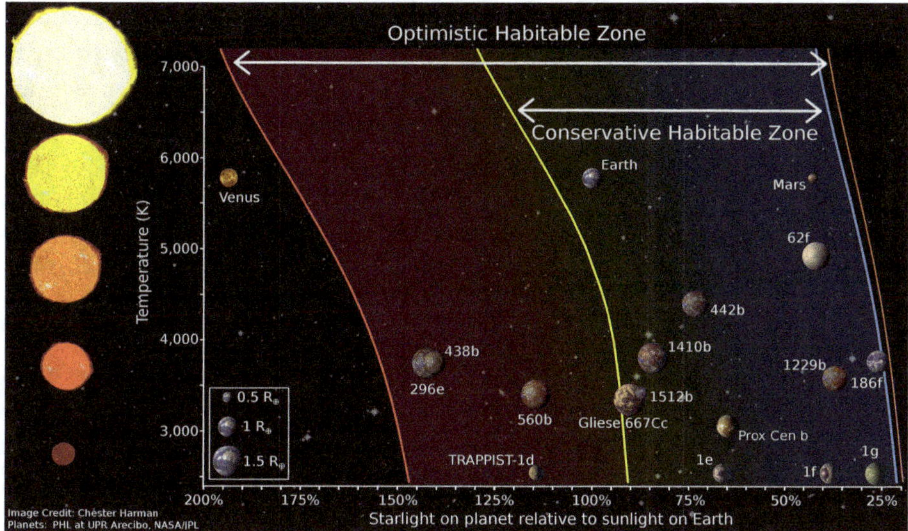

Figura 6.1 Questo è il diagramma più comunemente utilizzato per spiegare la Zona Abitabile. Mostrata è la temperatura rispetto alla luce stellare ricevuta. Importanti esopianeti sono posizionati sul diagramma, oltre a Terra, Venere e Marte. Di Chester Harman. CC BY-SA 4.0, https://commons.wikimedia.org/w/index.php?curid=64107813. Ultimo accesso: 11 Aprile 2024

presenza e in assenza di ozono atmosferico. La figura 6.1 illustra il concetto di Zona Abitabile. Gli autori hanno fissato la soglia di umidità del Greenhouse (MGT)[1] alla distanza Terra-Sole di 0,93 AU. MGT si verifica quando una quantità significativa di vapore acqueo si sposta nella stratosfera, diviso in idrogeno e ossigeno per effetto della radiazione solare. A causa di questa separazione, l'idrogeno lascerebbe la Terra, con ciò determinando la diminuzione delle risorse di acqua.

Gli autori hanno, inoltre, scoperto che la presenza di ozono riduce la soglia di irradiazione entro la quale la Terra rimane abitabile[2].

---

[1] La soglia di Greenhouse è il livello di temperatura oltre il quale il vapor acqueo diventa abbondante nella stratosfera: è la temperatura alla quale gli oceani comincerebbero ad evaporare massicciamente e pericolosamente.

[2] Gli autori chiariscono che un più alto tasso di ozono concorre a determinare un maggior livello di umidità negli strati inferiori dell'atmosfera. Il tasso di ozono, inoltre, influenza la temperatura media al suolo. Significa che una più alta presenza di ozono nell'atmosfera alza la temperatura media al suolo. Più è alta la temperatura al suolo, minore è l'irradiazione – la radiazione in atmosfera – necessaria perché si passi dall'abitabilità all'inabitabilità. L'ozono, in altre parole, riduce il margine di sicurezza tra abitabile ed inabitabile, a parità di radiazione incidente, perché più c'è ozono, meno radiazione serve per innescare il collasso, che comincia con l'evaporazione massiccia degli oceani.

Jeremy Leconte et al. considerano il problema dell'aumento della radiazione solare nel corso dei tempi geologici, la conseguente evaporazione dell'acqua e il suo impatto sull'effetto serra [87]. L'uso di un modello globale 3-D, invece dei modelli 1-D utilizzati in precedenza, mostra che la soglia per un effetto serra incontrollato è più alta di quanto precedentemente pensato. Uno dei principali risultati di questo studio mostra che il limite inferiore della zona abitabile per la Terra è pari a 0,95 AU e che la Terra non sperimenterà un effetto serra incontrollato a motivo dell'aumento dell'attività solare sull'intervallo di un miliardo di anni almeno. Questi risultati si applicano anche ai pianeti simili alla Terra e sono utili nella selezione di esopianeti potenzialmente abitabili.

Ramses Ramirez e Lisa Kaltenegger mostrano che il limite inferiore della zona abitabile per un pianeta simile alla Terra, precedentemente assunto a 1,7 AU nel sistema solare, può essere esteso a 2,4 AU a motivo della generazione di idrogeno atmosferico dovuta al vulcanismo. L'ipotesi è che il rilascio di idrogeno per effetto del vulcanismo superi la perdita di idrogeno nello spazio [88].

Pierrehumbert e Gaidos hanno scoperto che i pianeti con un'atmosfera di puro idrogeno a 40 bar di pressione – quando questi pianeti siano tre volte più massicci della Terra – possono mantenere la temperatura superficiale sopra il punto di congelamento a 10 AU se irradiati da una stella con caratteristiche identiche a quelle del nostro Sole [89]. La Terra, quindi, è situata più vicina al confine interno della zona abitabile nel Sistema Solare. Collocazione ed estensione della zona abitabile dipendono, anche, dalla dimensione della stella radiante e, in parte, dalle proprietà fisiche dell'esopianeta. La zona abitabile è più vicina quando abbiamo a che fare con stelle meno massicce del Sole. La zona è molto più lontana nel caso di stelle più massicce, come quelle di tipo O, B e A. Va aggiunto che le stelle in generale non hanno una luminosità costante nemmeno durante la loro sequenza principale. Su una scala temporale ristretta, il Sole segue un ciclo di 11 anni, durante il quale l'emissione di radiazioni passa da un minimo a un massimo [90]. Fortunatamente, almeno nel caso del Sole, le attuali variazioni dell'attività solare non stanno avendo un impatto significativo sulla posizione della nostra zona abitabile. Il Sole mostra bassi livelli di variabilità per quanto riguarda la sua irradiazione. La stabilità dell'emissione del Sole è un fattore importante nel favorire lo sviluppo della vita sul nostro pianeta. Tuttavia, su scale temporali di miliardi di anni, il Sole e le stelle a lui simili saranno soggetti a un periodo di espansione e diventeranno sempre più luminose, evolvendo in giganti rosse e "spingendo" la zona abitabile più lontano.

Anche l'orbita di un pianeta è molto rilevante per quanto riguarda l'abitabilità. Un pianeta con un'orbita altamente eccentrica può passare dall'estremo freddo al caldo estremo. Gradienti significativi di temperatura superficiale possono caratterizzare pianeti che sono gravitazionalmente bloccati[3], e che, per questo, rivolgono sempre la stessa faccia alla loro stella. Un pianeta che, per effetto della gravità, rivolgesse alla propria stella sempre la stessa faccia, sarebbe sterile a causa del calore estremo irradiato, dalla stella, sulla porzione in luce; il lato oscuro risulterebbe, invece, completamente congelato.

Un altro fattore cruciale da considerare, come provato dall'osservazione di alcune lune, è che la zona abitabile può estendersi ancora più lontano da una stella quando si considerino fonti di energia aggiuntive oltre alla radiazione solare. Ad esempio: le lune che orbitano in percorsi ellittici possono essere riscaldate da forze gravitazionali di marea[4] risultanti dall'interazione con un pianeta madre. Il calore viene prodotto all'interno della luna poiché queste forze causano espansioni e contrazioni del materiale magmatico interno. Inoltre, l'energia emessa da elementi radioattivi e dalle pressioni interne può contribuire ad espandere ulteriormente la zona abitabile[5].

6.4 Atmosfere negli Esopianeti

Abbiamo già descritto il ruolo cruciale di un'atmosfera nel sostenere la vita. Senza di essa, l'acqua evaporerebbe o si congelerebbe a causa dell'assenza di pressione atmosferica. Un'atmosfera funge, inoltre, da scudo contro la dannosa radiazione solare ultravioletta. Di conseguenza, un pianeta o una luna deve possedere una massa minima per trattenere un'atmosfera grazie alla gravità. La nostra Luna, ad esempio, non ha atmosfera, mentre Marte possiede un'atmosfera molto sottile. La presenza di atmosfera aiuta, inoltre, a immagazzinare il calore della stella intorno alla quale un pianeta orbita. Di conseguenza, un pianeta con una massa troppo grande potrebbe assorbire parecchio calore, rendendo le temperature superficiali – eccessivamente alte – inadatte alla vita. D'altra parte, un'intensa forza gravitazionale, risultante da una massa molto grande, potrebbe mettere seriamente alla prova quelle forme di vita che dovessero aver bisogno di muoversi per poter sopravvivere. Un pianeta con un raggio doppio rispetto a quello della Terra potrebbe, in terzo luogo, esercitare una forza di gravità maggiore di due o tre volte rispetto a quella terrestre, fa-

---

[3] Ne abbiamo già parlato: quando si dice *gravitazionalmente bloccati* si intende che il pianeta rivolge sempre la stessa faccia alla stella intorno alla quale orbita; è quel che fa la Luna rispetto alla Terra.

[4] Dell'influenza gravitazionale sul materiale magmatico presente sotto crosta, nelle lune – forze di marea – si è già detto nel capitolo 5. Lo stesso dicasi delle fonti radioattive e del calore endogeno risultante, che concorre all'aumento della temperatura media e a favorire potenziali condizioni di abitabilità.

[5] Lo "stato delle cose" descritto alla nota precedente favorisce potenziali condizioni di abitabilità in pianeti distribuiti su una fascia più ampia di quella che si apprezzerebbe in mancanza di tali fonti di energia.

vorendo, perciò, la comparsa di specie di ridotte dimensioni. Un altro fattore critico per la comparsa di determinate forme di vita, simili alle nostre, è la presenza di una superficie solida. Un pianeta roccioso con un alto contenuto di silicati e carbonio è più probabile che presenti una superficie solida, a favorire la presenza di animali terrestri e piante.

Come descritto dal principio di Archimede, grazie alla galleggiabilità dell'acqua, la vita oceanica sperimenta una minore attrazione verso il basso rispetto alle creature che abitano la terraferma. Gli oceani, per questo, sono in grado di ospitare specie potenzialmente molto più grandi rispetto a quelle terrestri. Non è una coincidenza che l'animale di dimensioni maggiori, sul nostro pianeta, sia la balena azzurra. Il pianeta o la luna ideale per una vita organica simile alla nostra, in definitiva, dovrebbe avere una massa paragonabile o leggermente superiore a quella della Terra. I pianeti rocciosi con una massa compresa fra le due e le dieci masse terrestri sono chiamati *super-Terre*.

6.5 Composizioni Esoplanetarie ed Esolunari

Come visto nella sezione precedente, la presenza di un'atmosfera è uno dei requisiti fondamentali per la comparsa di vita su un pianeta o una luna e per la sopravvivenza della stessa.

L'atmosfera terrestre è composta per il 78 percento da azoto, per il 21 percento da ossigeno e, per il resto, da altri elementi come carbonio, idrogeno, neon e argon. Almeno teoricamente, l'atmosfera con una composizione simile a quella della Terra potrebbe, pertanto, sostenere la vita.

La presenza di un robusto campo magnetico, generato principalmente da un nucleo ricco di ferro, è un altro componente essenziale per l'emergere della vita. Il campo magnetico protegge la Terra dal vento solare – proveniente dalla corona del Sole –: un plasma composto di ioni, elettroni e particelle alfa, che viaggia ad alte velocità, al quale si accompagna anche radiazione elettromagnetica X e gamma[6]. Oltre a difenderci dal vento solare, il campo magnetico terrestre ci protegge dalla radiazione cosmica, di natura affine al vento solare, ma la cui origine è esterna al nostro sistema solare. Le particelle ionizzate, con la componente elettromagnetica, rappresentano una doppia minaccia, perché alterano l'atmosfera terrestre e danneggiano gli organismi viventi, modificando il DNA nelle loro cellule[7]. Raggiunta la Terra, le particelle del vento solare

---

[6] Il *vento solare* propriamente detto è un plasma radioattivo; la componente elettromagnetica, a rigor di termini, non ne fa parte; nondimeno, essa si accompagna al vento solare – peraltro, in misura consistente – in quanto originata dall'attività stessa del Sole, com'è ovvio.

[7] Sono dette *radiazioni ionizzanti*.

vengono deviate dal campo magnetico del pianeta, che protegge l'intero ecosistema; la radiazione viene, invece, attenuata e filtrata dall'interazione con l'atmosfera. Una fonte di calore significativa per la Terra proviene dal decadimento di elementi radioattivi, come l'uranio, con numeri atomici elevati. Questo processo riscalda la litosfera e promuove l'attività tettonica. Essenzialmente, composti come l'acqua ed elementi quali idrogeno, ossigeno, azoto, carbonio, silicio, magnesio, ferro ed altri sono indispensabili per l'emergere della vita e per la sua evoluzione. I pianeti – cosiddetti rocciosi – abbondanti in minerali e metallo, contengono tipicamente tutti questi elementi essenziali, compresi quelli radioattivi.

6.6 Il Tipo di Stella Genitore

Come abbiamo visto, il Sole è classificato stella di tipo G. Le stelle di tipo G mostrano temperature superficiali comprese tra 5.200 e 6.000 Kelvin durante le loro fasi di sequenza principale. Per via della loro radiazione caratteristica, queste stelle sono probabilmente le più favorevoli a sostenere la vita. La fotosintesi nelle piante, ad esempio, si basa esclusivamente sull'utilizzo della radiazione solare entro la porzione visibile dello spettro. La porzione visibile dello spettro va dal blu (energia più alta) al rosso (energia più bassa). Le piante appaiono verdi all'occhio perché riflettono principalmente la luce verde, mentre assorbono gli altri colori. Le stelle di tipo G brillano nella fase di sequenza principale per circa 10 miliardi di anni, intervallo di tempo cruciale per l'evoluzione della vita. Queste stelle vantano anche zone abitabili ben definite.

Nondimeno, stelle di questo tipo costituiscono una minoranza fra quelle della nostra galassia. Le stelle di tipo K e M sono molto più abbondanti; le stelle di tipo M, in particolare, costituiscono la maggioranza fra tutte quelle prevedibili a partire dalle osservazioni [91].

Queste stelle non sono considerate adatte alla vita a causa della loro significativa attività di brillamento[8]. Le stelle di tipo M presentano, tuttavia, diverse caratteristiche vantaggiose: hanno masse che sono frazioni di quella del nostro Sole e rimangono nelle loro sequenze principali per periodi significativamente più lunghi rispetto alle stelle di tipo G (fra cui, abbiamo detto, si conta il nostro Sole). A causa della massa più piccola, la loro luminosità è inferiore a quella del Sole, risultando una radiazione meno concentrata nella parte ultravioletta dello spettro. La bassa luminosità comporta una zona abitabile più

---

[8] Un *brillamento* è l'emissione di materia coronale – plasma solare dello strato esterno – e di radiazione intensa.

ristretta rispetto a quella che caratterizza il nostro sistema solare, e molto più vicina alla stella in questione (distanza significativamente minore di un'unità astronomica). Gli studi indicano che, anche attorno a stelle di tipo M, orbitano pianeti con atmosfere stabili e acqua liquida [92]. Tuttavia, per essere all'interno della zona abitabile, un pianeta dovrebbe orbitare relativamente vicino a una stella di tipo M, venendo, si troverebbe quindi nella situazione già descritta, in cui rivolge sempre la stessa faccia alla stella[9]. Come si è detto, i pianeti in questa particolare configurazione orbitale potrebbero essere esposti ad intensi brillamenti stellari: un evidente ostacolo al sostentamento della vita. Una considerazione simile si applica alle stelle di tipo K. L'abitabilità potenziale dei sistemi solari contenenti stelle di tipo K e M resta un focus significativo della ricerca astrobiologica.

6.7   Stabilità Orbitale

La stabilità gravitazionale di un pianeta, per periodi paragonabili alla durata della sequenza principale della sua stella, è essenziale per lo sviluppo della vita. La stabilità di un sistema solare deriva dall'interazione delle forze gravitazionali tra tutti i pianeti e i loro soli.

6.7.1   Teoria del Caos

Per comprendere il concetto di stabilità dinamica, è essenziale introdurre alcuni concetti sulla teoria del caos. Questa teoria, introdotta nel 1972 da Edward Lorenz, matematico e meteorologo americano, è nata dai suoi tentativi di prevedere i fenomeni meteorologici su ampi periodi, anche prolungati. Lorenz mirava a risolvere le equazioni idrodinamiche utilizzando un computer [93].

Ha osservato che una leggera variazione nell'arrotondamento di un numero decimale nel *printout* del computer ha portato a previsioni meteorologiche significativamente diverse rispetto allo scenario precedente. In poche parole, la teoria del caos afferma che anche i sistemi deterministici, i quali dovrebbero, teoricamente, essere completamente prevedibili, indipendentemente dal lasso di tempo considerato, mostrano infine un comportamento quasi casuale. In altri termini, i corpi planetari possono evolvere fino ad abbandonarsi a fenomeni caotici. Questo, tipicamente, si verifica nelle dinamiche non lineari, dove effetti minori – impercettibili – hanno impatti giganteschi in periodi estremamente lunghi. È del tutto possibile che un piccolo aggiustamento nella

---

[9] La vicinanza alla stella di tipo M *blocca gravitazionalmente* il pianeta.

traiettoria di un oggetto, com'è, ad esempio, la deviazione di un metro soltanto, possa portare a traiettorie enormemente diverse, in centinaia di milioni di anni o in periodi anche più lunghi.

6.8   La Stabilità del Sistema Solare

La notizia rassicurante è che, secondo i calcoli numerici, il nostro sistema solare dovrebbe rimanere stabile per almeno altri 100 milioni di anni. I matematici Angel Zhivkov e Ivaylo Tounchev dell'Università di Sofia, in Bulgaria, hanno condotto una simulazione, dimostrando che la configurazione planetaria, all'interno del nostro sistema solare, dovrebbe mantenersi stabile in quell'esteso lasso di tempo [94]. Alcune possibili configurazioni, alternative rispetto alla nostra, mostrano, tuttavia, la tendenza a una maggiore instabilità in quei sistemi solari. I sistemi stellari binari, ad esempio, possono introdurre zone di instabilità gravitazionale a carico dei pianeti in orbita, a seconda della relazione tra le due stelle e i pianeti stessi. Un altro fattore significativo, che influisce sulla stabilità, è l'eccentricità dell'orbita di un pianeta, che misura la deviazione dell'orbita stessa dal cerchio perfetto. Pianeti come la Terra hanno un'eccentricità minima, poiché le loro orbite sono quasi circolari. I pianeti con orbite altamente eccentriche sperimentano variazioni di temperatura drammatiche tra il punto più vicino e quello più lontano[10] dalla loro stella, incontrando condizioni potenzialmente avverse allo sviluppo della vita.

6.9   Una Stima per il Parametro n_e

Stimare il numero medio di pianeti in grado di sostenere la vita rimane, attualmente, in gran parte, un esercizio accademico, privo di dati empirici significativi a sostegno. Sono stati scoperti e confermati più di 5.000 pianeti al di fuori del nostro sistema solare. Gli studi in corso si concentrano sull'identificazione di quali dei pianeti extrasolari confermati siano effettivamente abitabili [95]. Se assumiamo che i sistemi solari abbiano in media 10 pianeti, la probabilità di trovare un sistema solare con un pianeta abitabile è circa di uno su dieci. Questa stima non include l'ipotesi che Venere e Marte possano essere stati abitabili in qualche punto nel passato. I pianeti abitabili saranno prevalentemente rocciosi, con masse superiori a quelle della Terra, ma non co-

---

[10] Questi punti sono detti, rispettivamente, *perielio e afelio*.

sì grandi da poter essere classificati come giganti gassosi. Da ciò derivano due semplici osservazioni:

1) l'elenco degli esopianeti effettivamente scoperti è statisticamente irrilevante rispetto al numero atteso degli esopianeti interni alla nostra galassia; 2) una buona parte di questi esopianeti è molto più massicci della Terra.

Una sfida per la nostra ricerca di esopianeti in grado di sostenere la vita è che le tecniche di ricerca, come il metodo del transito, tendono a favorire il rilevamento di esopianeti massicci in orbita nelle vicinanze delle loro stelle madri. Alcune stime per n_e sono molto più ottimistiche e sostengono che almeno un pianeta per sistema solare possa ospitare la vita. Guardando al nostro sistema solare, osserviamo che sia Marte che Venere erano molto probabilmente abitabili, in un lontano passato. Alcune teorie suggeriscono che Venere potrebbe attualmente ospitare, all'interno delle sue nuvole, qualche forma di vita microbica; ipotesi supportata da rilevamenti di fosfina sul pianeta[11]. La presenza di fosfina e la sua origine sono ancora oggetto di ricerca [96]. Inoltre, è ben stabilito che miliardi di anni fa, Marte possedeva un'atmosfera e che, sulla sua superficie, scorreva acqua in forma liquida [97].

Per concludere, possiamo ipotizzare che il tasso di esopianeti abitabili, nella Via Lattea, sia proporzionale alla frequenza degli esopianeti abitabili effettivamente scoperti, moltiplicata per il numero medio di pianeti all'interno di un dato sistema solare, con ciò risultando una frequenza media di pianeti abitabili pari al dieci percento del totale dei corpi effettivamente rilevabili: numero vicino alla frequenza di pianeti abitabili nel nostro sistema solare.

$$\boxed{n_e \approx 0.1} \tag{6.1}$$

In poche parole, in media, un sistema solare con dieci pianeti ospita almeno un pianeta abitabile. È, evidentemente, necessaria una più approfondita ricerca per capire meglio la composizione e la varietà dei sistemi extrasolari. Riteniamo che questa stima sia molto conservativa, suggerendo che possa esserci un numero significativamente maggiore di pianeti abitabili rispetto a quanto finora apprezzato. Alcune grandi lune potrebbero, infatti, essere aggiunte alla lista dei potenziali candidati. Il parametro n_e può essere coerentemente fissato pari a uno[12]. Una parte di quanto abbiamo fin qui argomentato ci suggerisce, tuttavia, un'interpretazione cautelativa, nei termini di un indice di probabilità, per modo che il suo valore dovrebbe attendersi inferiore a uno.

---

[11] La *fosfina* è indice della presenza di organismi viventi.
[12] Certezza di vita aliena.

7

Vita ed Esopianeti

7.1   Il Parametro f_l nell'Equazione di Drake

Il quarto parametro è fondamentale: qual è la frazione di pianeti abitabili sui quali emergerà qualche forma di vita? La ricerca di esopianeti ha identificato alcuni di quelli con un alto potenziale per ospitare la vita.

Tuttavia, un alto potenziale non implica, necessariamente, la presenza di vita. Il che ci porta a chiederci: qual è la probabilità che i pianeti abitabili possano ospitare la vita? La vita può manifestarsi in varie forme, che vanno da entità semplici come batteri, funghi e virus a organismi molto più complessi come piante e animali. Una possibile risposta alla nostra domanda consiste nel fornire una stima del parametro f_l dell'equazione di Drake. Il principale ostacolo alla stima del quarto parametro deriva dalla scarsa comprensione delle circostanze all'origine della vita sulla Terra. Come precedentemente discusso, varie teorie, quali l'abiogenesi, la panspermia, o una combinazione di entrambe, sono state proposte per spiegare questo fenomeno. Introduciamo alcuni semplici concetti di chimica per approfondire ulteriormente l'argomento.

7.2   Composti della Chimica Organica

I composti derivati direttamente o indirettamente da organismi viventi, come animali e piante, sono definiti composti organici a ragione dell'essere basati sul carbonio. Tuttavia, è importante notare che non tutti i composti contenenti carbonio provengono da organismi viventi, benché questo sia vero per la maggior parte di essi. Del resto, i composti inorganici provengono da materiali non viventi, come rocce e minerali.

Nel 1828, Friedrich Wöhler, un eminente chimico tedesco, raggiunse un traguardo significativo sintetizzando l'urea da cianato di ammonio [98]. Questo segnò la prima "radice" di un composto organico (l'urea) ottenuto a partire da componenti inorganici. L'urea, tipicamente estratta dall'urina, serve a vari scopi, tra cui usi industriali e agricoli. Un altro progresso fondamentale nella sintesi di composti organici da fonti inorganiche fu compiuto dal tedesco Hermann Kolbe, figura chiave nella chimica organica. Nel 1845, Kolbe riuscì a sintetizzare l'acido acetico dal disolfuro di carbonio [99]. L'acido acetico, presente in vari alimenti come mele, uva, fragole e aceto, svolge un ruolo cruciale nel metabolismo dei lipidi [100].

Nonostante la sintesi di Wöhler, alcuni chimici persistevano a credere nel vitalismo, una teoria che postula l'esistenza di una speciale forza vitale nei materiali organici. Kolbe, tuttavia, sostenne l'idea che i composti organici potessero essere sintetizzati attraverso processi graduali. Per provare la sua brillante intuizione, in due anni, a partire dal 1843, Kolbe si applicò a convertire il disolfuro di carbonio in acido acetico. Sebbene questi esperimenti iniziali dimostrassero la possibilità di originare composti organici a partire da sostanze inorganiche, la sfida risolutiva era rappresentata dal poter procedere alla sintesi di vita da materia inorganica.

Per approfondire la complessa questione, guarderemo al famoso esperimento condotto da Miller e Urey. Il loro obiettivo era ricreare le ipotetiche condizioni primordiali che avrebbero portato all'emergere della vita sulla Terra.

7.3   L'Esperimento di Miller e Urey

Nel 1952, i chimici americani Stanley Miller e Harold Urey condussero un esperimento chimico rivoluzionario all'Università di Chicago, per riprodurre le condizioni primordiali che, secondo la teoria dell'abiogenesi, avrebbero portato all'apparizione delle prime forme di vita sulla Terra [101].

L'esperimento utilizzava tutte le sostanze presumibilmente presenti, sul nostro pianeta, miliardi di anni fa: acqua, metano, ammoniaca e idrogeno. Per simulare i fulmini presenti, molto probabilmente, prima dell'apparizione della vita, vennero applicate scariche elettriche a una miscela delle quattro sostanze, contenuta in piccole fiale, successivamente sigillate in previsione di studi futuri. Nel 2007, gli scienziati che esaminarono le fiale in questione scoprirono che, nell'esperimento, erano stati prodotti più di 20 aminoacidi. Gli aminoacidi – i "mattoni" alla base delle proteine – sono composti organici complessi che contengono azoto, idrogeno, ossigeno e carbonio. La sintesi delle proteine utilizza solo 20 aminoacidi [102] più due aminoacidi non standard: *selenocisteina* e *pirrolisina*. La pirrolisina, tuttavia, non è presente negli esseri umani. Si potrebbe, perciò, concludere che questo esperimento sia una prova definitiva dell'*abiogenesi*[1] quale serie di processi all'origine della vita. I composti prodotti nell'esperimento di Miller e Urey si sono rivelati di tipo *racemico*. Cosa significa racemico? Per comprendere il significato di questo termine, dobbiamo approfondire il concetto di chiralità[2] [103]. La presenza di *miscele racemiche* potrebbe rappresentare un elemento a sfavore dell'abiogenesi.

7.4 Chiralità

In chimica organica, una molecola chirale non può essere allineata con la sua immagine speculare. Un modo per visualizzare la chiralità può darsi osservando la differenza tra la mano sinistra e la destra, che non possono essere sovrapposte perfettamente[3].

La chiralità distingue una molecola da un'altra, anche se le due molecole hanno la stessa composizione chimica: l'osservazione si deve a Louis Pasteur, che la pubblicò nel 1848 [104]. Essenzialmente, la geometria di una molecola è fondamentale per determinarne la funzione. Un composto racemico contiene quantità uguali di molecole con due diverse chiralità: sinistrorsa e destrorsa. A differenza dei composti prodotti nell'esperimento di Miller e Urey, la vita sulla Terra non è emersa in forma racemica. I suoi componenti fondamentali preferiscono, invece, una delle due forme chirali, a seconda del composto: fenomeno noto come omochiralità. Questa asimmetria è essenziale per la vita come la conosciamo. Gli aminoacidi sulla Terra, ad esempio, esistono prevalentemente nella forma sinistrorsa (L-chiralità), mentre quelli nella forma destrorsa (D-chiralità) sono tipicamente dannosi per gli organismi viventi. La figura 7.1 mostra il concetto di chiralità. Al contrario, tutti gli zuccheri cruciali per la vita sono prevalentemente destrorsi.

---

[1] L'abiogenesi, ricordiamo, sostiene l'origine della vita a partire da composti inorganici.

[2] Una miscela racemica è formata in egual misura dai due enantiomeri di un composto, ciò da molecole che sono immagini speculari l'una dell'altra. Ciascuna delle molecole contenenti uno dei due possibili enantiomeri è detta chirale. Il concetto sarà esposto in maggior dettaglio nel prossimo paragrafo.

[3] L'aggettivo *chirale* deriva dalla parola greca che significa mano. Intuitivamente, sovrapporre le mani ci suggerisce di porle l'una sull'altra palmo a palmo: non è questo il senso. La sovrapponibilità, qui, dev'essere intesa come la possibilità di "scambiare le mani" – le molecole – l'una con l'altra, senza conseguenze. Come per le mani, così per le molecole chirali, questo, però, non è possibile; in specie, essendo le due molecole chirali simili tra loro, ma non identiche, ne deriva che esse abbiano proprietà chimiche ben distinte, per cui l'una non vale l'altra e viceversa.

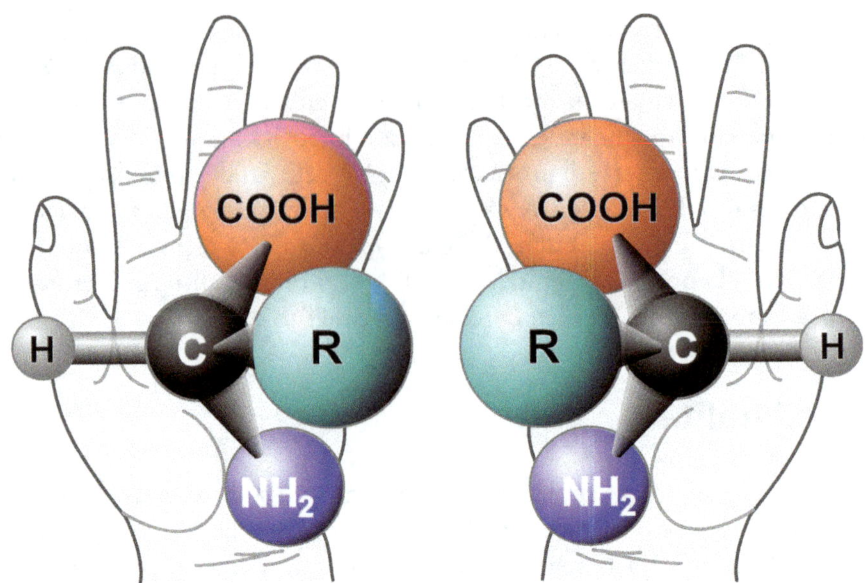

Figura 7.1 Chiralità degli Aminoacidi Con le Mani da http://www.nai.arc.nasa.gov/. By Original: Unknown Vector. Chirality with hands.jpg, Public Domain, https://commons. wikimedia.org/w/index.php?curid=17071045. Ultimo accesso: 11 Aprile 2024

7.5   Chiralità in Abiogenesi e Panspermia

Che cosa ha innescato l'omochiralità uniforme dei composti biologici sulla Terra, aprendo la strada alle prime forme di vita circa 4 miliardi di anni fa? Nonostante numerose teorie abiogenetiche propongano spiegazioni per l'emergere dell'omo-chiralità sulla Terra, il meccanismo intrinseco, a tutt'oggi, rimane un mistero. Tutte le teorie al riguardo possono essere divise in due categorie:

a) eventi casuali che privilegiano una forma chirale rispetto all'altra;
b) un fattore deterministico che dà origine alla separazione delle due forme. Uno o più di questi fattori deterministici potrebbero risultare a carattere locale – cioè esclusivi del nostro pianeta – o a carattere globale, ossia riscontrabili in tutto l'universo.

Vale la pena notare che gli aminoacidi D-chirali sono spesso trovati quali sottoprodotti degli organismi viventi. Diversi aminoacidi D sono, infatti, presenti in piccole quantità nella frutta, nella verdura e nel latte di mucche e capre [105]. Gli aminoacidi D-chirali sono componenti di molti farmaci, tra cui gli antibiotici [106]. Una scoperta intrigante della scienziata giapponese

Noriko Fujii evidenzia che gli aminoacidi nelle proteine all'interno delle cellule viventi non mantengono costantemente la loro omochiralità [107]. La ricerca ha dimostrato che il processo di racemizzazione delle proteine è associato alla durata della vita[4], il che sottolinea l'importanza dell'omochiralità in tutti gli organismi viventi. Un'ipotesi preminente, riguardo all'omochiralità, suggerisce un'eventuale asimmetria nelle leggi fondamentali della natura, quale fattore determinante, a contribuire all'insorgere della vita.

7.6 Violazione della Parità e Asimmetrie nelle Leggi della Natura

Una possibile fonte di omochiralità si basa sul concetto di *violazione della parità*[5] nella forza debole [108]. La forza debole è una delle quattro forze fondamentali della natura ed è responsabile del decadimento radioattivo degli isotopi. La fisica cino-americana Chien-Shung-Wu osservò la violazione della parità alla Columbia University nel 1956 [109]. Il suo esperimento dimostrò che un elettrone emesso dal Cobalto-60 tende a viaggiare nella direzione opposta allo spin del nucleo[6]. La violazione della simmetria produce una minima differenza di energia tra gli stati fondamentali dei due tipi di chiralità. Tale asimmetria evoca un enigma simile in natura: in teoria, materia e antimateria dovrebbero esistere in quantità uguali, eppure la predominanza della materia sull'antimateria ha permesso all'universo di esistere. È plausibile, pertanto, che minuscole asimmetrie nelle leggi fondamentali della natura possano aver giocato un ruolo nell'emergere della vita nell'universo, se non solo sulla Terra. Un'altra ipotesi suggerisce che un'asimmetria chirale sia emersa casualmente, e la chiralità prevalente ha successivamente dominato i processi evolutivi.

---

[4] A decesso avvenuto, le molecole chirali levogire, presenti nelle proteine, tendono a diventare destrogire. Il fenomeno raggiunge col tempo una sorta di equilibrio: nei tessuti, decorso del tempo dal momento della morte, compare un numero pressoché uguale di molecole chirali, tra quelle destrogire e quelle levogire. Questa evidenza ha suggerito un metodo per la datazione dei campioni in paleobiologia.

[5] Nel dire parità si intende proprietà di simmetria. Abbiamo già avuto occasione di notare che ad ogni verificata simmetria corrisponde una legge di natura. Per questo le proprietà di simmetria, anche solo matematiche, in fisica hanno fondamentale rilievo, perché esse corrispondono sempre a una più significativa verità scientifica. Ovviamente, anche le eccezioni alla regola secondo la quale la natura insegue la simmetria – cioè violazioni di previste simmetrie – se ben interpretate, svelano verità altrettanto significative.

[6] L'esperimento descritto, sfortunatamente, non può essere "volgarizzato" in breve, perché le nozioni fisiche alla base sono materia degli specialisti. Valga quanto già detto alla nota precedente sul ruolo delle "eccezioni alla regola". Lo spin è una grandezza della fisica quantistica; allude alla parola inglese che descrive il moto delle trottole: gli elettroni si comportano come dei micro-pianeti che – come trottole – ruotano intorno al proprio asse, mentre orbitano attorno al nucleo. Questa pur suggestiva immagine, non basta a dare misura dell'importanza dello spin in fisica delle particelle.

Non sono state, tuttavia, identificate tracce della chiralità "perdente", suggerendo che questa ipotesi sia meno probabile. Teorie alternative, formulate successivamente, attribuiscono l'omo-chiralità alla rotazione della Terra o al campo magnetico. L'intensità del campo magnetico terrestre potrebbe non essere sufficiente a generare l'omo-chiralità [111]. Un'ulteriore teoria sostiene che i composti omo-chirali possano essere stati portati sulla Terra attraverso meteoriti esposti a campi magnetici più potenti di quelli generati da stelle e pianeti. Se ciò è vero, l'osservazione porta a considerare una teoria alternativa all'abiogenesi: la panspermia.

7.7   L'Ipotesi della Panspermia: il Meteorite di Murchison

Il *meteorite di Murchison* – all'origine, del peso di oltre 100 chilogrammi – atterrato nel 1969 a Murchison, in Australia, è ricco di carbonio [112]. A causa del suo peso significativo, è stato esaminato meticolosamente per le sue intriganti proprietà biologiche e chimiche. Sul meteorite è stata scoperta una varietà di aminoacidi, inizialmente ritenuta racemica. Ulteriori indagini hanno, tuttavia, rivelato la presenza di certi aminoacidi non proteici – tra cui l'isovalina – in forma omo-chirale [113]. Questa scoperta sembra supportare l'ipotesi della panspermia, sebbene l'attuale livello di attività dei meteoriti sia insufficiente a creare lo squilibrio di omo-chiralità necessario per l'emergere della vita sulla Terra.

Un'altra possibile spiegazione è la teoria del tardo bombardamento pesante (LHB), che ipotizza il verificarsi di un evento significativo, circa 4 miliardi di anni fa, durante le ere Neohadean e Eoarchean. Questo evento avrebbe visto molti asteroidi e comete scontrarsi con la Terra e altri pianeti nel sistema solare. Le prove a sostegno di questa teoria provengono da rocce lunari raccolte da crateri d'impatto, che mostrano segni di violenti ed improvvisi cataclismi, in conseguenza dei quali si sarebbe verificata una fusione delle rocce. Una possibile causa per LHB è la migrazione dei pianeti giganti. Se ciò fosse vero, i "mattoni iniziali" della vita potrebbero essere arrivati sulla Terra durante il tardo bombardamento pesante attraverso la panspermia [114]. Questi "mattoni iniziali", sulla Terra, potrebbero aver trovato condizioni favorevoli, portando alla formazione di molecole più complesse e all'emergere della proto-vita. Alcuni scienziati, tuttavia, sono scettici riguardo alla teoria della panspermia, poiché essa sposta semplicemente l'attenzione verso altri corpi celesti sui quali quelle prime componenti della vita avrebbero potuto originarsi.

7.8   Riassunto

Qualsiasi stima della frazione di pianeti abitabili che possano aver registrato l'emergere della vita è basata sulla comprensione di come sono apparse sulla Terra le forme primitive. Non esiste una teoria definitiva per spiegare la comparsa della vita sulla Terra, datata a circa quattro miliardi di anni fa, poco dopo che le condizioni a ciò ideali si sarebbero venute a creare. Alcuni indizi suggeriscono, tuttavia, che un caso di panspermia possa aver influenzato la comparsa precoce della vita sulla Terra. Questi indizi includono:

- la risposta parziale data dall'esperimento di Miller-Urey;
- l'omo-chiralità nelle molecole degli organismi viventi;
- la violazione della parità e l'asimmetria nelle leggi della natura;
- vari ritrovamenti di meteoriti come il meteorite di Murchison;
- la velocità con cui si è formata la vita primordiale 4 miliardi di anni fa.

Al contrario, l'abiogenesi pura è supportata dai seguenti fatti:

- la presenza, sulla Terra, di un forte campo magnetico;
- la Terra si trova, effettivamente, in una zona abitabile;
- il nostro pianeta ha, effettivamente, un'atmosfera considerevole, ospita terre emerse, ed oceani, ossia riserve di acqua allo stato liquido;
- l'esperimento di Miller-Urey ha, effettivamente, portato alla formazione di aminoacidi.

7.9   La Vita Microorganica potrebbe non essere così rara

Sebbene non abbiamo ancora identificato un meccanismo scientificamente provato responsabile dell'emergere della vita sulla Terra – quasi quattro miliardi di anni fa – possiamo comunque tentare di stimare il quarto parametro dell'equazione di Drake, pur nei limiti, attraverso un calcolo approssimativo. Nel nostro sistema solare, la Terra è l'unico pianeta ad offrire le condizioni adatte per l'emergere della vita. Di più: la vita si è formata non appena le condizioni si sono rivelate appropriate. Questo fatto indica un evento non casuale, se si sostiene l'abiogenesi. Alcuni scienziati hanno ipotizzato che Venere o Marte potrebbero aver ospitato la vita nel lontano passato, sebbene il tutto rientri nel campo della mera speculazione. È stato, inoltre, scoperto che, nel sottosuolo di Marte – chilometri al di sotto della sua superficie – si trovano ghiacciai e oceani d'acqua [115].

Le esplorazioni di Marte non hanno trovato nessuna forma di vita sul pianeta rosso. Tuttavia, si può ipotizzare che qualche rudimentale forma di vita possa nuotare in uno dei grandi oceani sotterranei di Marte o delle lune che orbitano intorno ai pianeti giganti. Un indizio importante è la resilienza propria della vita, come sembra suggerire l'esistenza degli estremofili. Nel prossimo capitolo, mostreremo che la vita sulla Terra è sopravvissuta a cinque estinzioni di massa e a diversi eventi minori. Dato che la Terra possedeva le condizioni necessarie e la vita qui è indubbiamente prosperata non appena ha potuto, si potrebbe argomentare cautamente che altra vita sia sorta o sorgerà, con ottima probabilità, in tutti quei pianeti e quei sistemi solari con le condizioni adatte:

$$f_l \approx 1 \qquad (7.1)$$

Se dovessimo scoprire microorganismi all'interno delle lune dei pianeti giganti, tale scoperta rafforzerebbe la nostra ipotesi secondo cui la vita sorge comunque, dove trova un ambiente adatto.

8

Vita Intelligente

Il quinto parametro dell'equazione di Drake esprime la probabilità che la vita si evolva in una o più specie intelligenti, in grado di comunicare con altre specie extraterrestri. Dato che abbiamo osservato l'intelligenza solo sulla Terra, vale la pena riconsiderare la sequenza di eventi – davvero singolare – che ha portato all'emergere degli esseri umani. Questa successione di casi, piena di affascinanti colpi di scena, è testimonianza delle meravigliose complessità nel fenomeno dell'evoluzione.

8.1   Il Percorso verso l' *Homo Sapiens*

La vita è comparsa sulla Terra circa 3,8 miliardi di anni fa, con i procarioti, 750 milioni di anni dopo la formazione del pianeta [116]. La figura 8.1 mostra l'evoluzione della vita sulla Terra. I procarioti sono principalmente organismi unicellulari – come batteri o archaea – caratterizzati da cellule prive di nucleo. In altre parole: Il DNA delle cellule procariote, non essendo racchiuso in una membrana, "galleggia" liberamente all'interno del citoplasma.

È importante notare che i procarioti hanno costantemente dato prova della loro notevole abilità nel sopravvivere, essendo riusciti a prosperare nei proibitivi ambienti che la Terra ospitava miliardi di anni fa. La loro adattabilità e resilienza sono davvero impressionanti; essi sono riusciti a sopravvivere e prosperare in condizioni che, per molti altri organismi, sarebbero insostenibili. La loro sopravvivenza è dipesa dall'alto grado di diversificazione fra le numerose specie del gruppo, e dal fatto che i procarioti ricavano energia da composti inorganici. Sulla Terra, i procarioti sono ubiquitari: prosperano in ambienti di-

L. Vacca, *La Vita oltre la Terra*, https://doi.org/10.1007/978-3-032-11460-0_8

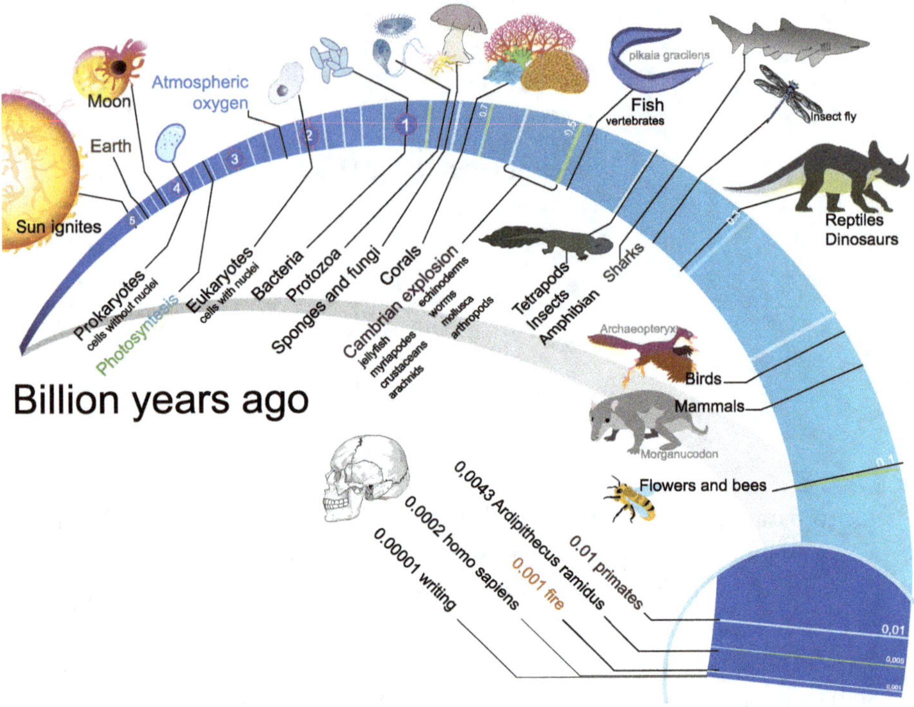

Figura 8.1 Cronologia dell'evoluzione della vita. Di LadyofHats – Lavoro proprio, CC0, https://commons.wikimedia.org/w/index.php?curid=20397531. Ultimo accesso: 11 Aprile 2024

versi, che vanno dai freddi ghiacciai dell'Antartide alle profondità oceaniche, dagli ambienti vulcanici al sottosuolo. Circa due miliardi di anni fa, durante l'era Proterozoica, sono emersi gli eucarioti: un nuovo tipo di organismi, caratterizzati da cellule contenenti un nucleo. La teoria prevalente che spiega l'origine delle cellule eucariote suggerisce che siano sorte attraverso la simbiosi tra differenti cellule procariote; processo che si sarebbe protratto per oltre un miliardo di anni. Le cellule eucariote sono significativamente più grandi e più complesse delle cellule procariote. Nelle cellule eucariote, c'è una "divisione del lavoro" tra vari componenti: il nucleo ospita il DNA, un sistema di membrane facilita il trasporto di nutrienti e i mitocondri generano energia per la cellula.

Le cellule eucariote formano la base di piante, animali ed esseri umani. Resta, tuttavia, la domanda: come sono evoluti organismi complessi – quali sono gli esseri umani – da queste cellule relativamente complesse?

Nel 1858, i naturalisti inglesi Charles Darwin e Alfred Russell Wallace avanzarono la teoria dell'evoluzione come principale fonte dell'incredibile diversità della vita che osserviamo sulla Terra. Le mutazioni genetiche possono derivare da vari fattori, tra cui danni al DNA, influenze ambientali o errori durante la replicazione del DNA. Attraverso la selezione naturale, le mutazioni che aumentano le possibilità di un individuo di sopravvivere e di riprodursi tendono ad essere ereditate dalle generazioni successive. La teoria dell'evoluzione propone l'esistenza di un antenato comune, noto come LUCA (Last Universal Common Ancestor), dal quale discenderebbero tutte le diverse forme di vita sulla Terra, secondo uno schema molto simile alle ramificazioni di un albero [117]. L'idea di un LUCA è rafforzata, inoltre, dal fatto che esiste un codice genetico condiviso, osservato tra diverse forme di vita. LUCA non dovrebbe essere visto come una singola forma di vita, ma come l'origine di una matrice genetica unitaria.

Dalle prime cellule eucariotiche, durante l'Eone Proterozoico [118], 1,3 miliardi di anni fa apparvero i primi funghi terrestri [119], seguiti dall'*esplosione cambriana* 541 milioni di anni fa [120]. Come il nome stesso suggerisce, l'esplosione cambriana è caratterizzata da un'enorme accelerazione – protrattasi per decine di milioni di anni – nel processo di diversificazione in specie complesse, sia delle forme di vita marina, sia degli animali terrestri. La diversificazione in parola è stata caratterizzata dall'emergere di animali mobili, che mostravano evidente complessità anatomica. Tra le varie specie che fiorirono in questo periodo si contano: artropodi, alghe, crostacei, spugne, molluschi, vermi e cordati. I cordati sono, a buon diritto, dei proto-vertebrati; in moltissimi aspetti sono, cioè, simili ai vertebrati. Si tratta, in definitiva, di nostri lontani antenati. Della loro esistenza, abbiamo prova grazie ai fossili del Burgess Shale [121], nel Parco Nazionale Yoho, in Canada. Nei giacimenti del Burgess Shale, nel 1911, Charles Doolittle Walcott rinvenne il fossile di una minuscola creatura, risalente all'esplosione cambriana. Questa creatura, conosciuta oggi come Pikaia gracilens, è stata classificata cordata dai ricercatori dell'Università di Cambridge, dell'Università di Toronto e del Royal Ontario Museum [122].

I cordati sono il gruppo da cui sono derivati i vertebrati, compresi i mammiferi. Mammiferi, pesci, uccelli e rettili condividono un'ascendenza comune con Pikaia. Ad esempio, Morganucodon – dei piccoli roditori – è un mammifero molto precoce che apparve circa 200 milioni di anni fa, coesistendo con i dinosauri sulla Terra [123].

Il percorso evolutivo si è ulteriormente diversificato quando i primati si sono "separati" dagli altri mammiferi. Studi sui fossili mostrano che i primati arcaici apparvero tra 55 e 65 milioni di anni fa [124]. Le grandi scimmie an-

Figura 8.2 Modello di uomo *Homo erectus* nel Museo di Storia Naturale, Vienna. Di Jakub Hałun, CC BY-SA 4.0, https://commons.wikimedia.org/w/index.php?curid=113008349. Ultimo accesso: 11 Aprile 2024

tropomorfe si separarono dagli altri primati circa 30 milioni di anni fa [125]. Le grandi scimmie sono caratterizzate da corpi imponenti, dall'assenza di coda e dall'aumento delle dimensioni del cervello. La linea delle scimmie si divise ulteriormente in due rami: le scimmie minori, come i gibboni, e le grandi scimmie – che includono gorilla, scimpanzé e bonobo [126]. Gli umani, presumibilmente, si separarono dalle grandi scimmie meno di 6 milioni di anni fa [127].

Una specie umana primitiva assai notevole è l'*Homo erectus*, un ominide in grado di camminare eretto, che emerse nella parte meridionale dell'Africa e successivamente migrò in Asia a partire da circa 2 milioni di anni fa [128]. La figura 8.2 ritrae un uomo "Homo erectus". Il viaggio evolutivo che ha portato all'apparizione dei primi umani copre una vasta scala temporale. Questo "percorso" sarebbe stato, probabilmente, molto diverso, se non ci fosse stata l'estinzione dei dinosauri, come conseguenza di un evento catastrofico: l'impatto, sul pianeta, di un gigantesco asteroide. Le estinzioni sono, quindi, state cruciali nel plasmare la linea evolutiva della vita sulla Terra. Esploriamo, ora, brevemente la storia delle estinzioni di massa, per capire come siamo arrivati allo stato attuale.

8.2   Le Estinzioni di massa sulla Terra

Una volta apparsa – su un pianeta o su una luna – la vita diventa incredibilmente resiliente. Per sottolineare questa resilienza, considereremo le estinzioni di massa che si sono verificate, sulla Terra, dall'emergere delle prime forme di vita, circa 3,7 miliardi di anni fa. Questi eventi, potenzialmente, avrebbero potuto estinguere la vita come la conosciamo. Fortunatamente per noi, non è stato così. Nondimeno, quegli stessi eventi hanno effettivamente determinato la rapida riduzione della preesistente biodiversità, in tutti gli ecosistemi terrestri.

Molte di queste estinzioni, per milioni di anni, hanno significativamente ostacolato il progresso evolutivo della vita sulla Terra. In alcuni casi, hanno addirittura provocato una completa deviazione del percorso evolutivo, com'è avvenuto in seguito alla scomparsa dei dinosauri.

Secondo uno studio pubblicato dai paleontologi americani David Raup e Jack Sepkoski nel 1982 [129], ci sono state almeno cinque grandi estinzioni di massa negli ultimi 600 milioni di anni. Questi eventi hanno portato, in alcuni casi, a un tasso di estinzione superiore all'80 percento delle specie presenti sulla Terra. Eccoli in ordine cronologico:

- l'estinzione Ordoviciano-Siluriana, che si è verificata tra i 460 e i 435 milioni di anni fa [130];
- l'estinzione del Devoniano, che si è verificata tra i 383 e i 359 milioni di anni fa [131];
- l'estinzione Permiano-Triassica, che si è verificata circa 252 milioni di anni fa.
- l'estinzione Triassico-Giurassica, che si è verificata circa 200 milioni di anni fa [132].
- infine, l'estinzione Cretaceo-Terziaria, che si è verificata 66 milioni di anni fa.

Nel prossimo paragrafo esamineremo, in dettaglio, le cause e l'impatto di ciascuna estinzione.

8.2.1   L'Estinzione Ordoviciano-Siluriana

Questa estinzione si classifica come la seconda più grave tra i cinque eventi principali, superata solo dall'estinzione Permiano-Triassica. Durante il periodo Ordoviciano, i primi invertebrati dominavano i mari. Vi prosperavano: alghe, spugne, lumache, cefalopodi[1], coralli, crinoidi[2], gasteropodi[3] e le prime specie di pesci. Sulla terra, era prevalente la vegetazione primitiva; il clima era caldo-umido [133]. La maggior parte delle terre emerse era consolidata in un supercontinente noto come *Gondwana*, che migrò gradualmente verso il Polo Sud. Il termine *Ordoviciano* deriva dal nome di un'antica tribù celtica, rinomata nell'arte della guerra, gli Ordovices, scelti come eponimi[4] dal geologo inglese Charles Lapworth nel 1879.

L'estinzione in parola si è verificata in più fasi. Ad un primo periodo di glaciazione – noto come LOMEI-1 – ha fatto seguito l'abbassamento del livello del mare[5].

Questi cambiamenti ambientali hanno rappresentato vere e proprie sfide per molte specie, incapaci di adattarsi rapidamente a tali brusche fluttuazioni di temperatura. Il periodo di glaciazione è stato, quindi, caratterizzato dall'emergere di nuove specie, adattate alle condizioni più fredde. Successivamente, si è verificata una seconda fase di estinzione, nota come LOMEI-2, quando i ghiacciai si sono ritirati e le temperature sono aumentate [134]. Questa fase è stata caratterizzata da una diminuzione dell'ossigeno e un significativo aumento della produzione di solfuro (tossico): durante questo tumultuoso periodo, è scomparso più dell'80 percento di tutte le specie marine. È interessante notare che l'ecosistema è stato in grado di tornare alle condizioni precedenti l'evento in un periodo relativamente breve di dieci milioni di anni [135].

Le possibili cause di questo evento si riconducono alle ipotesi seguenti:

- l'effettivo spostamento dei poli; ovvero, la migrazione del corpo di un pianeta rispetto al proprio asse di rotazione [130]
- fenomeni di vulcanismo [136].

---

[1] Un esempio di cefalopode è il polpo.

[2] Sono crinoidi i cosiddetti gigli di mare, anche noti come stelle marine piumate; presentano propaggini che ondeggiano per effetto della corrente, come fossero di crine.

[3] La chiocciola è un esempio di gasteropode.

[4] *Eponimo*: che dà nome a qualcosa. Romolo, per esempio, è il fondatore eponimo di Roma.

[5] Si intende il progressivo ritrarsi delle acque.

- Un lampo di raggi gamma – Gamma-Ray Burst[6] secondo l'ipotesi avanzata dal divulgatore scientifico Philip Ball e altri [137, 138].

Le prime due ipotesi sono le più plausibili. In ordine alla terza ipotesi – benché improbabile – approfondiamo cosa comporterebbe un lampo di raggi gamma e quali sarebbero i potenziali effetti su un pianeta o una luna.

Lampi di Raggi Gamma e Vita

I lampi di raggi gamma sono una minaccia per la vita, cosmica. Quando una stella esplode in una supernova, o due stelle di neutroni collidono e si fondono, si può scatenare il fascio di energia elettromagnetica più intenso conosciuto nell'universo: un lampo di raggi gamma. I raggi gamma – la forma di radiazione elettromagnetica più energetica – rappresentano la più significativa sorgente di rischio per la vita[7]. Questi lampi possono durare da pochi secondi a diverse ore, emettendo più energia di quanta ne liberi il Sole durante tutta la sua "vita". Viaggiando per miliardi di anni luce, un lampo di raggi gamma, che colpisca un pianeta, può spogliarlo completamente del suo strato di ozono, o, addirittura, di tutta la sua atmosfera, a causa dell'immensa energia che trasporta. Un lampo di raggi gamma, emesso alla distanza di 10.000 anni luce, potrebbe, ad esempio, minacciare seriamente la vita. Di conseguenza, un tale evento può avere ripercussioni, su scala galattica, a danno della vita. Fenomeni cosmici come i lampi di raggi gamma giocano un ruolo significativo nella nascita e nella fine della vita a livello sistemico, planetario e persino galattico. Nel 2022, l'Agenzia Spaziale Europea ha rilevato un lampo di raggi gamma, durato circa 10 minuti [139]. Fortunatamente, questo lampo proveniva da una galassia a due miliardi di anni luce di distanza, e non aveva energia sufficiente a danneggiare la nostra atmosfera. Tipicamente, i lampi di raggi gamma vengono rilevati meno spesso delle supernovae. Tuttavia, ciò non implica che siano meno pericolosi per la vita.

---

[6] *I Gamma-Ray Bursts* – letteralmente, esplosioni (o lampi) gamma – sono emissioni di radiazioni ad alta energia, note, per l'appunto, come raggi gamma; le ipotesi sulla loro origine sono sempre associate ad eventi cosmici estremi: ad esempio, il collasso di una stella allo stato di buco nero.
[7] Rispetto ai raggi X, comunemente utilizzati in diagnostica, i raggi gamma sono molto più energetici. Per questa loro caratteristica, sono impiegati in radioterapia, nella lotta contro i tumori.

8.2.2 L'Estinzione del Devoniano

Noto come estinzione del *Devoniano superiore*, questo evento si è verificato nel tratto conclusivo del periodo Devoniano. L'estinzione è stata conseguenza di una serie prolungata di eventi. L'era del Devoniano ha segnato l'emergere di animali terrestri, tetrapodi e artropodi, che comprendono vertebrati a quattro zampe, insetti e ragni [140]. Vi erano, anche, nuovi tipi di pesci, più evoluti. Durante il Devoniano superiore, le piante terrestri hanno sviluppato radici, foglie e semi, aumentando fino a dimensioni considerevoli. Questa diversificazione botanica è spesso definita "Esplosione del Devoniano". Geograficamente, l'era del Devoniano si caratterizza per la presenza di due grandi formazioni continentali: Gondwana e Laurussia [141].

Verso la fine del periodo Devoniano, si registra un'estinzione di massa, protrattasi, per decine di milioni di anni, nella forma di una successione di rapidi eventi traumatici. Come in episodi precedenti, all'estinzione in parola seguì una prolungata instabilità climatica, dovuta alla massiccia perdita di anidride carbonica. Di conseguenza, occorse un periodo di glaciazione, coincidente con un ridotto livello del mare e scarsità di ossigeno negli oceani (anossia). Per effetto di queste alterazioni, numerosi vertebrati marini migrarono verso habitat terrestri. La varietà di specie viventi si ridusse di un apprezzabile 75 percento [142]. Alcune possibili cause per questo evento di estinzione includono:

- vulcanismo, ossia forte attività vulcanica;
- diffusione delle piante terrestri, che, come noto, riducono il tasso di anidride carbonica [140];
- impatto di asteroidi o di comete recanti un consistente nucleo roccioso [143].
- l'esplosione di una supernova [144].

Come già nel caso del gigantesco Chicxulub, corpi celesti, quali asteroidi o meteoriti, sono potenziali cause di estinzioni su larga scala. Lo stesso dicasi delle supernovae. Supernovae a circa 50–300 anni luce dalla Terra – che sono sorgenti di raggi X e gamma – potrebbero assottigliare drasticamente lo strato di ozono – protezione naturale dalle nocive radiazioni ultraviolette – innescando una serie di conseguenze drammatiche, a danno, per esempio, dei delicati ecosistemi caratteristici della barriera corallina. Le lune ed i pianeti esposti all'esplosione potrebbero correre il rischio che i loro oceani si surriscaldassero, fino ad evaporare per ebollizione. Stabilire quale sia la distanza di sicurezza da una supernova resta obiettivo incerto; essa potrebbe ammontare a diverse centinaia di anni luce. La nascita di una supernova è un evento che si verifica con periodicità variabile dalle poche decine di milioni alle centinaia di milioni di anni. Quale sia l'effettiva frequenza di tali fenomeni – minaccia rilevante, come si è detto – è tuttora oggetto di vivo dibattito. Molti scienziati concordano nel sostenere che le supernovae potrebbero aver innescato l'estinzione di massa nel più lontano passato.

8.2.3 L'Estinzione Permiano-Triassica

L'estinzione Permiano-Triassica, avvenuta circa 252 milioni di anni fa, è occorsa in conseguenza di una serie di eventi, succedutisi intorno alla fine del periodo Permiano. Questa serie di eventi ha portato all'estinzione di massa più estesa, se confrontata con i cinque principali cicli di estinzione verificatisi sulla Terra. È anche conosciuta come la "Grande Morìa", a sottolinearne l'ordine catastrofico, in termini di forme di vita perdute. A causa di questa serie di eventi [145], succedutisi, probabilmente, per 50–60 mila anni circa [146], è scomparso oltre l'80 percento di tutte le specie marine, e più del 70 percento di tutte le specie terrestri.

All'inizio del periodo Permiano, si formò un nuovo supercontinente – Pangea – a seguito dell'unione fra le due masse originali: il Gondwana e il Laurussia. Attorno a Pangea prese forma un vasto superoceano, il Panthalassa, che si divise all'inizio del periodo Triassico. Contestuale all'emergere di pesci ossei, simili alle specie moderne, fu il prosperare degli ecosistemi della barriera corallina: spugne, coralli e ammoniti[8]. Sulla terraferma, le muschiose cedettero il passo alle gimnosperme, che includono tra le loro fila le conifere. Gli insetti continuarono a proliferare, mentre sinapsidi e sauropsidi dominavano gli ecosistemi terrestri [147, 148]. I sinapsidi, precursori dei mammiferi, subirono un grave declino a seguito dell'estinzione permiana, mentre i sauropsidi evolsero in dinosauri, rettili e uccelli.

La causa dell'estinzione di massa Permiano-Triassica rimane incerta. Potrebbero essere intervenuti potenziali fattori scatenanti, quali:

- una serie di eruzioni vulcaniche su larga scala, in Siberia e Cina [149];
- l'impatto di un grande asteroide in un'area di quella che è oggi l'Australia [150];
- la diminuzione dei livelli di ossigeno negli oceani (anossia) [150];
- un generale abbassamento del livello del mare [150];

---

[8] Le ammoniti erano molluschi cefalopodi, oggi estinti: una sorta di seppie con guscio a spirale circolare.

- cambiamenti nella chimica oceanica, specificamente a causa dell'aumento di anidride carbonica [150].

La spiegazione più plausibile, per l'estinzione Permiano-Triassica, fa riferimento ad una sequenza di eruzioni vulcaniche che innescarono il cosiddetto "inverno vulcanico". Questo fenomeno si verifica quando un'abbondante quantità di cenere vulcanica, carica di anidride solforosa e anidride carbonica, viene espulsa nella stratosfera. Le particelle di cenere oscurano la luce del Sole, riflettendone la radiazione verso i livelli esterni; ciò che provoca il raffreddamento della superficie terrestre. Il raffreddamento della superficie terrestre può indurre periodi prolungati di glaciazione, con gravi ripercussioni a carico delle forme di vita.

8.2.4   L'Estinzione Triassico-Giurassica

Come nel caso della precedente estinzione, un'enorme attività vulcanica nella Provincia Magmatica dell'Atlantico Centrale ha generato un riscaldamento globale – 201 milioni di anni fa – elevando la concentrazione di anidride carbonica nell'atmosfera e portando all'acidificazione degli oceani [151]. A causa di questa attività vulcanica, più del 70 percento di tutte le specie terrestri e marine sono scomparse [153]. L'evento disastroso ha colpito, principalmente, coralli, anfibi e varie specie di rettili, risparmiando, tuttavia, piante e dinosauri [132]. Questa circostanza ha reso i dinosauri la specie animale dominante sulla Terra, per oltre 100 milioni di anni: fino, cioè, all'ultima delle cinque grandi estinzioni.

8.2.5   L'Estinzione Cretaceo-Terziaria

L'estinzione Cretaceo-Terziaria è l'ultima delle cinque grandi estinzioni. È responsabile della scomparsa di oltre il 70 percento delle specie presenti a quell'epoca, tra piante e animali [154]. Questa estinzione è stata principalmente attribuita all'impatto di un massiccio asteroide nella penisola dello Yucatan, nel Golfo del Messico. La teoria dell'asteroide è stata inizialmente avanzata dallo scienziato americano Luis Alvarez *et al.* [155] nei primi anni ottanta; oggi è ampiamente accettata.

Come accennato in precedenza, l'impatto dell'asteroide – un corpo celeste delle dimensioni di una piccola città, ha creato il cratere di Chicxulub. L'impatto ha espulso, nell'atmosfera, una vasta quantità di materiale, sotto forma di aerosol. Questi aerosol hanno bloccato la luce solare e ostacolato la fotosintesi nelle piante, portando al declino dei dinosauri erbivori, che si nutrivano di vegetazione. Di conseguenza, i dinosauri carnivori sono andati incontro all'estinzione, a causa della riduzione delle popolazioni di erbivori, le loro prede. Specie iconiche, come il Tyrannosaurus Rex, lo Spinosaurus, ed altre – quali: pterosauri, mosasauri, plesiosauri, ittiosauri – sono scomparse, insieme ad alcune specie di animali marini (ad esempio, ammoniti e cefalopodi primitivi). Uccelli, serpenti, lucertole e mammiferi sono, tuttavia, riusciti a sopravvivere. I mammiferi, in particolare, hanno potuto prosperare nutrendosi di insetti e piante acquatiche. Dopo questa estinzione, tra i 4 e i 10 milioni di anni successivi alla scomparsa dei dinosauri, la vita sulla Terra è tornata di nuovo a fiorire [156].

8.3 Estinzioni di massa: un monito per tutti noi

Nonostante non ci sia certezza riguardo alla vita extraterrestre, se essa esistesse, probabilmente, la biologia degli alieni sarebbe, in qualche misura, simile a quella di noi terrestri. Questa ragionevole congettura ci permette di estrapolare alcune evidenti circostanze, tendenzialmente ricorrenti; ci è possibile, studiando l'evoluzione della vita sul nostro pianeta. Esponiamo, ora, delle considerazioni di carattere generale:

- le forme di vita che si sono adattate meglio al loro ambiente hanno maggiore probabilità di riprodursi e prosperare;
- una volta apparsa – su un pianeta o su una luna – la vita mostra una incredibile resilienza, anche di fronte a eventi avversi su scala globale;
- i pianeti e le lune saranno soggetti ad eventi ciclici, che determineranno estinzioni di varia entità;
- alcune estinzioni – su un determinato pianeta – possono essere indotte da fattori caratteristici della sua geologia; ad esempio, il vulcanismo;
- altre cause scatenanti l'estinzione potrebbero determinarsi in eventi di origine cosmica, quali, ad esempio, le eruzioni solari, l'esposizione a sorgenti di raggi gamma, l'esplosione di supernovae;
- estinzioni non esiziali hanno influenzato l'evoluzione delle specie superstiti.

La vita sulla Terra ha dato prova di notevole tenacia, superando almeno cinque estinzioni di massa. Approssimativamente, ogni 30 milioni di anni si è verificata un'estinzione di minore entità: nell'intera storia del nostro pianeta si contano, circa, 18 di questi eventi minori [157]. Malgrado i molti eventi catastrofici, dei quali abbiamo appena detto, la vita persisteva nei diversi ambienti estremi. Ancora oggi – l'abbiamo visto – alcuni organismi prosperano nelle regioni polari più fredde, nei deserti più caldi – come la Death Valley –, nelle depressioni oceaniche più profonde – come la Fossa delle Marianne –; persino molto al di sotto della superficie terrestre, in condizioni di pressione e temperatura estreme. Fare congetture su percorsi evolutivi differenti, nell'ipotesi che i dinosauri non si fossero estinti, è particolarmente complesso. È plausibile ammettere che una sottospecie di dinosauri, con l'acquisizione di abilità nell'uso di strumenti, come conseguenza di un aumento delle dimensioni del cervello, sarebbe infine emersa quale specie dominante. Tuttavia, proprio come sulla Terra, su qualsiasi altro pianeta o luna che ospitasse la vita per periodi sufficientemente lunghi, dovrebbe ammettersi l'eventualità di ripetute estinzioni di massa a segnarne il lontano passato. Nella migliore delle ipotesi, anche questi corpi celesti sarebbero a rischio di subire gli effetti nocivi degli eventi cosmici di cui si è già detto: l'impatto di asteroidi, l'esposizione a sorgenti di raggi gamma, l'esplosione di supernovae. Ci si può aspettare che, laddove le condizioni fossero adatte alla sopravvivenza, tali eventi potrebbero intervenire a favore di una selezione naturale in senso evolutivo, la quale, finalmente, vedrebbe l'emergere di specie intelligenti.

8.4   Biologia Comparata

Come potrebbero apparire gli alieni? Dobbiamo aspettarci che siano molto simili a noi, o totalmente diversi, ben oltre la nostra immaginazione? Nessuno conosce la risposta a queste domande, poiché non abbiamo a disposizione alcun campione di vita aliena. Tuttavia, il Dr. Arik Kershenbaum, zoologo all'Università di Cambridge, ha affrontato la questione scrivendo, nel 2020, un libro rivoluzionario, che attinge alla sua esperienza come zoologo. Il suo libro si intitola: "Guida alla galassia per zoologi" [158]. Il Dr. Kershenbaum, il cui principale interesse è la comunicazione animale, afferma che è difficile dire quale aspetto potrebbero avere gli alieni. Studiando le diverse forme di vita sulla Terra, è fatto di logica il tentare di dedurre quali particolari abilità essi potrebbero aver sviluppato. Le leggi della fisica e della chimica si applicano ovunque, nell'universo. Ci si deve aspettare, perciò, che le leggi della biologia e, più specificamente, le leggi che governano la selezione naturale, siano universali. È naturale attendersi che le forme di vita sulla Terra e gli alieni abbiano molte caratteristiche in comune. Il Dott. Kershenbaum riconosce, nella biologia, un livello di complessità che può produrre effetti imprevedibili, ma egli sostiene che i principi generali debbano sussistere comunque. Cosa dovremmo aspettarci di vedere in una forma di vita aliena, secondo il

Dottor Kershenbaum? Gli alieni dovrebbero evolversi per selezione naturale, indipendentemente dalla loro composizione biologica. Per evolvere, la vita non ha bisogno di interessare il DNA[9]. Dovrebbero essere soggetti ad evoluzione questi sei requisiti fondamentali: motilità, capacità di comunicare, intelligenza, tendenza alla socialità e alla cooperazione, linguaggio e dinamiche dell'informazione. Il Dott. Kershenbaum considera anche la possibilità di una vita basata sull'IA che trasmetta conoscenze di generazione in generazione, come fanno gli esseri umani. Kershenbaum è un sostenitore dell'evoluzione convergente. Cita l'esempio di uccelli e insetti volanti, concentrandosi sull'utilità del volo per tali creature. Sebbene gli uccelli e gli insetti appartengano a specie molto diverse, hanno entrambi sviluppato la capacità di volare, perché questa abilità conferiva loro un vantaggio evolutivo.

8.4.1 Alieni e Macchine

Negli ultimi 60 anni, con l'avvento delle reti neurali e di potenti computer, gli umani hanno creato strumenti intelligenti che hanno potere generativo e predittivo. In tempi più recenti, le persone hanno potuto servirsi di dispositivi portatili per rimanere informate sul mondo, comunicare e monitorare i parametri relativi al loro corpo e accedere a dati inerenti alle loro abitudini. Ad un certo punto, tutti i dispositivi tecnologici portatili disporranno dell'IA e di nanosonde in grado di riparare i danni nel corpo umano. Questa tendenza accelererà nei prossimi anni. È facile immaginare che gli esseri umani finiranno per fondersi con le macchine intelligenti, dando origine a una forma di vita potenziata, in grado di far fronte più velocemente, e con maggiore esattezza, ai doveri e alle necessità di tutti i giorni. Presumibilmente, le specie extraterrestri intelligenti si sono già fuse con macchine intelligenti a motivo dei grandi benefici che ne possono derivare. Tali specie potrebbero, quindi, avere sembianza esteriore di macchine, pur contenendo materia organica al loro interno. Non dovremmo, pertanto, sorprenderci se gli alieni apparissero molto diversi da noi. Gli alieni cyber potrebbero decidere di eliminare completamente i com-

---

[9] Gli evoluzionisti contemporanei tendono a fare distinzione fra evoluzione e adattamento, entrambi soggetti alle dinamiche della selezione naturale [159]. Molto brevemente: l'evoluzione interessa la selezione di caratteri genetici favorevoli; l'adattamento riguarda, propriamente, modifiche del comportamento, legate alle condizioni ambientali contingenti. Ad esempio: i perioftalmi, letteralmente, sono anfibi in sembianza di pesci, se non proprio un ibrido di transizione, a dire, piuttosto, pesci che si sono adattati a un comportamento anfibio. Queste creature vivono sulle mangrovie, alle quali accedono saltellando nel terreno limaccioso del piano mesolitorale, e dalle quali scendono per il tempo necessario ad imbibere di acqua gli opercoli branchiali (gli anfibi hanno i polmoni). Il loro adattamento, se trasmesso, per generazioni, su un intervallo di milioni di anni, darebbe, probabilmente, luogo all'evoluzione di una nuova specie di anfibi, per selezione degli individui più adatti e conseguente normalizzazione del corredo genetico "vincente".

ponenti di materiale organico presenti nei loro corpi. Potrebbero, ad esempio, caricare le loro funzioni cognitive in computer quantistici, bypassando il tratto evolutivo che li rende mortali e acquisendo una conoscenza quasi illimitata.

8.5 Conclusioni

Al momento, nessuno conosce la probabilità che la vita possa evolvere in una specie intelligente come *Homo sapiens*, su un corpo celeste diverso dalla Terra. Nel corso dei suoi 3,7 miliardi di anni, infatti, la vita sulla Terra avrebbe potuto andare incontro, in qualsiasi momento, al rischio di una completa estinzione. Una simile eventualità non può essere esclusa a priori. Ci chiediamo: la vita è, semplicemente, il più prospero fra gli esiti di un durevole colpo di fortuna, malgrado siano occorse infinite avversità a contrastarla, o essa possiede, a priori, una straordinaria capacità di adattarsi anche alle circostanze e agli eventi ambientali estremi? Guardando alla storia del nostro pianeta, sembra, appunto, che la vita possieda una notevole capacità di prosperare, anche di fronte all'avversità. Se, dunque, la vita è resiliente, la biologia comparativa ci insegna che l'intelligenza è uno dei sottoprodotti della selezione naturale: ci si dovrebbe aspettare che questo requisito compaia anche nella biologia extraterrestre. Nonostante le precedenti considerazioni qualitative, non si può, tuttavia, fornire una stima affidabile per il parametro f_i.

$$\boxed{f_i = \ ?} \tag{8.1}$$

Il lettore non dovrebbe sorprendersi se non stiamo producendo una stima per il parametro dell'intelligenza. Il nostro approccio è trattare questo parametro come un'incognita. Più tardi, quando tireremo alcune conclusioni sull'equazione di Drake, considereremo diversi possibili valori di e il probabile significato del dato conseguente, in fatto di civiltà extraterrestri oggettivamente in grado di comunicare.

9

Comunicazione

9.1 Il Parametro f_c nell'Equazione di Drake

Il sesto parametro dell'equazione di Drake comporta una stima della frazione di civiltà intelligenti che, in passato, hanno proceduto a comunicare con altre specie, probabilmente trasmettendo un segnale elettromagnetico nello spazio. Perché il segnale deve essere elettromagnetico?

I segnali elettromagnetici sono favoriti perché viaggiano alla velocità della luce, ciò che li rende il mezzo più rapido per diffondere informazioni. Con numerosi telescopi tecnologicamente avanzati – installati in ogni parte del mondo – in grado di catturare segnali radio dallo spazio, proprio i segnali radio sono l'opzione preferibile, per l'ampio intervallo di frequenza – dai 20 kilohertz ai 300 gigahertz – il quale copre una parte significativa dello spettro elettromagnetico adatto sia all'invio, sia alla ricezione di informazioni.

I segnali radio viaggiano, inoltre, attraverso la polvere interstellare ed è meno probabile che siano assorbiti o dispersi rispetto a quelli emessi ad alta frequenza. Le frequenze più elevate incontrano problemi a causa delle grandi quantità di energia necessarie a sostenere i segnali. Le alte frequenze sono, inoltre, particolarmente soggette all'interferenza di fonti naturali come la luce infrarossa e ultravioletta, di origine stellare, o la radiazione X e gamma, di origine cosmica[1]. Anche i segnali radio possono, tuttavia, andare soggetti ad interferenza, a causa, per esempio, dei fenomeni di brillamento solare che possono investire

---

[1] Ragionando specularmente, le radiazioni X e gamma non possono essere usate per codificare segnali sulla lunga distanza. Oltre all'interferenza, alla quale andrebbero comunque soggetti, il rischio per la salute di chi dovesse ricevere quei segnali ne giustifica l'esclusione.

le loro traiettorie. In definitiva, i segnali radio sono lontani dall'essere il mezzo di comunicazione ideale, benché essi siano i più adatti. Un'altra possibile sorgente di segnali per comunicazione interstellare potrebbe essere il laser. I laser sono fasci stretti e coerenti di luce[2]. Tutti gli argomenti fin qui esposti possono essere elementi di riflessione intorno a una domanda: di quale livello tecnologico avrebbe bisogno una civiltà extraterrestre per comunicare con le altre?

9.2   La Scala di Kardashev

Nel 1964, l'astronomo sovietico Nikolai Kardashev propose una scala per misurare l'avanzamento tecnologico delle civiltà extraterrestri, basata sul loro ipotetico consumo di energia [160]. Questa scala è tracciata per gradi, i quali corrispondono a diverse tappe nel progresso civile e tecnologico, nel corso della storia dell'uomo. La scala è costruita a partire dal riferimento ai nostri antenati più antichi, che sfruttavano il calore del fuoco, per giungere al nostro grado di sviluppo tecnologico, segnato dalla padronanza dell'energia nucleare, raggiunta in epoca recente. Attualmente, la nostra produzione energetica supera quella dei nostri antenati, sebbene una parte significativa derivi ancora dai combustibili fossili. Notoriamente, esiste un legame chiaro tra il tenore di vita di una nazione, la produzione e il consumo di energia: le nazioni tecnologicamente più avanzate tendono a produrre e consumare più energia. Basta considerare il nostro bisogno di energia per l'aria condizionata e il suo impatto sulla nostra civiltà. Attraverso la produzione di energia, le società facilitano un vasto scambio di informazioni, accelerano i viaggi a lunga distanza e molto altro (tra cui, appunto, regolare le temperature domestiche). Sebbene altri fattori contribuiscano a un tenore di vita più elevato, il quadro di Kardashev si concentra sulla produzione e sull'utilizzo dell'energia. Kardashev ha delineato tre tipi di civiltà basate sulle loro capacità di sfruttamento dell'energia: una civiltà di tipo I può attingere a tutte le risorse energetiche del suo pianeta; una di tipo II può sfruttare l'energia del proprio sole; una di tipo III può sfruttare l'energia di un'intera galassia. La civiltà di tipo I può generare energia corri-

---

[2] *Laser* è acronimo inglese che significa: amplificazione della luce mediante emissione stimolata di radiazione. Senza entrare nel merito del processo, diremo che la luce laser è di un solo colore – di solito, rossa – [in gergo tecnico si dice che è coerente] ed è emessa in un fascio molto stretto [in gergo tecnico si dice che è collimata], il che consente di produrre fasci laser di potenze molto diverse, anche per resezioni chirurgiche o taglio industriale. Ecco una cosa "curiosa": un laser e, per esempio, il led di uno stereo – apparentemente molto diversi – si basano, in realtà, sulla stessa tecnologia e sugli stessi principi fisici. La disciplina specifica è detta fisica dello stato solido, perché sfrutta particolari proprietà di alcuni cristalli, quali, ad esempio, il rubino.

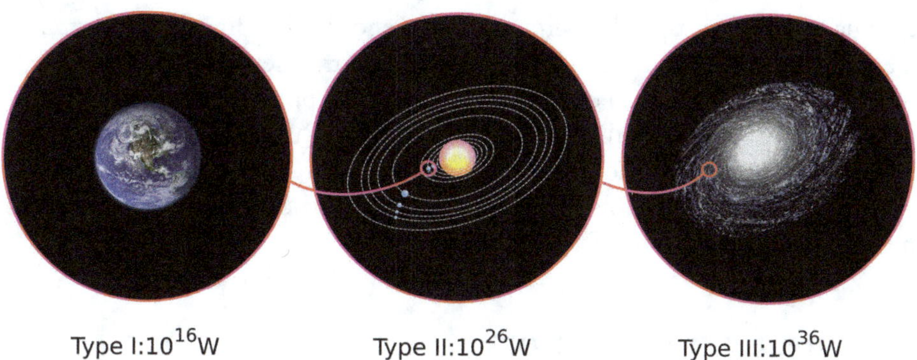

Figura 9.1 Scala di Kardashev. Di Indif.:1 Earth .png4 Milky Way.png, CC BY-SA 3.0, https://commons.wikimedia.org/w/index.php?curid=29015315

spondente al complesso di quella ricavata dal suo sole, di quella derivata dal vento e di quella ottenuta da fonti geotermiche. L'ammontare complessivo del ricavato di queste fonti energetiche, secondo Carl Sagan, si stima dell'ordine di 10^{16} watt [161], con ciò superando la nostra attuale produzione di energia di diversi ordini di grandezza. Una civiltà di tipo I può anche controllare pericoli naturali come fenomeni meteorologici, terremoti ed eruzioni vulcaniche.

Siamo una civiltà di tipo I? Su una scala logaritmica, noi terrestri siamo, all'incirca, una civiltà di tipo 0,7. Secondo il fisico angloamericano Freeman Dyson, entro 200 anni circa, l'umanità dovrebbe raggiungere lo status di tipo I [162]. La figura 9.1 è una illustrazione artistica del concetto della scala di Kardashev.

Una civiltà di tipo II può estrarre tutta l'energia che il suo sole emette, utilizzando una sfera di Dyson. Il concetto fu concepito, per la prima volta, dallo stesso Freeman Dyson. Tale sfera potrebbe essere rappresentata da una collezione di sonde che catturino la luce del sole in grande quantità. La *sfera di Dyson* si potrebbe anche pensare come un gigantesco "guscio" attorno al sole, in grado di assorbire tutta l'energia radiativa. Tale "guscio" dovrebbe essere posto ad una distanza maggiore di quella Terra-Sole, per evitare i gravi danni derivanti dal vento solare[3]. Infine, una civiltà di tipo III potrebbe avere la capacità di sfruttare l'energia di centinaia di miliardi di stelle all'interno della sua galassia. Di conseguenza, la produzione di energia supererebbe l'output di una civiltà di tipo II di decine di miliardi di volte. La disparità nella produzione di

---

[3] La sfera di Dyson dovrebbe essere immaginata come una distribuzione di pannelli solari tecnologicamente evoluti, disposti in simmetria sferica, per un raggio pari a quello di una delle possibili orbite esterne (per esempio, nello spazio fra la Terra e Marte), in modo che il sistema Terra-Sole ricadesse all'interno di detto raggio.

energia tra ciascun tipo di civiltà copre almeno dieci ordini di grandezza. E'
da notare che le civiltà di tipo II e III potrebbero trasmettere segnali in tutte le
direzioni (segnali isotropi) con un'intensità tale da poter essere rilevati da specie intelligenti a milioni di anni luce di distanza. Questo sottolinea l'enorme
potenza tecnologica e la notevole portata di tali civiltà avanzate. Dato l'assunto
– in ordine al livello tecnologico – perché, dallo spazio, non abbiamo ricevuto
nessun segnale generato da specie intelligenti?

9.3   Il Grande Silenzio

Nonostante l'abbondanza di radiotelescopi in ascolto, l'umanità non ha ancora
intercettato messaggi da civiltà extraterrestri avanzate. Una notevole eccezione
è stata rappresentata dal breve segnale "Wow!", rilevato nel 1977 dal radio-
telescopio dell'Ohio State University, che, tuttavia, solleva una questione importante: è realistico supporre che una specie aliena avanzata ci considererebbe
anche come potenziali interlocutori?

Solo negli ultimi 100 anni circa l'umanità ha acquisito la capacità tecnologica di catturare e – potenzialmente – interpretare messaggi extraterrestri.
Guardiamo ai fatti in una breve prospettiva storica. Il famoso inventore italiano Guglielmo Marconi realizzò la prima trasmissione radio nel 1895, inviando
un segnale dalla tenuta di suo padre a più di tre chilometri di distanza, oltre le
prospicienti colline. La prima stazione radio commerciale iniziò a trasmettere
nel 1920. Quella stazione era la KDKA, con sede a Wilkinsburg, in Pennsyl-
vania. Tra il 1920 e il 1950 si registra una crescita notevolissima nel numero
di emittenti radiofoniche.

In sostanza, possiamo affermare a priori che nessuna civiltà aliena, lontana da noi oltre 100 anni luce[4] ha potuto avere segno del nostro livello di
tecnologia, col captare le trasmissioni radio di origine terrestre.

Un'ipotesi alternativa sostiene che civiltà avanzate possano vivere in un sistema solare vicino al nostro, forse a poche decine di anni luce da noi. Queste
civiltà avrebbero potuto dirigere i loro radiotelescopi verso la Terra e intercettare le nostre prime trasmissioni radio, ricavandone una misura delle nostre
capacità tecnologiche. Tuttavia, anche ammettendo l'idea di vita extraterrestre avanzata nelle nostre vicinanze – su scala cosmica – rimane inevasa la
domanda: perché non abbiamo ancora sentito nulla?

---

[4] Il segnale radio – onda elettromagnetica – ha viaggiato per cento anni alla velocità della luce: ha dunque
percorso cento anni luce. Chi si trovasse oltre questa distanza, non avrebbe modo di captare alcun segnale.

Consideriamo diverse possibili spiegazioni:

- le civiltà avanzate nel nostro quadrante galattico sono troppo diverse da noi; non hanno, quindi, interesse a stabilire alcuna comunicazione;
- civiltà aliene evolute vivono effettivamente "vicine a noi", ma si astengono dal comunicare, forse per paura di essere intercettati;
- ci hanno inviato un segnale, ma non siamo stati in grado di catturarlo o di riconoscerlo come tale;
- stanno aspettando che la nostra diventi una civiltà più matura;
- la comunicazione è indirizzata solo a certi tipi di civiltà;
- la vita nelle vicinanze è ancora troppo primitiva per saper scambiare comunicazioni;
- le civiltà avanzate sono situate troppo lontano dal nostro pianeta;
- Non ci hanno sentito.

Per svariati motivi, le comunicazioni di natura privata, nella nostra società, tendono ad essere molto riservate, protette e mirate. Scegliamo, ovviamente, di non strombazzare ai quattro venti ciò che consideriamo intimo, per scongiurare il rischio che uditori indesiderati ascoltino le nostre confidenze. Si potrebbe, quindi, sostenere che, per noi, sia più preferibile comunicare quando lo scambio d'informazioni possa effettivamente essere limitato alle sole parti coinvolte. Garanzie di riservatezza si possono ottenere attraverso trasmissioni direzionali "mascherate". Consideriamo, per esempio, il ruolo centrale riservato alla crittografia nelle comunicazioni via cellulare e via computer. Eppure, anche un segnale mascherato comporta il rischio di intercettazione e decrittazione da parte di terzi: non esiste una forma di comunicazione che sia del tutto priva di rischi. Questa serie di considerazioni su noi stessi potrebbe aiutare a spiegare almeno in parte – per analogia – il profondo silenzio che riempie l'universo.

Che cosa potrebbe suscitare l'interesse di una civiltà aliena, tanto da indurla ad iniziare una comunicazione? La civiltà aliena che, ad esempio, rilevasse, da milioni di anni luce di distanza, una firma biologica sul nostro pianeta, potrebbe scegliere di trasmetterci un segnale. La specie mittente dovrebbe essere in grado di prevedere che sulla Terra abitano già esseri intelligenti o, almeno, che, dal loro remoto punto di vista, sul pianeta potrebbe evolvere una specie intelligente. Ma che cosa rappresenta esattamente una *firma biologica* e come la cerchiamo?

9.4   Firme Biologiche al di fuori del Sistema Solare

Il termine *firma biologica*[5] si riferisce a una sostanza biologica o chimica, spesso in forma gassosa, che potrebbe indicare la presenza di vita. Il metodo più efficace per cercare la vita comporta l'invio di sonde su pianeti, lune e persino asteroidi. Tuttavia, date le nostre attuali capacità tecnologiche, l'esplorazione è principalmente confinata al nostro sistema solare. Anche con le nostre navicelle spaziali più veloci, ci vorrebbero, ad esempio, molte migliaia di anni per viaggiare fino a *Proxima Centauri b*, a quattro anni luce da noi.

Fortunatamente, è possibile cercare la vita sugli exocorpi utilizzando la spettroscopia, almeno in linea di principio. Come è ben noto dalla fisica elementare, la luce emessa da una stella è caratterizzata da uno *spettro di frequenza*, che è la quantità di energia presente nella radiazione emessa a una data frequenza. La luce emessa da una stella può subire parziale assorbimento e diffusione da parte delle sostanze chimiche presenti nell'atmosfera di un pianeta vicino. Le differenze diventano evidenti quando si confronta lo spettro di frequenza della luce stellare non alterata con quella passata attraverso l'atmosfera di un pianeta. Queste differenze si manifestano come linee spettrali all'interno di un ristretto intervallo di frequenze, indicando la presenza di specifici elementi o composti nell'atmosfera del pianeta. Ad esempio, telescopi spaziali come il James Webb Space Telescope sono attrezzati per catturare e scomporre la luce infrarossa su molteplici frequenze. I telescopi terrestri possono, inoltre, analizzare gli spettri di luce provenienti da pianeti come il nostro. In generale, i pianeti rocciosi con atmosfere situate nella zona abitabile della loro stella madre sono considerati potenziali candidati per l'indagine spettroscopica.

Ma quali elementi sono considerati firme biologiche? In base a quel che conosciamo della vita sulla Terra, l'acqua è indubbiamente fondamentale. Formata da idrogeno e ossigeno, è uno dei composti più abbondanti nell'universo, insieme al monossido di carbonio, all'idrogeno molecolare, al radicale idrossile[6], al metano e all'ammonio. L'idrogeno è l'elemento più abbondante, seguito dall'elio, con l'ossigeno al terzo posto. Anche il carbonio, un altro elemento prevalente, funge da significativa firma biologica. I composti come l'acqua, l'ossigeno molecolare, l'anidride carbonica, l'ossido nitroso, l'azoto molecolare, il metano, il cloruro di metile – e molti altri [163] – svolgono un ruolo altrettanto determinante come firme biologiche. È importante sottolineare che, sebbene promettente, la ricerca di firme biologiche è solo in fase nascente.

---

[5] Tracce chimico-fisiche della presenza di vita, alcune delle quali rilevabili da remoto. Vedremo come.
[6] Idrossile o ossidrile, fuori dalla nomenclatura IUPAC, ma di uso corrente nella lezione italiana.

9.5   Le Sonde di Von Neumann

Abbiamo già sottolineato che, a questo stadio, l'esplorazione diretta degli eso-pianeti richiederebbe un'enorme quantità di tempo, anche utilizzando i nostri tipi di propulsione più veloci. Esiste, tuttavia, un modo alternativo di esplorare una galassia. Entra in gioco l'idea della sonda di Von Neumann, come proposto dal matematico e fisico ungherese John Von Neumann. In parole semplici, una sonda di Von Neumann è un dispositivo che viaggia verso un pianeta, una luna o un asteroide e, una volta atterrata sul corpo celeste, ne estrae materiale grezzo per costruire una copia di sé stessa. Le vecchie sonde e le nuove si spostano, quindi, verso altri pianeti, per ripetere lo stesso lavoro. È facile immaginare che le sonde crescano esponenzialmente in numero e si diffondano nella galassia: una rapida proliferazione ne coprirebbe in breve l'intera estensione. Una civiltà altamente sviluppata, capace di costruire sonde auto-replicanti, potrebbe esplorare sistematicamente la Via Lattea in un tempo molto più breve di quello necessario per attraversarla. Identificare una sonda di Von Neumann varrebbe da tecno-firma, offrendo prove a sostegno dell'esistenza di un'entità – o civiltà – avanzata, responsabile della creazione di quella sonda. Quali sono altre possibili tecnofirme?

- Astronavi in grado di volare a velocità che consentano viaggi interstellari;
- Sfere di Dyson o altri oggetti in grado di generare quantità di energia a livello planetario o stellare;
- qualsiasi oggetto spaziale che non obbedisca al moto naturale sotto l'influenza dell'attrazione gravitazionale;
- grandi oggetti le cui orbite sono modificate dall'evidente intervento di una tecnologia avanzata, cosicché sembrano violare la legge di gravità;
- qualsiasi anomalia cosmica che le leggi fisiche non possono spiegare.

La stella KIC 8462852, ad esempio, nota anche come stella di Tabby – in omaggio all'astronoma americana Tabetha Boyajian – ha mostrato significative fluttuazioni nella sua luminosità dall'inizio delle osservazioni, nel 2015 [164]. Queste fluttuazioni hanno spinto alcuni astronomi ad ipotizzare la presenza di una sfera di Dyson intorno alla stella. Ricerche successive hanno, tuttavia, suggerito che il fenomeno è probabilmente causato da una quantità insolitamente elevata di polvere – probabilmente risultante dalla distruzione di un esoluna [165] – che circonda la stella. Nondimeno, l'eventuale presenza di grandi strutture tecnologiche, in grado di interagire con stelle e pianeti, sarebbe il segno distintivo dell'attività di una specie intelligente.

9.6 Stime

Dallo spazio, si potrebbero ricevere due tipi di messaggi: intenzionali e non intenzionali. Ci aspettiamo che i messaggi non intenzionali siano emessi, praticamente, da ogni civiltà avanzata, molto probabilmente per periodi limitati. Negli ultimi 100 anni, l'umanità ha, involontariamente, inviato onde elettromagnetiche nello spazio in tutte le direzioni. Il nostro catturare messaggi intelligenti non intenzionali potrebbe essere paragonato all'evento di una persona che sentisse la musica diffusa ad alto volume da un passante. Per questo motivo, la nostra stima del parametro è dell'ordine dell'unità nel caso di messaggi non intenzionali:

$$fc_{\text{unintentional}} \approx 1 \tag{9.1}$$

Il problema con i nostri messaggi non intenzionali è, tuttavia, che essi sono tipicamente troppo deboli. Ad esempio: le nostre prime emissioni radio – così come le attuali – non sono state generate con potenza sufficiente per la comunicazione spaziale su distanze di anni luce. L'energia totale richiesta per tali emissioni dipende dalla distanza dal "bersaglio" e segue la legge dell'inverso del quadrato della distanza; vuol dire che i segnali indeboliscono notevolmente con l'aumentare della distanza. Una civiltà più avanzata, che disponesse di fonti di energia di notevole potenza, potrebbe trasmettere un segnale intenzionale isotropico, sperando di essere ascoltata da altri. La civiltà che affrontasse, ad esempio, un pericolo cosmico, potrebbe inviare un potente segnale, diretto ad altre specie evolute, per segnalare una minaccia imminente. La probabilità che i messaggi intenzionali arrivino solo nella nostra direzione dovrebbe essere piuttosto bassa. Per quanto ci riguarda: in primo luogo, non abbiamo ancora raggiunto lo status di civiltà di Tipo I; ammettiamo pure che esistano civiltà più evolute; ai loro occhi, dal punto di vista tecnologico, probabilmente appariremmo una specie infantile. La cattura e la decifrazione di messaggi intenzionali potrebbero richiedere una tecnologia più avanzata di quella che abbiamo attualmente a disposizione. Messaggi non intenzionali potrebbero raggiungerci senza essere rilevati, a causa delle nostre limitazioni scientifiche e tecnologiche. Dato, inoltre, il divario tecnologico, una civiltà di Tipo II o III, capace di trasmettere tali segnali, avrebbe poco da imparare da noi, dal punto di vista scientifico. Per tali civiltà, studiarci da lontano sarebbe la linea d'azione più conveniente. Di conseguenza, la probabilità che civiltà avanzate cerchino di contattarci direttamente dovrebbe essere vicina a zero.

$$fc_{\text{intentional}} \approx 0 \tag{9.2}$$

10

Transmissioni Aliene e loro Durata

10.1 L'Arco di Vita di una Civiltà e l'Esigenza di Comunicare

L'ultimo parametro dell'equazione di Drake è L, che esprime l'intervallo di tempo durante il quale una civiltà extraterrestre invia segnali nello spazio. Stimare questo parametro si rivela estremamente difficile. In primo luogo, non è certo che la durata della comunicazione sia correlata all'intero arco di vita di una civiltà. Come precedentemente osservato, l'umanità ha iniziato a emettere segnali nello spazio solo nell'ultimo secolo, nonostante l' *Homo sapiens* esista da diverse centinaia di migliaia di anni.

Una civiltà aliena interessata a comunicare potrebbe essere stata soppiantata, nel frattempo, da controparti più avanzate. Riguardo all'essere soppiantati, la storia dell'uomo fornisce innumerevoli esempi a modello. Decine di migliaia di anni fa, l'*Homo sapiens* e i *Neanderthal* competevano per le risorse; alcune teorie suggeriscono che questa competizione abbia accelerato la fine dei Neanderthal. Altri fattori che possono aver accelerato la fine dei Neanderthal includono il cambiamento climatico e le malattie.

In molte narrazioni di fantascienza, i robot e l'intelligenza artificiale – in un lontano futuro – finiscono col sostituirsi agli umani nel ruolo di civiltà dominante sulla Terra. Alcuni futurologi hanno prefigurato l'avvento dell' *Homo technologicus*. In futuro, probabilmente, gli esseri umani si fonderanno completamente con la tecnologia AI.

Indipendentemente dalle ragioni che potrebbero motivare una civiltà extraterrestre nel tentativo di comunicare con altre – anche molto lontane – queste

Figura 10.1 Karl G. Jansky Very Large Array. Di Mihaisiscanu, CC BY-SA 4.0, https://commons.wikimedia.org/w/index.php?curid=49889418. Ultimo accesso: 12 Aprile 2024

ragioni sarebbero inevitabilmente oggetto di esame critico ed – eventualmente – di una successiva riconsiderazione. Tutto ciò, indipendentemente dalla capacità della civiltà di iniziare e – soprattutto – di mantenere la comunicazione. La figura 10.1 mostra i radiotelescopi Karl G. Jansky. Anche le civiltà avanzate possono, infatti, andare incontro alla fine. Esse potrebbero estinguersi a causa di fattori interni – come guerre nucleari, eruzioni vulcaniche, riscaldamento globale incontrollato – ovvero, a causa di qualche evento catastrofico di origine cosmica. Una civiltà tecnologicamente avanzata che si trovasse di fronte a un'imminente catastrofe, o che fosse, comunque, a rischio di estinzione, potrebbe sforzarsi di preservare la sua conoscenza e cultura condividendola con altre civiltà, proprio come noi conserviamo la letteratura, l'arte e le scoperte scientifiche in libri e in banche dati digitali per le future generazioni. Per una civiltà avanzata, vicina alla fine, l'incentivo nel condividere la propria conoscenza e la propria cultura con altre civiltà, è tutto nella speranza che la sua storia sia, in qualche modo, ereditata, testimoniata e custodita.

10.2   Comunicare significa Conoscere

La presenza di vita su un corpo extraterrestre sarebbe, in ogni caso, rilevabile ad opera di una civiltà avanzata, grazie alle firme biologiche e, se presenti, alle firme tecnologiche. Senza dubbio, il ritrovamento di firme biologiche e tecnologiche costituirebbe una scoperta della massima importanza. Tale rilevamento, in tutta evidenza, non giustificherebbe ulteriori sforzi, quando si avesse a che fare soltanto con forme di vita primitiva (per esempio, con dei batteri). C'è un argomento di natura etica in relazione al fatto di non interferire con l'evoluzione di forme di vita meno avanzate. Potrebbe anche valere l'argomento secondo cui quando due forme di vita completamente diverse si incontrano, l'incontro potrebbe essere pericoloso per entrambe. D'altra parte, una civiltà aliena molto evoluta – quindi pienamente consapevole – potrebbe farsi carico di un impegno notevole, di lungo periodo, per stabilire una linea di comunicazione con specie più avanzate, ad ottenerne aiuto e nuove conoscenze, nell'intento di migliorare il proprio livello di vita, ovvero per garantire la propria sopravvivenza. L'impegno potrebbe protrarsi finché la civiltà avrà ragione di continuare la ricerca. La "fatica" può: A) concludersi senza raggiungere l'obiettivo; oppure: B) portare la civiltà all'autosufficienza, rendendo inutile l'assistenza esterna. Qual è la tipica "vita media" di una civiltà, prima che essa vada incontro all'estinzione? L'astrofisico americano J. Richard Gott ha sviluppato una tesi il cui principale argomento concerne la stima di questa "vita media", relativamente alla specie umana; dal che, il nome col quale la teoria è nota: l' *argomento del giorno del giudizio.*

10.3   L'Argomento del Giorno del Giudizio

L'argomento di Gott si basa sul principio copernicano che non c'è nulla di unico in noi né nel tempo, né nel luogo in cui viviamo [166]. Gott presume che il fatto che siamo sopravvissuti fino ad ora possa essere correlato alla nostra sopravvivenza futura. Segue l'argomentazione caratteristica: l'umanità è nata al tempo t_{inizio} e scomparirà al tempo t_{fine}. Un osservatore umano si trova a vivere tra questi due tempi in un momento casuale t_{ora} secondo una distribuzione uniforme[1]. La distribuzione uniforme è assunta *a priori* a motivo della mancanza di informazioni sulla distribuzione effettiva. Basandoci su tale assunto, introduciamo la quantità δ, un numero generato casualmente che varia

---

[1] *Una distribuzione uniforme* attribuisce la stessa probabilità a tutti gli eventi: è una retta parallela all'asse delle *x*.

da 0 a 1 come segue:

$$\delta = \frac{t_{\text{ora}} - t_{\text{inizio}}}{t_{\text{fine}} - t_{\text{inizio}}} \qquad (10.1)$$

C'è, quindi, una probabilità del 95 percento che δ cada entro un intervallo compreso tra 0.025 a 0.975.

Un semplice calcolo algebrico mostra che il tempo t_{residuo} che ci separa da t_{fine} è legato al tempo che abbiamo sopravvissuto $t_{\text{sopravvivenza}} = t_{\text{ora}} - t_{\text{inizio}}$ dalla seguente formula:

$$\frac{t_{\text{sopravvivenza}}}{39} < t_{\text{residuo}} < 39 * t_{\text{sopravvivenza}} \qquad (10.2)$$

L'intervallo si basa su un livello di confidenza del 95 per cento.

L'*Homo sapiens*, ad esempio, esiste da circa 300 mila anni [167]. Un semplice calcolo dà come risultato che la specie umana è probabile che esista almeno per $300,000/39 \approx 7692$ anni e perisca entro $300,000 * 39 = 11.7$ milioni di anni.

L'argomento di Gott si basa sulla probabilità piuttosto che sulla certezza. Sebbene si possano sollevare molte controargomentazioni, come la possibilità che l'umanità non debba affatto affrontare una fine inevitabile, secondo l'assunta distribuzione uniforme, potrebbe comunque esserci una certa verità nell'argomento di Gott. Man mano che le civiltà "invecchiano", tendono ad avanzare tecnologicamente, aumentando teoricamente le capacità di prolungare la loro esistenza. Potrebbero esserci fattori intrinseci o sconosciuti, che contribuiscano ad accrescerne la longevità. Al contrario, gli stessi progressi tecnologici potrebbero comportare dei rischi, se usati in modo improprio. Esempi a proposito possono riconoscersi, nel nostro caso, in armi nucleari, biotecnologie e intelligenza artificiale (IA). Si può ritenere sussista un equilibrio tra i rischi e i benefici che le nuove tecnologie sarebbero in grado di offrire; equilibrio che potrebbe richiedere un'analisi più approfondita in relazione al tempo previsto per l'intera durata del quale la nostra specie continuerà a sopravvivere.

10.4 Colonizzazione dello Spazio

Pur ammettendo che l'argomento di Gott goda di una qualche validità, pure ci possiamo aspettare che qualsiasi civiltà aliena molto più longeva della nostra sopravviva, effettivamente, da più tempo di quanto Gott stesso abbia stimato. Dato il progresso tecnologico presumibilmente elevato che la civiltà in questione dovrebbe aver raggiunto – a ragione dell'assunta longevità – è improbabile che tale civiltà possa essere interessata a scambiare informazioni con noi. Anche se provasse ad inviarci segnali, il tentativo potrebbe, inoltre, riuscire inutile, considerato l'immenso divario tecnologico che ci separerebbe. Consideriamo, ad esempio, Leonardo da Vinci: pittore, ingegnere ed intelletto poliedrico di straordinario talento, che visse in Italia durante l'Alto Rinascimento. Nonostante la sua indiscutibile genialità, immaginate se gli fosse stata data la copia di un progetto di microchip. Estrarre informazioni utili da un tale progetto sarebbe praticamente impossibile anche per un genio del calibro di Leonardo, dato, soprattutto, il divario tecnologico di 500 anni. Pensiamo, ora, a una civiltà aliena progredita di milioni di anni rispetto alla nostra. Non avremmo alcuna possibilità di comprendere come funzioni anche solo il dispositivo più semplice creato da una tale civiltà. Il loro livello di comprensione della fisica potrebbe essere completamente diverso dal nostro. E potrebbero non usare una matematica vicina a quella che conosciamo noi.

Il famoso scrittore di fantascienza Arthur C. Clarke, autore del bestseller "2001: Odissea nello spazio", una volta scrisse che "qualsiasi tecnologia sufficientemente avanzata è indistinguibile dalla magia". Qualsiasi tecnologia aliena avanzata probabilmente ci apparirebbe magica.

Anziché trasmettere segnali, una specie aliena avanzata potrebbe essere incline a esplorare lo spazio e stabilire colonie su nuovi corpi celesti. Tracciando un parallelo con la storia umana, l' *Homo sapiens* lasciò l'Africa circa 180.000 anni fa, migrando in Europa, Asia e Medio Oriente, probabilmente spinto da cambiamenti climatici e siccità conseguenti [168]. Questa migrazione fu facilitata dallo sviluppo di nuovi strumenti e dalla padronanza delle tecniche agricole. Allo stesso modo, le specie aliene potrebbero scegliere di stabilirsi su nuovi mondi una volta esaurite le risorse locali, quando la loro stella madre si avvicinasse alla fine del proprio ciclo di vita, o per evitare minacce cosmiche. La ragione di fondo è sempre nella sopravvivenza. Una civiltà distribuita su più sistemi solari avrebbe maggiori possibilità di sopravvivere a lungo, rispetto ad una confinata in un unico sistema solare. Le specie aliene, per attraversare il cosmo ed esplorare nuovi sistemi solari, potrebbero anche utilizzare pianeti orfani, come suggerito dalla ricercatrice Irina Romanovskaya [169]. Le civiltà di tipo II potrebbero addirittura manipolare le orbite dei loro pianeti per cercare nuovi sistemi o per spostarsi all'interno di una zona abitabile. In alternativa, potrebbero dotare alcuni asteroidi di sistemi di propulsione per compiere viaggi interstellari. Studiando il primo oggetto di origine interstellare, osservato nel 2017 – noto come Oumuamua[2] – l'astrofisico israelo-americano Avi

---

[2] In lingua hawaiana, *messaggero*.

Loeb, dell'Università di Harvard, ha concluso che la dinamica dell'oggetto poteva essere spiegata solo dalla presenza di tecnologia aliena[3] [170].

10.5 Sommario

Una civiltà aliena avanzata potrebbe decidere di non inviare un segnale nello spazio per comunicare con altre specie aliene. Impegnarsi in tale scambio di informazioni potrebbe essere pericoloso per una civiltà meno avanzata. Stabilire una linea di comunicazione tra specie aliene molto dissimili potrebbe, inoltre, rivelarsi estremamente difficile, se non impossibile. Una specie aliena potrebbe inviare involontariamente onde elettromagnetiche nello spazio, come sottoprodotto delle comunicazioni interne. Tuttavia, tali segnali sarebbero, probabilmente, troppo deboli per essere ricevuti da un destinatario non intenzionale. Una civiltà sofisticata sarebbe, probabilmente, in grado di colonizzare nuovi sistemi solari utilizzando l'intelligenza artificiale o corpi celesti alla deriva, come grandi asteroidi o pianeti orfani. Lo scomparso Frank Drake si è spinto fino ad ipotizzare che il numero di civiltà intelligenti possa essere equivalente al numero di anni trascorsi dal momento in cui noi terrestri abbiamo cominciato a trasmettere segnali nello spazio, con ciò esprimendo, forse, la sua frustrazione nello stimare i parametri della sua rinomata equazione. A questo stadio, stimare L è equivalente a indovinare, poiché, di contro, non abbiamo basi per apprezzare la "vita media" di una civiltà aliena. La durata della comunicazione potrebbe essere di 100 anni o di 10 miliardi di anni. Proprio come nel capitolo sull'intelligenza, abbiamo deciso di lasciare questo parametro indeterminato, per considerare diversi casi e la relazione tra la durata dei segnali e il fattore "intelligenza".

$$L = ? \tag{10.3}$$

---

[3] Albino Carbognani, sul sito dell'Istituto Nazionale di Astrofisica scrive: – "Secondo un modello pubblicato oggi su Nature, la forza di tipo non-gravitazionale che ha agito su 'Oumuamua durante la fase di allontanamento dal Sole può essere spiegata per mezzo del degassamento dell'idrogeno molecolare creato dall'interazione dei raggi cosmici sul ghiaccio d'acqua che, probabilmente, si trova sotto la superficie del corpo celeste. Si spiega così l'accelerazione anomala di 'Oumuamua, senza bisogno di invocare ipotesi esotiche come iceberg di idrogeno o sonde aliene. Molto probabilmente 'Oumuamua è una cometa oscura" – (INAF – 22 marzo 2023).

11

L'Equazione di Drake: Mettendo Tutto Insieme

Riassumiamo le nostre stime dei parametri dell'equazione di Drake come segue:

- R è la media annuale del tasso di formazione delle stelle nella Via Lattea: conservativamente, possiamo assumerlo uguale a 1.
- f_p denota la frazione di quelle stelle, nella fase di sequenza principale, che, all'interno della Via Lattea, ospitano pianeti in orbita: conservativamente, il parametro può assumersi uguale al 100 percento.
- n_e rappresenta il numero medio di pianeti che potenzialmente possono sostenere la vita; si ammette che un dato sistema solare conti almeno un pianeta: dovrebbe essere pari a circa il 10 percento. Questo numero significa che alcuni sistemi solari potrebbero non ospitare pianeti abitabili. Abbiamo scelto il valore più piccolo per essere particolarmente conservativi; molti altri autori lo hanno impostato più alto dell'unità.
- f_l è la frazione di pianeti per sistema solare nei quali, in linea di principio, si svilupperanno forme di vita, tra quelli che già possono sostenerla: $\approx$ 100 percento. Questa stima potrebbe essere più ottimistica di altre. Ci sono indizi in ordine al fatto che questa ipotesi potrebbe non essere così azzardata: la vita sulla Terra, ad esempio, è comparsa quasi "immediatamente", rispetto ai tempi su scala cosmica. Nondimeno, mancano prove definitive del fatto che gli esopianeti attualmente noti siano adatti alla vita; ciò induce a ritenere che i pianeti effettivamente in grado di sostenere la vita possano essere piuttosto rari. L'assenza di vita sugli esopianeti conosciuti potrebbe supportare la previsione a sfavore. Noi restiamo ottimisti. Se, tuttavia, si scoprisse un pianeta senza vita, ma con condizioni identiche alle nostre,

© The Author(s), under exclusive license to Springer Nature Switzerland AG 2026
L. Vacca, *La Vita oltre la Terra*, https://doi.org/10.1007/978-3-032-11460-0_11

questo ci porterebbe, senz'altro, a riconsiderare la stima in misura meno favorevole.

- f_i è la frazione di quei pianeti nei quali l'evoluzione porta alla comparsa di vita intelligente: non disponiamo di stime per questo parametro, di natura eminentemente biologica.

- f_c è la frazione di civiltà extraterrestri tecnologicamente avanzate, da cui potremmo ricevere un segnale: ≈ 100 percento. La riserva è nel fatto che la comunicazione potrebbe essere involontaria, poiché la maggior parte delle civiltà potrebbero non avere interesse a stabilire una comunicazione con noi.

- L è il parametro che esprime la durata delle comunicazioni, per il quale non forniamo alcuna stima.

Riassumendo, la formula semplificata che restituisce una stima del numero di civiltà intelligenti, potenzialmente in grado di comunicare con noi, è circa uguale a

$$N \approx 0.1 * f_i * L \tag{11.1}$$

In generale, quella di N è una stima riferita alle sole civiltà extraterrestri: noi non siamo inclusi. Supponiamo, invece, che il parametro N sia modificato tenendo conto anche di noi, per il fatto che abbiamo inviato segnali nello spazio. In questo caso, N dovrebbe essere almeno uguale a 1.

Per quanto riguarda il parametro f_i, assumendo la certezza di vita intelligente, l'intervallo L che misura la durata di eventuali comunicazioni, dovrebbe essere almeno uguale a dieci anni: termine piuttosto breve. Abbiamo, in effetti, assunto l'intervallo di tempo minimo per dar seguito ad una comunicazione galattica di durata significativa. Questo intervallo è, in ogni caso, più breve di quello che misura l'effettivo invio di onde radio terrestri nello spazio.

In realtà, il parametro f_i, che stima la probabilità di vita intelligente, è certamente minore di uno, ma non è chiaro di quanto. Abbiamo, infatti, visto che l'intelligenza è apparsa sulla Terra solo di recente, se la confrontiamo con la comparsa delle prime forme di vita. Ad esempio, se ammettessimo che la vita umana fosse apparsa 24 ore fa, i primi ominidi avrebbero scoperto il fuoco da circa 20 secondi[1]. Se, per N fissato, si fa decrescere la probabilità di vita intelligente, una comunicazione di efficacia apprezzabile richiede tempi sempre più lunghi: l'intervallo ottimale aumenta. Quando, invece, N è dato maggiore di 1, i casi estremi sono: a) il salto evolutivo fino alla vita intelligente è raro, ma gli

---

[1] Il cosiddetto *calendario cosmico* – proposto dall'astrofisico americano Carl Sagan – è calcolato supponendo che, dall'origine dell'universo al presente, sia trascorso un anno. Per esempio: il passaggio dall'età moderna a quella contemporanea, in questo calendario, si misura in pochi centesimi di secondo tra la mezzanotte e il volgere del nuovo anno.

alieni trasmettono sul lungo periodo; b) il salto evolutivo fino alla vita intelligente è fatto comune, e si accompagna a brevi periodi di comunicazione[2]. E se N fosse grande? In tal caso, L dovrebbe essere uguale o superiore all'intervallo che misura da quanto tempo noi inviamo trasmissioni nello spazio. Come già osservato nei capitoli precedenti, da questa ipotesi, si deduce che una civiltà aliena possa essere, in media, molto più antica ed avanzata della nostra.

11.1 E gli Altri Oggetti?

Le incognite in questo scenario sono riferite alle lune che orbitano intorno ai pianeti giganti. Le lune potrebbero essere un elemento significativo nel gioco della vita, un'ipotesi che ha ancora bisogno di conferma o smentita. L'equazione iniziale di Drake si concentrava esclusivamente sui pianeti che orbitano attorno alle stelle. Tuttavia, le forme di vita primarie o le unità fondamentali per la vita potrebbero essere presenti anche su questi corpi celesti. Inserendo le lune nell'equazione di Drake, quali possibili siti adatti ad ospitare forme di vita aliena, il valore di N potrebbe aumentare significativamente.

11.2 Il Parametro dell'Intelligenza

Nell'introduzione, abbiamo fissato il parametro dell'intelligenza pari all'unità per avere un'idea del valore di N. Il parametro dell'intelligenza è forse il più importante dei parametri di Drake, poiché un valore significativamente piccolo implicherebbe che probabilmente siamo soli nella galassia in quanto specie intelligente. Mentre la trasmissione di segnali elettromagnetici può, ipoteticamente, continuare fino a quando la civiltà che li invia sopravvive, il parametro dell'intelligenza è vincolato dalle leggi della natura e non può essere alterato. D'altra parte, un parametro dell'intelligenza che si avvicinasse o fosse uguale all'unità suggerirebbe l'esistenza di molteplici specie intelligenti all'interno della Via Lattea, le quali trasmettono attivamente segnali, sia intenzionalmente che involontariamente. Questo solleva la classica domanda di Fermi: perché non li sentiamo? Ritengo che una semplice analogia possa fare luce su questa questione, per quanto riguarda gli aspetti inerenti alla comunicazione. Se chiediamo aiuto in una città densamente popolata, alcune persone, probabilmente, ci sentiranno. Supponiamo che il nostro grido possa essere udito solo

---

[2] Si tratta di considerazioni qualitative legate al fatto che, per dato, i parametri nell'equazione sono fra loro inversamente proporzionali.

da quelli nelle vicinanze, per due motivi: A) il nostro grido ha potenza e portata limitate; B) chiediamo aiuto contando effettivamente solo su coloro che si trovano in relativa prossimità. Abbiamo bisogno, per esempio, di essere protetti da una minaccia. Le persone a un miglio o più di distanza non sentiranno il nostro grido d'aiuto perché sono troppo lontane. La nostra richiesta di soccorso potrebbe, d'altra parte, essere rivolta ad individui o a gruppi d'individui specifici, pur a distanza, e a nessun altro. Questo, però, richiederebbe l'invio di un qualche segnale di natura differente. Un esempio potrebbe essere chiamare un medico o le forze dell'ordine. Il messaggio raggiungerebbe, allora, il destinatario, indipendentemente dalla sua vicinanza a noi. Fuori di metafora: una possibile risposta alla domanda di Fermi è che, probabilmente, la Terra si trova in una particolare posizione nella Via Lattea; un settore nel quale ci sono poche o nessuna civiltà "che grida aiuto"[3]. Allo stesso tempo, non veniamo chiamati da civiltà avanzate, ma distanti, desiderose di parlare con noi.

11.3   Riassumendo Tutto

Dovrebbe, ora, essere chiaro al lettore che, nell'equazione di Drake, si possono ottenere stime affidabili solo per i parametri cosmologici. Questi parametri beneficiano di dati empirici, e le stime dovrebbero diventare notevolmente più precise con la costruzione di telescopi sempre più potenti. D'altra parte, stimare i parametri biologici dell'equazione di Drake – in particolare il parametro dell'intelligenza – pone problematiche significative, poiché qualsiasi congettura indotta potrebbe portare a valori che divergono, per diversi ordini di grandezza, dal valore effettivo. Tuttavia, dato che le forme di vita più semplici sono emerse sulla Terra miliardi di anni fa, e considerando che le leggi della natura sono uniformi in tutto l'Universo, è ragionevole presumere che gli eventi generanti la vita si verifichino anche altrove, nel cosmo, dove esistano condizioni favorevoli.

In ogni caso, supponendo che $L = 100$, circa l'intervallo di tempo durante il quale abbiamo inviato onde radio nello spazio, la nostra stima per l'equazione di Drake si riduce a $N = 10 * f_i$. Se $f_i \ll \frac{1}{10}$, probabilmente siamo soli nella galassia. È presumibile che siamo una giovane civiltà tecnologicamente precoce e che qualsiasi civiltà avanzata sia confinata in un'altra galassia.

Se fossimo soli, significherebbe che ci troveremmo in un settore della galassia nel quale, per esempio, eventi drammatici – come l'esplosione di una supernova o l'emissione di potenti raggi gamma – starebbero causando – o

---

[3] Nel nostro esempio: siamo fuori portata rispetto a chi chiede aiuto e conta sull'intervento di quelli vicini.

avrebbero già causato – l'estinzione della vita su più di un pianeta, divenuto inabitabile. In alternativa, le civiltà potrebbero andare incontro ad una prematura scomparsa, a causa di un Grande Filtro: una tecnologia rivelatasi altamente distruttiva per i suoi stessi creatori. Ma, come abbiamo visto nelle nostre considerazioni sui cicli di estinzione non esiziali, la vita dimostra una notevole resilienza, e, trascorso un tempo sufficiente, tende a evolversi in forme più intelligenti e sofisticate.

Riassumendo, se il parametro dell'intelligenza è di diversi ordini di grandezza più piccolo dell'unità, probabilmente siamo soli nella nostra galassia:

$$N = 1 \tag{11.2}$$

Al contrario, se il parametro dell'intelligenza è entro un ordine di grandezza dall'unità o meglio, ci sono almeno dieci o più civiltà intelligenti nella nostra galassia:

$$N \geq 10 \tag{11.3}$$

Date le nostre precedenti considerazioni, alcune di queste civiltà dovrebbero essere molto più avanzate di noi. Nell'esaminare l'equazione di Drake, abbiamo già espresso alcune possibili spiegazioni per il paradosso di Fermi. Nei prossimi capitoli, esploreremo diverse teorie alternative, che affrontano questo famoso paradosso in dettaglio. Mentre concludiamo la nostra discussione sull'equazione di Drake, si impone un'osservazione cruciale: scoprire anche solo una forma di vita primitiva all'interno o oltre il Sistema Solare, suggerirebbe, immediatamente, maggior presenza di vita nell'Universo, rispetto a quanto precedentemente pensato. Dove, infatti, c'è fumo, c'è anche fuoco. Trovare vita microbica altrove, oltre alla Terra, nel sistema solare, supporterebbe il nostro secondo caso base, nei termini del quale N è maggiore di 10.

Nel prossimo capitolo analizzeremo le ragioni per le quali noi potremmo essere soli nella galassia e forse nell'universo.

12

Prima Ipotesi: Siamo Soli

12.1 Introduzione

Il famoso scrittore di fantascienza e futurologo Arthur C. Clarke ha affermato: "Ci sono due possibilità: o siamo soli nell'universo, o non lo siamo. Entrambe le possibilità sono terrificanti".

La prima risposta intuitiva al paradosso di Fermi è che gli esseri umani sono l'unica civiltà intelligente nella nostra galassia e, forse, in tutto l'universo osservabile. In breve, siamo soli. Questa possibilità è supportata dall'assenza di qualsiasi rilevamento o scoperta di un'intelligenza extraterrestre, fino ad ora. Come ben noto, una vasta distribuzione di radiotelescopi esplora continuamente l'universo. Numerose entità statali e private sono dedicate alla ricerca dell'intelligenza extraterrestre. L'Istituto SETI è stato costituito come organizzazione no profit 501(c)(3) della California, nel 1984, da Thomas Pierson e dalla dottoressa Jill Tarter. Altre importanti figure del SETI erano Frank Drake e Carl Sagan [171], che, pur non essendone i fondatori, hanno dato un contributo enorme alla ricerca dell'intelligenza extraterrestre.

Il SETI impiega oltre 100 scienziati che analizzano diligentemente le informazioni ricevute dallo spazio. È una delle molte organizzazioni di ascolto che coordinano una rete globale di radiotelescopi. Ad esempio, il Karl G. Jansky Very Large Array (VLA) della National Science Foundation, situato nel New Mexico, si compone di 27 antenne sparse su 23 miglia di deserto. Il VLA è un impianto di radioastronomia utilizzato per la ricerca astrofisica e cosmologica. Il SETI analizza i segnali radio del VLA alla ricerca di trasmissioni che potrebbero avere origine solo da un'intelligenza extraterrestre [172].

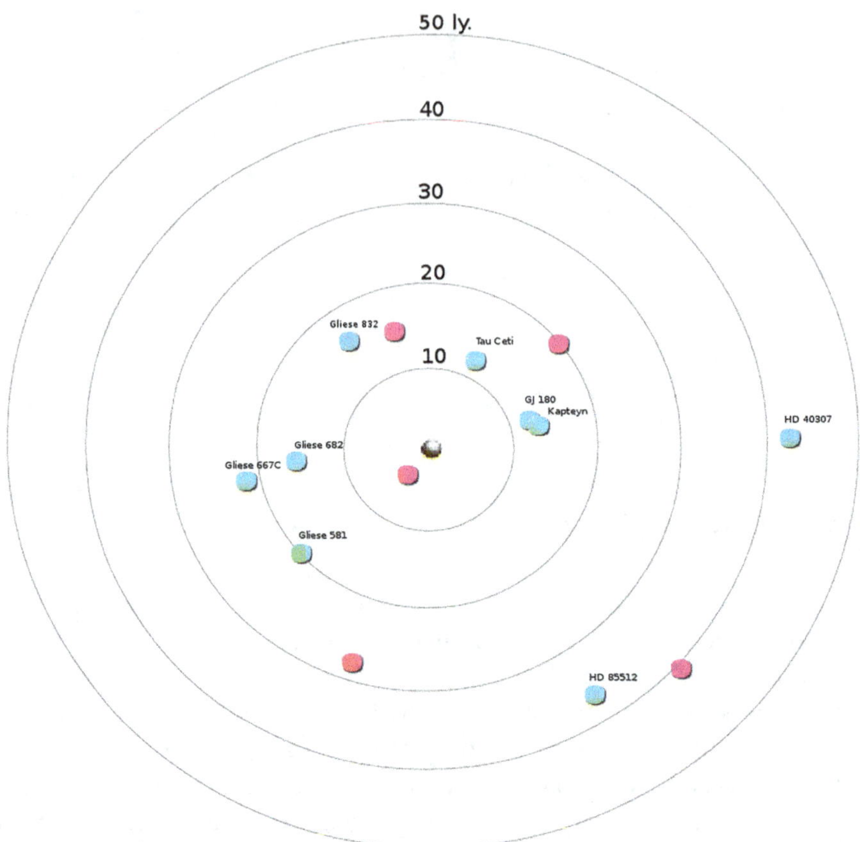

Figura 12.1 Stelle più vicine con candidati esopianeti terrestri ("rocciosi") a una distanza fino a 50 anni luce dal Sistema Solare. Di Zhitelew, CC0, https://commons.wikimedia.org/w/index.php?curid=33344648. Ultimo accesso: 13 Aprile 2024

Oltre al SETI, esistono molti radiotelescopi finanziati dalla ricerca, per scopi che vanno dal commerciale e industriale al militare. Eppure, quando confrontiamo il nostro considerevole sforzo con l'immensa vastità dell'universo, ci rendiamo conto che qualche segnale importante potrebbe esserci sfuggito. Questa ipotesi non può mai essere esclusa. Il nostro universo è semplicemente troppo vasto. La figura 12.1 mostra gli esopianeti rocciosi fino a 50 anni luce dalla Terra.

Quali potrebbero essere le ragioni per cui noi esseri umani potremmo ritrovarci soli nell'universo? Alcune teorie sostengono che la Terra ha proprietà rare, che sono cruciali per permettere e sostenere l'emergere e l'evolversi della vita. Al contrario, altri sostengono che la comparsa della vita stessa sia estremamente rara. Esaminiamo le prospettive di alcuni autori di spicco che sostengono l'idea secondo la quale, probabilmente, siamo soli.

12.2   Le Ipotesi della Vita Rara e della Terra Rara

L'ipotesi della Terra Rara sostiene che la Terra è un pianeta con caratteristiche uniche, la cui concomitanza ha determinato la comparsa della vita, circa quattro miliardi di anni fa. Questa ipotesi è frequentemente sovrapposta o confusa con quella della Vita Rara, la quale sostiene che la vita, in generale, è estremamente scarsa nell'universo, anche in condizioni favorevoli al suo fiorire. In passato, vari influenti pensatori hanno sostenuto che la vita è rara, se non estremamente rara, e che la sua comparsa sul nostro pianeta non può essere ritenuta indicativa di una tendenza generale.

George Gaylord Simpson, un rinomato paleontologo di Harvard, ha guadagnato notorietà nei primi anni '60 per aver criticato il nascente campo dell'esobiologia attraverso una serie di conferenze. Nel 1964, ha pubblicato un saggio intitolato "The Nonprevalence of Humanoids" nella prestigiosa rivista Science [173]. Simpson sosteneva che l'emergere, sulla Terra, di una specie come *Homo sapiens* è più frutto di un processo probabilistico altamente improbabile che di un evento inevitabilmente deterministico. Secondo Simpson, quindi, cercare specie extraterrestri, come la nostra, su altri pianeti è inutile. Sosteneva che fossero assai improbabili tutti quei passaggi evolutivi che hanno portato alla vita intelligente, a partire dalle macromolecole – come proteine, lipidi e acidi – per giungere alle cellule viventi.

Allo stesso modo, il biologo tedesco-americano Ernst Mayr ha espresso scetticismo sugli sforzi del SETI di comunicare con – o ricevere segnali da – specie extraterrestri avanzate [174]. Mayr ha espresso le sue opinioni durante un dibattito pubblico con l'astrobiologo Carl Sagan nel 1995.

L'idea che sulla Terra esistessero condizioni eccezionalmente favorevoli alla vita, praticamente irripetibili in altre zone dell'universo, è condivisa da molti astronomi e astrofisici.

Questa idea è stata ampiamente trattata dal paleontologo americano Peter Ward e dall'astronomo americano Donald Brownlee nel loro libro "Rare Earth: Why Complex Life is Uncommon in the Universe" [175]. Il loro libro sostiene l'ipotesi della Terra Rara. Esempi di punti trattati nel libro sono la giusta quantità di gravità, la presenza di una luna, la posizione vantaggiosa della Terra nella Via Lattea, la comparsa dei fenomeni di tettonica delle placche, e l'esistenza di giganti gassosi come Giove e Saturno nelle orbite esterne del sistema solare: tutti questi elementi hanno favorito il processo evolutivo che ha portato alla vita intelligente. La posizione dei giganti gassosi, nella regione esterna del Sistema Solare, ha contribuito, ad esempio, a ridurre significativamente il numero degli impatti di asteroidi e comete sul nostro pianeta.

Un altro libro che propone l'eccezionalità del nostro pianeta è "Lucky Planet: Why Earth is Exceptional–What That Means for Life" di David Waltham, professore di geofisica all'Università di Londra [176]. La sua tesi è che sarà molto difficile trovare esopianeti come la Terra, perché il nostro è un pianeta unico, adatto ad ospitare forme di vita complesse. Waltham inizia il suo libro dando l'esempio di un pianeta che, all'inizio, potesse essere come la Terra, ma che, poi, avesse gradualmente sperimentato un grave cambiamento climatico che avrebbe portato all'estinzione delle locali specie viventi. Tale cambiamento climatico, sul nostro pianeta, è stato effettivamente sperimentato durante le grandi estinzioni, ma la biosfera della Terra, dopo alcuni milioni di anni, è sempre tornata a condizioni favorevoli. L'argomento centrale di Waltham è che la Terra è espressione di un caso fortuito, perché il suo clima si è conservato relativamente stabile, pur a seguito di variazioni, sia naturali, sia artificiali. Waltham afferma, inoltre, che le nostre osservazioni sono prevenute: ci ingannano per una forma di selezione, indotta dai nostri sensi, in una prospettiva marcatamente antropocentrica. Uno dei principali argomenti portati dai sostenitori dell'eccezionalità della vita sulla Terra è, infatti, che la nostra condizione tende a sovrastimare la probabilità di eventi e cause che siano favorevoli alla vita stessa. Gli argomenti tecnici a sostegno dell'ipotesi della Terra Rara sono complessi e numerosi: potrebbero riempire molti libri e articoli. Qui, esponiamo alcuni di questi argomenti, parte dei quali sono già stati brevemente menzionati in qualche dettaglio.

12.3 Stabilità dei Sistemi Gravitazionali

Iniziamo col dire che la Terra si è venuta a trovare in un'orbita stabile e che questa situazione favorevole dura da miliardi di anni. Le simulazioni mostrano che, probabilmente, il nostro pianeta si manterrà su un'orbita stabile per cento milioni di anni ancora; forse, per miliardi di anni. È opportuno notare che la questione della stabilità dell'orbita terrestre è strettamente legata a quella dell'intero sistema solare. Ci sono, fondamentalmente, due significative ragioni di incertezza al riguardo. La prima deriva dalla teoria del caos ed è intrinseca a tutti i sistemi gravitazionali con più di due corpi[1]. In tali sistemi complessi, l'instabilità può insorgere su periodi estesi di molti milioni di anni. Ciò significa che le orbite dei pianeti potrebbero deviare significativamente

---

[1] Il cosiddetto *problema dei tre corpi* – com'è il caso del sistema Luna-Terra-Sole – può essere descritto esclusivamente in termini di soluzioni analitiche approssimate. La stabilità del sistema dei tre corpi non ha soluzione esatta analitica, al contrario di quel che avviene nel caso di due soli corpi – Terra-Luna o Terra-Sole – per il quale la condizione di stabilità è calcolabile con esattezza.

dalle loro traiettorie originali a causa di una o più perturbazioni iniziali, anche di lieve entità. Secondo i risultati dell'astronomo francese Jacques Laskar e dei suoi colleghi, la dinamica del sistema solare è caotica. Lo stesso autore ha, inoltre, scoperto che è praticamente impossibile trovare soluzioni precise ai parametri orbitali dei pianeti interni del nostro sistema, quando le proiezioni al riguardo siano estese su tempi superiori ai 100 milioni di anni [177]. Il nostro sistema solare ha, tuttavia, conservato la propria stabilità per miliardi di anni e si prevede che tale stato di cose durerà per il lungo periodo. La seconda fonte di incertezza è le perturbazioni gravitazionali causate da una stella che intercettasse il nostro sistema solare in relativa prossimità[2] o da un grande pianeta orfano che passasse vicino al nostro sistema solare o al suo interno. Un tale evento potrebbe alterare le orbite di uno o più pianeti, dando luogo a una significativa perturbazione dell'intero sistema. Stelle che formano sistemi binari o di molteplicità superiore – tali, cioè, da avere massa totale significativa – pur se al riparo dalle mutue perturbazioni per la presenza di altri sistemi stellari quali il nostro – perché situate a distanze considerevoli – possono, tuttavia, risentire dell'influenza di dinamiche interne alla nostra stessa galassia. Ciò a dire che il campo della meccanica celeste presenta problematiche rilevanti. Il fulcro di questa disciplina è rappresentato dalla risoluzione di sistemi di equazioni differenziali, utilizzando la legge di gravitazione universale – scoperta dal matematico inglese Isaac Newton nel 1687 – o la relatività generale, sviluppata da Albert Einstein nel 1915. Non è possibile derivare soluzioni analitiche esatte per il problema di un sistema che conti tre o più corpi. Lo studio della stabilità orbitale di un sistema come il nostro, o simile al nostro, richiede, pertanto, l'integrazione dell'equazione del moto con l'utilizzo di potenti computer. In generale, ogni sistema complesso evolve su una scala temporale caratteristica, oltre la quale il sistema stesso diventa imprevedibile. Questa scala temporale è chiamata scala di Lyapunov, dal nome del matematico russo Aleksandr Lyapunov, che ha studiato ampiamente il problema della stabilità dei sistemi dinamici [178].

La questione fondamentale consiste nel chiedersi se i sistemi stellari con due o più stelle possano, in determinate condizioni, rimanere stabili per un periodo sufficientemente lungo, tale da permettere lo sviluppo della vita. La risposta a questa domanda è affermativa, sebbene con una riserva. La riserva è rappresentata dal fatto che i sistemi con più stelle tendono a diventare caotici.

---

[2] Poiché tutte le eclittiche – cioè i piani orbitali – dei sistemi stellari sono in movimento e ruotano intorno al centro di massa, l'eventualità che un sistema stellare intercetti il nostro è teoricamente ammissibile. La scala delle distanze è, ovviamente, dell'ordine dell'anno-luce.

Consideriamo, perciò, alcuni di questi sistemi che sono, invece, rimasti stabili per un intervallo di tempo significativo.

12.3.1 Sistemi Stellari Binari

Abbiamo visto che i sistemi stellari binari assumono importanza perché rappresentano la gran parte dei sistemi stellari nella nostra galassia; l'analisi di un campione di stelle prova che tale numero è in ragione di circa il 48 percento [179]. Riguardo ai pianeti in orbita intorno a sistemi binari, si distinguono due orbite caratteristiche: l'orbita di tipo S e quella di tipo P, conosciuta anche come orbita circumbinaria [180].

Si ha un'orbita di tipo S quando un pianeta orbita solo attorno a una delle due stelle del sistema binario; l'orbita di tipo P o circumbinaria è caratteristica, invece, di un pianeta che orbiti attorno a entrambe le stelle. Secondo uno studio di Quintana e Lissauer, del 2007, circa il 50–60 percento dei sistemi binari può potenzialmente ospitare pianeti con orbite stabili [181]. Una simulazione mostra che i pianeti circumbinari, nelle regioni esterne del loro sistema stellare, per mantenere la stabilità, devono avere orbite che siano multipli della distanza tra le due stelle [182]. Kepler-47, ad esempio, è un sistema stellare binario situato a oltre 3.000 anni luce dalla Terra, noto per ospitare tre giganti gassosi [183]. Tra questi pianeti, Kepler-47c, pari a circa cinque volte la dimensione della Terra, possiede un'orbita circumbinaria nella zona abitabile. Sebbene un gigante gassoso non sia il candidato migliore a sostenere la vita, potrebbe, teoricamente, ospitare ambienti abitabili.

12.3.2 Sistemi Stellari Ternari

I sistemi ternari sono più rari di quelli binari. Lo studio sulla molteplicità stellare – del quale abbiamo detto in apertura del paragrafo precedente – ha trovato che circa l'undici percento di tutti i sistemi stellari sono ternari. Gli studi basati sul calcolo numerico – i quali richiedono l'integrazione delle orbite planetarie – nei sistemi stellari con tre stelle sono molto complessi, e prevedono una molteplicità di configurazioni. È essenziale notare, qui, che, finora, sono stati osservati solo sistemi ternari gerarchici [184]. Tali sistemi consistono in due sottosistemi: l'uno dato da un sistema stellare binario interno, l'altro consiste in una stella esterna. Un sistema gerarchico è stabile perché la stella esterna ha un'interazione gravitazionale trascurabile con il sottosistema binario. Consideriamo, ad esempio, il sistema stellare più vicino a noi: Alpha Centauri. Si tratta di un sistema stellare ternario, in cui Alpha Centauri A e Alpha Centauri B hanno masse paragonabili a quelle del nostro Sole, e formano un sistema binario. La terza stella del sistema Alpha Centauri, ovvero Proxima Centauri, è, invece, una stella nana rossa molto più lontana dalle altre. Proxima Centauri è la stella più vicina al nostro sistema solare, a una distanza di soli 4,2 anni luce. L'età del sistema Alpha Centauri, che è leggermente più vecchio del nostro, è stimata tra 4,5 e 5 miliardi di anni [185]. Di conseguenza, in linea di principio, dovrebbe essere possibile identificare numerosi sistemi ternari che sono rimasti stabili per miliardi di anni.

12.3.3   Sistemi Quaternari e Oltre

I sistemi stellari quaternari rappresentano soltanto una piccolissima frazione del totale dei sistemi solari nella Via Lattea. Un esempio di sistema stellare quaternario, che ha mantenuto la stabilità planetaria per circa due miliardi di anni, è il sistema Kepler-64 [186]. Situato a circa 5000 anni luce dalla Terra, secondo il Catalogo degli Esopianeti attualmente conosciuti, questo sistema è noto per ospitare almeno un pianeta: Kepler-64b, un gigante gassoso che orbita attorno a due delle stelle all'interno del sistema Kepler-64. La scoperta di Kepler-64b è stata fatta da due volontari, i cosiddetti Cacciatori di Pianeti, secondo un progetto, d'interesse civico, dedicato alla ricerca scientifica. La scoperta è stata annunciata nel 2012. Per concludere: esistono anche sistemi multipli di cinque o più stelle, ma sono davvero molto rari.

12.3.4   Il Problema della Stabilità Orbitale e la Vita

Il problema della stabilità orbitale in un sistema stellare non è affatto semplice. Tutti i sistemi complessi sono suscettibili di dinamiche caotiche su periodi prolungati. Sebbene esistano esempi di sistemi solari con più stelle, i quali sono rimasti stabili abbastanza a lungo perché la vita emergesse, è importante notare che i sistemi con una sola stella sono generalmente più stabili di quelli multipli.

12.4   La Presenza di un'Atmosfera con Ossigeno

Terra, Venere, Marte e i giganti gassosi, nel nostro sistema solare, possiedono tutti un'atmosfera [187]. Diversi fattori influenzano la presenza di un'atmosfera su un corpo celeste: la massa del corpo, la sua temperatura, la sua posizione orbitale, il tipo di stella intorno alla quale il corpo celeste orbita e la composizione chimica dell'atmosfera stessa[3]. Tipicamente, maggiore è la massa di un pianeta, più forte è l'attrazione gravitazionale sulla sua atmosfera. Le atmosfere dei giganti gassosi, ad esempio, consistono, principalmente, di idrogeno e di un po' di elio. È, ad ogni modo, improbabile che su questi pianeti esista la vita, a causa della loro composizione chimica e della mancanza di una superficie solida. Le atmosfere dei pianeti interni, come Venere e Marte, sono composte, principalmente, di anidride carbonica e di un po' di azoto [188].

Gli scienziati possono determinare la composizione chimica delle atmosfere degli esopianeti – durante il loro transito orbitale – tramite l'analisi spettroscopica della luce che le attraversa. Anche le lune possono presentare delle atmosfere. La più grande luna di Saturno, Titano, vanta un'atmosfera più densa di quella della Terra, composta, principalmente, da azoto e da un po' di metano. Con l'avvento del Telescopio Spaziale James Webb, lanciato nel dicembre 2021, i ricercatori prevedono di portare a compimento studi ancor più dettagliati.

Un sistema esemplare, che ospita pianeti rocciosi simili alla Terra, per dimensioni e composizione atmosferica, è il Trappist-1, situato a circa 40 anni luce di distanza [189]. Tre dei pianeti di questo sistema risiedono all'interno di una zona abitabile. La stella è una nana rossa ultrafredda. Nonostante la bassa temperatura della stella, i pianeti rocciosi le orbitano abbastanza vicino da conservare l'acqua allo stato liquido. Tra quelli nella zona abitabile, il pianeta Trappist-1 si distingue per la sua massa e il suo raggio, simili a quelli della Terra. La sua superficie rocciosa suggerisce la presenza di ferro; manca, tuttavia, un'atmosfera ricca di idrogeno [190]. In verità, la presenza di una qualsiasi forma di atmosfera su Trappist-1 è circostanza incerta. La vicinanza del pianeta a una stella attiva solleva la questione della possibile perdita di atmosfera, fenomeno diffuso nei sistemi planetari orbitanti intorno a stelle attive più piccole del nostro Sole. Infine, l'ossigeno nell'atmosfera di un pianeta non indica sempre la presenza di attività biologica. Un articolo scientifico di Måns Wallner et al., pubblicato sulla rivista Science Advances, mostra che l'anidride solforosa potrebbe essere una fonte abiotica di ossigeno, "pompato" nell'atmosfera attraverso l'attività vulcanica [191]. È, pertanto, del tutto possibile che gli elementi e i composti tipici delle firme biologiche possano avere origine da fonte abiotica, cioè tale da non essere conseguenza della presenza di vita.

---

[3] La composizione chimica dell'atmosfera ne determina la densità, che concorre alla stabilità della stessa.

12.4.1 Ricerca di Biosignature

La ricerca di un pianeta gemello identico alla Terra è ancora in corso. Sebbene, nelle zone abitabili, siano stati scoperti molti esopianeti rocciosi simili alla Terra, a conoscenza dell'autore, nessuno di questi esopianeti ha atmosfere, pressioni e temperature simili a quelle del nostro pianeta. Un aspetto che rende questa ricerca più difficile è che il metodo del transito funziona meglio con pianeti giganti e molto vicini alle loro stelle, il che porta ad identificare soprattutto quelli notevolmente più grandi della Terra. È, tuttavia, importante non sottovalutare la probabilità dell'esistenza di atmosfere in certe lune di dimensioni considerevoli, e il potenziale proprio di quelle forme di vita che, per sopravvivere, non avessero bisogno di alti livelli di ossigeno. Queste forme di vita potrebbero adattarsi ad ambienti molto diversi dai nostri.

12.5 La Presenza di un Campo Magnetico Protettivo

Le correnti elettriche di ferro magmatico, all'interno della Terra, producono il campo magnetico del nostro pianeta. Questo campo si estende nello spazio e funge da scudo dalle particelle solari ionizzate, deviandole. La deviazione si determina per legge fisica: le particelle cariche alterano le loro traiettorie iniziali in quanto tendono a seguire le linee di forza di un campo magnetico[4] È ben noto che le radiazioni ionizzanti minacciano la vita, in quanto possono alterare le molecole, le cellule e il loro DNA. Il campo magnetico terrestre serve, inoltre, a proteggere la nostra atmosfera, contenendo gli effetti della sua dispersione, per l'azione dei fasci di particelle cariche e di fotoni ad alta energia, presenti all'interno del vento solare[5]. Quali sono le possibilità che un esopianeta roccioso possieda abbastanza ferro per generare il suo campo magnetico? In primo luogo, tutti i pianeti rocciosi nel nostro sistema solare, compresa la Luna, hanno nuclei di ferro. Ma che dire degli esopianeti? Il contenuto di ferro di un esopianeta o di un' esoluna dipende dalla *metallicità* nella sua stella

---

[4] Se si pone una calamita in mezzo a della limatura di ferro, si vedrà chiaramente che i frammenti di metallo si ordinano fino a disporsi secondo una precisa geometria: nella limatura si disegnano due fasci simmetrici di linee che si raccordano ai poli. È una configurazione di minima energia; una "posizione di riposo" o di compromesso, che segna la minore azione del campo magnetico sulle particelle cariche della limatura. Anche l'azione del campo magnetico terrestre può essere descritta nei termini di linee di forza che agiscono, per esempio, sulle particelle cariche del vento solare, nello stesso modo in cui la calamita "ordina" i corpuscoli della limatura di ferro.

[5] Il fenomeno è noto come *fotoevaporazione*.

madre[6]. La metallicità si riferisce all'abbondanza di elementi più pesanti del-l'idrogeno e dell'elio, nell'atmosfera di una stella. La metallicità, in una stella, viene, spesso, quantificata come il rapporto tra il contenuto di ferro e quello di idrogeno. Gli studi hanno dimostrato che un maggior contenuto di ferro, in una stella, corrisponde a una presenza più significativa di ferro nei suoi pianeti rocciosi [192]. La metallicità stellare si correla direttamente alla probabilità di avere giganti gassosi in quel sistema [193]. Dato che il nostro Sole presenta una metallicità elevata, esso ospita giganti gassosi e pianeti rocciosi con nuclei di ferro. La ricerca sui campi magnetici dei pianeti rocciosi è ancora nelle fasi iniziali. In particolare, gli astronomi Pineda e Villadsen hanno dato un contri-buto significativo, rilevando i primi segni di un campo magnetico, provenienti da un pianeta noto come YZ Ceti b [194]. Questo pianeta roccioso orbita at-torno alla stella YZ Ceti, a 12 anni luce di distanza dalla Terra. L'osservazione di un segnale radio da YZ Ceti suggerisce una possibile interazione magnetica tra la stella e il suo pianeta. Sebbene la rilevata presenza di un esopianeta roc-cioso, dotato di un campo magnetico, necessiti di ulteriori conferme, metodi come quello impiegato dagli astronomi che abbiamo citato potrebbero essere utilizzati per indagare in relazione ad altri esopianeti.

12.6 Il Sistema Solare nella Galassia della Via Lattea

La Via Lattea, una galassia a spirale, ospita il nostro sistema solare in uno dei suoi bracci interni: quello di Orione. Il nostro sistema solare si trova a circa 26 mila anni luce dal centro della galassia [195]. Considerando che il diametro della galassia si estende per circa 100 mila anni luce, il nostro sistema solare è piuttosto periferico. Questa posizione potrebbe aver contribuito all'emergere della vita sulla Terra e al suo sostentamento. La regione centrale della nostra galassia è densamente popolata di stelle: milioni di astri in un cubo di lato pari al parsec [196]. Si tratta di una regione della galassia molto più ricca di stelle rispetto a quella, equivalente, con il nostro Sole nel centro [197]. Di conse-guenza, quel quadrante, ricco di stelle, è caratterizzato da intensa formazione stellare, con getti di gas caldi ed elevati livelli di radiazioni nocive, tra cui raggi

---

[6] Gli astronomi dicono *metallicità* alludendo a tutte le fasi successive alla presenza di elio in una stella. Dopo che una stella ha esaurito tutto l'elio, fusosi in carbonio, il processo prosegue attraverso successive fusioni nucleari, fino al ferro, che resta il solo elemento presente: a questo punto, la stella è morta. Il termine, nell'uso degli astronomi, è un neologismo del tutto estraneo all'accezione ortodossa, propria del linguaggio chimico. Si dovrebbe, piuttosto, parlare di processo di metallizzazione; nondimeno, l'uso gergale snellisce il lessico.

ultravioletti, X e gamma. Le stelle centrali, spesso massicce, possono dar luogo ad effetti devastanti, nell'esplodere in supernovae alla fine del loro ciclo. In definitiva, posizione e attività di una stella svolgono un ruolo fondamentale in relazione al determinare o meno le condizioni favorevoli alla comparsa e all'evoluzione di forme di vita. Nel cuore della Via Lattea si trova Sagittarius A*, un buco nero supermassiccio, equivalente a circa quattro milioni di soli. Questo buco nero, nella fase attuale, è in certo senso dormiente, ma, in un passato relativamente recente, esso deve aver inghiottito una discreta varietà di corpi celesti, stelle comprese. La concomitanza di una posizione periferica del buco nero e di una ridotta attività dello stesso, all'interno della nostra galassia, è, probabilmente, l'altro elemento che ha favorito l'emergere e l'evolversi della vita sulla Terra, fino all'attuale livello di complessità. Nondimeno, la rarità di condizioni favorevoli in altre galassie, rimane una questione aperta. È concepibile che ambienti simili possano esistere in regioni del cosmo nelle quali le galassie sono meno densamente popolate di stelle.

12.7   La Luna e il suo Impatto sulla Vita

Contrariamente a quanto si crede comunemente, i cambiamenti stagionali non derivano da variazioni nella distanza tra il Sole e la Terra, nel corso dell'anno. L'orbita della Terra, sebbene leggermente ellittica, presenta un basso grado di eccentricità: è quasi circolare. L'avvicendarsi delle stagioni è determinato, invece, dai cambiamenti nell'inclinazione dell'asse terrestre rispetto al Sole, durante il trascorrere dell'anno; ossia, durante il moto di rivoluzione. L'estate si ha quando un dato emisfero è più esposto al Sole; l'inverno, quando quello stesso emisfero è meno esposto[7]. Come proposto, nel 1946, dal geologo canadese-americano Reginald Daly, la Luna si sarebbe formata, circa, 4,5 miliardi di anni fa, dalla collisione tra la Terra e un pianeta delle dimensioni di Marte. Questa teoria è chiamata *ipotesi dell'impatto gigante* [198]. L'impatto avrebbe provocato l'espulsione di materiale fuso nello spazio. Questo materiale si sarebbe via via aggregato, fino a diventare la Luna. Il nostro satellite orbita, attorno alla Terra, alla distanza di circa 400 mila chilometri. Le mutue interazioni gravitazionali hanno normalizzato il moto della Luna, facendo sì che essa rivolga alla Terra sempre la stessa faccia. Sarebbe a causa della collisione all'origine della Luna, se la Terra presentasse una leggera inclinazione del proprio asse; condizione resa stabile dall'influenza gravitazionale della Luna. In

---

[7] È per questo che, nei due emisferi, le stagioni non coincidono: quando, ad esempio, nell'emisfero boreale è inverno, in quello australe è estate.

effetti, nel suo moto di rivoluzione, la Terra somiglia a una trottola che, mentre si mantiene in equilibrio – ruotando attorno al proprio asse – pure, oscilla leggermente[8]. L'attrazione gravitazionale della Luna è, anche, all'origine delle maree, cruciali per la vita marina nelle zone intertidali[9]. Altro potenziale beneficio, che deriva dall'avere una luna, è l'influenza che il nostro satellite ha sul campo magnetico terrestre. La ricerca del CNRS e dell'Università Blaise Pascal suggerisce che le forze di marea – generate dall'azione della Luna – rafforzino il campo magnetico terrestre[10], protezione fondamentale dalle nocive radiazioni cosmiche [199]. La prevalenza di lune in pianeti rocciosi è relativamente rara. Marte ha due lune, Phobos e Deimos, mentre Mercurio e Venere non ne hanno nessuna. I giganti gassosi ospitano, tipicamente, numerose lune, a motivo della loro imponente massa. Gli esopianeti rocciosi delle dimensioni della Terra hanno, invece, una minore probabilità di possedere lune. La ricerca del professor Miki Nakajima, presso l'Università di Rochester, indica che gli esopianeti ghiacciati, con raggio non superiore a 1,6 volte quello della Terra, sono candidati ad originare lune proporzionalmente più grandi della nostra, a seguito di collisioni con altri pianeti [200]. Questo spiegherebbe il fatto che abbiamo una luna così grande rispetto alle dimensioni della Terra. La ricerca di vita potenziale dovrebbe, pertanto, dare priorità agli esopianeti rocciosi con masse simili o leggermente superiori a quella della Terra, poiché è probabile che da essi si generino lune proporzionalmente grandi. È, inoltre, essenziale sottolineare che le collisioni tra corpi celesti sono attese durante la formazione dei sistemi solari, il che aumenta la probabilità che i pianeti rocciosi si dotino di lune. Tra le lune nel Sistema Solare, la nostra si distingue come la più massiccia rispetto al suo pianeta madre. La dimensione, la massa e la vicinanza della Luna alla Terra sono fattori fondamentali nel determinare la sua influenza sull'esistenza della vita nel nostro pianeta. Saranno necessarie ulteriori ricerche per determinare l'unicità di queste caratteristiche, in relazione agli esopianeti rocciosi nella nostra galassia e oltre.

---

[8] In fisica, il comportamento della trottola in equilibrio è noto come caso della *trottola dormiente*; l'equivalente comportamento della Terra origina la cosiddetta precessione degli equinozi.

[9] Zona intertidale deriva da un anglicismo; ne è sinonimo zona mesolitorale: è la parte di litorale fortemente influenzata dal ciclo delle maree, in conseguenza delle quali, tale porzione resta sommersa, oppure emerge.

[10] È già fatto discusso nei capitoli precedenti: per l'influenza della gravità lunare sui fluidi magmatici sottocrosta – ricchi di metalli – il campo magnetico terrestre risulta più intenso e più stabile.

12.8 Giganti Gassosi nella Regione Esterna del Sistema Solare

Giganti gassosi come Giove e Saturno hanno giocato e continuano a giocare un ruolo importante nel proteggere la vita sulla Terra dalle collisioni di asteroidi e comete. Essi deviano ed espellono tali oggetti grazie alla loro potente attrazione gravitazionale. L'impatto delle collisioni di asteroidi è stato significativo nel corso della storia della Terra, causando estinzioni di massa di maggiore e minore entità. Questi asteroidi, residuo della formazione del sistema solare – 4,5 miliardi di anni fa – si trovano principalmente nella fascia di asteroidi tra Marte e Giove. Variando, in dimensione, dalla piccola roccia ad oggetti massicci – come l'asteroide Chicxulub, che aveva un diametro di dieci chilometri – questi asteroidi rappresentano una minaccia considerevole per la Terra. La NASA riferisce che una parte significativa delle collisioni meteoriche è dovuta a corpi provenienti da questa fascia di asteroidi. Altri corpi celesti d'interesse sono le comete. La maggior parte delle comete proviene, principalmente, da due regioni: la nube di Oort e la fascia di Kuiper. Le comete sono piccoli corpi ghiacciati che – per evaporazione del ghiaccio di cui sono composte – sviluppano lunghe code quando si avvicinano al Sole. La nube di Oort, una regione in espansione, che si estende fino a 100.000 Unità Astronomiche di distanza dal sistema solare – e si ritiene sia la fonte di comete con lunghi periodi orbitali – è influenzata da stelle di passaggio o altri oggetti massicci [201]. La fascia di Kuiper, situata più vicino al Sole, rispetto alla nube di Oort – che si estende ben oltre Nettuno – è un'altra fonte di comete, ma con periodi orbitali più brevi. Quanto sarebbe raro localizzare giganti gassosi nelle regioni esterne di altri sistemi solari? Riguardo ai giganti gassosi in altri sistemi solari, le osservazioni attuali suggeriscono che, normalmente, essi tendano a trovarsi vicino alle loro stelle. L'assunto potrebbe, tuttavia, essere influenzato da pregiudizi insiti nei metodi attuali di rilevamento e osservazione degli esopianeti, il che viene a sostegno dell'idea che la configurazione del nostro sistema solare sia poco comune e costituisca, perciò, un forte argomento a favore dell'ipotesi della Terra Rara. Un'ipotesi plausibile suggerisce che i giganti gassosi si siano inizialmente formati come nuclei planetari rocciosi e ghiacciati, vicini alle loro giovani stelle. Nel tempo, questi nuclei avrebbero accumulato rilevanti quantità di idrogeno ed elio dal disco protoplanetario circostante, trasformandosi, infine, in giganti gassosi. Un altro possibile scenario propone che certi giganti gassosi si siano originati nelle regioni esterne dei loro sistemi solari e che siano, successivamente, migrati verso le loro stelle, accumulando, gradualmente, altro materiale lungo il cammino. E' degno di nota il fatto che gli astronomi abbiano trovato un numero relativamente piccolo di esopianeti – giganti gassosi – molto lontani dal loro sole. Markus Janson ed i suoi collaboratori, ad esempio, nel 2021, hanno pubblicato le prove dell'esistenza di un pianeta gigante, che traccia un'ampia orbita nel sistema binario di alta massa noto come b Centauri [202]. Per concludere: dato il ridotto numero di esopianeti scoperti finora, nuovi metodi, nella ricerca di esopianeti, potrebbero permetterci di trovare un maggior numero di giganti gassosi nel margine esterno dei loro sistemi solari.

12.9   Tettonica a Zolle

La tettonica a zolle[11] è un modello dinamico che spiega il fenomeno dei terremoti e la formazione dei continenti, delle catene montuose e dei vulcani. Fu formalmente introdotta nel 1912, quando il geologo tedesco Alfred Wegener propose che i continenti fossero placche che si erano gradualmente separate – e poi allontanate – da un unico supercontinente, noto come Pangea [203]. In sintesi: la crosta terrestre è composta da una serie di placche che si muovono continuamente e formano i continenti. La litosfera, cioè la crosta comprendente la parte rocciosa più alta del mantello terrestre, comprende le vaste placche continentali che si sono mosse per 4 miliardi di anni. Le placche sono enormi lastre rigide che poggiano sull'astenosfera, uno strato di roccia fusa [204], e che, perciò, si muovono, una rispetto all'altra, di uno o più centimetri all'anno[12]. L'attività tettonica è fondamentale per sostenere il ciclo di vita della Terra, perché è alla base di processi come il ciclo del carbonio, dell'azoto e dell'acqua. Ad esempio: il carbonio viene rilasciato nell'atmosfera attraverso l'attività vulcanica, principalmente sotto forma di anidride carbonica (CO_2). Le piante e le alghe assorbono poi l'anidride carbonica durante la fotosintesi. L'acqua degli oceani, inoltre, assorbe anidride carbonica dall'aria. L'anidride carbonica, in soluzione acquosa, si lega in acido carbonico (H_2CO_3). Gli organismi marini creano gusci e scheletri combinando ioni di calcio e carbonato per dar luogo al carbonato di calcio ($CaCO_3$), insolubile in acqua [205]. Ultimamente, questo scambio di CO_2 tra l'atmosfera e gli oceani è stato interrotto a causa di una produzione eccessiva di CO_2 dovuta all'uso di combustibili fossili. Secondo il processo noto come subduzione, la tettonica a zolle trascina continuamente, nel mantello, gli elementi della crosta terrestre. Il mantello

---

[11] Altrimenti, tettonica delle placche.
[12] Dalla collisione fra queste gigantesche placche hanno avuto origine le catene montuose; profonde discontinuità – fratture capillari – nello spessore di tali placche sono, invece, all'origine delle emissioni di magma che conosciamo come eruzioni vulcaniche.

terrestre è uno strato solido che costituisce la maggior parte della struttura del pianeta. Tra gli elementi del mantello, troviamo il carbonio. Per intrappolare il calore nell'atmosfera, è necessaria molta anidride carbonica, ma un eccesso porta all'effetto serra e contribuisce al riscaldamento globale. Come è noto, l'atmosfera terrestre è composta per circa il 78 percento di azoto, per il 21 percento di ossigeno, per lo 0,9 percento di argon, per lo 0,03 percento di anidride carbonica e da tracce di altri gas. L'azoto è stato rilasciato nell'atmosfera durante passate attività vulcaniche. La dinamica della tettonica a zolle svolge un ruolo fondamentale nel ciclo dell'acqua profonda, poiché l'acqua viene trascinata nel mantello attraverso la subduzione delle placche tettoniche e infine restituita agli oceani. Attualmente, su pianeti rocciosi come Venere e Marte, non si registrano fenomeni di tettonica a zolle. Ci sono, tuttavia, prove del fatto che su Venere, in passato, abbiano avuto luogo fenomeni di tettonica a zolle [206]. Alla base di questa scoperta vi è il fatto che, nell'atmosfera del pianeta, sia stata rilevata la presenza, in misura significativa, di azoto molecolare e anidride carbonica; ne è ulteriore indizio la pressione superficiale. Gli autori sostengono che un regime di coperchio stagnante a singola zolla non può spiegare la presenza di tali elementi. Sono state trovate prove del fenomeno della tettonica a zolle sul satellite Europa, una delle quattro grandi lune galileiane di Giove. I geologi americani Simon Katterhorn e Louise Prockter hanno scoperto segni di subduzione sulla crosta ghiacciata di Europa, come dettagliato nel loro articolo su Nature [207]. Europa ospita un vasto oceano salato sotto la sua superficie, e le exolune che orbitano attorno ai giganti gassosi subiscono il riscaldamento delle maree magmatiche a causa delle forze gravitazionali esercitate dai loro pianeti genitori. Allo stesso modo, un esopianeta vicino alla sua stella ospite può subire stress da marea magmatica, per l'insorgere della tettonica a zolle. Ad esempio: i ricercatori dell'Università di Berna, guidati da Tobias Meier, hanno riconosciuto prove dell'attività tettonica sull'esopianeta LHS 3844b, che orbita attorno alla stella LHS 3844, situata a 48,5 anni luce dalla Terra [208]. A causa delle temperature estreme e della mancanza di atmosfera, LHS 3844b è, tuttavia, inabitabile. Al momento, si sa molto poco sulla frequenza della tettonica a zolle in esopianeti rocciosi ed exolune.

12.10 Riassumendo

Indubbiamente, dato il limitato campione di esopianeti attualmente scoperti, la Terra mostra una combinazione di caratteristiche che sembrano eccezionalmente rare. È incerto dire se queste caratteristiche si conserverebbero rare, man mano che altri esopianeti dovessero essere scoperti. Individualmente, peculiari caratteristiche isolate sono già state osservate su uno o più esopianeti. Tuttavia, gli esopianeti che potenzialmente possiedono una o più di queste caratteristiche si rivelano, spesso, inabitabili per vari motivi. Possono essere eccessivamente caldi, perché troppo vicini alle loro stelle ospiti, o troppo freddi, se lontani. Possono mancare di atmosfera o essere vulnerabili alle eruzioni solari. L'esopianeta in grado di ospitare la vita dovrebbe essere, almeno, roccioso, situato all'interno di una zona abitabile e in orbita attorno a una stella stabile simile al Sole. Dovrebbe, inoltre, possedere un nucleo di ferro ed un'atmosfera contenente rilevanti quantità di ossigeno, anidride carbonica, oltre ad essere ricco di acqua allo stato liquido. L'ipotesi della Terra Rara rimane una spiegazione plausibile: suggerisce che la vita, nella nostra galassia, sia effettivamente rara, a causa della scarsità di pianeti e di sistemi solari simili al nostro. Se siamo soli nella nostra galassia, ciò è, presumibilmente, dovuto al fatto che la vita è rara. Data la vastità della nostra galassia, è improbabile che non ci siano altri pianeti simili alla Terra. Vale la pena notare che la vita su altri corpi celesti può differire significativamente da quella terrestre e potrebbe non essere basata sul carbonio quale elemento fondamentale. Alcuni biochimici hanno proposto il silicio come possibile alternativa al carbonio, nella formazione di molecole biologiche. In conclusione, le ipotesi della Vita Rara e della Terra Rara suggeriscono un universo in cui la comparsa di vita sia un'eventualità remota, rendendo la comunicazione fra specie aliene altamente improbabile.

13

L'Ipotesi del Grande Filtro

L'economista americano Robin Hanson ha introdotto il concetto di "Grande Filtro" in un articolo intitolato "The Great Filter – Are We Almost Past It?" pubblicato nel 1996 [210].

Il concetto di Grande Filtro suggerisce che le civiltà extraterrestri potrebbero non raggiungere mai un livello tecnologico, grazie al quale colonizzare la loro galassia ed essere rilevabili, a causa di ostacoli, difficoltà o impedimenti – sia naturali, sia indotti dalle civiltà stesse – che interessino il loro sviluppo, e che potrebbero, eventualmente, determinarne la prematura scomparsa[1]. Questa prospettiva identifica una sfida fondamentale, che tutte le forme di vita intelligenti dovranno probabilmente affrontare, a un certo punto del loro sviluppo. L'esistenza di un tale filtro potrebbe spiegare perché non abbiamo ancora trovato alcun segno di civiltà extraterrestri. Qual è la natura del Grande Filtro? Il Grande Filtro appartiene al passato, o l'umanità dovrà affrontarlo in futuro? Guardando al concetto in una prospettiva più ampia, possiamo applicarlo sia alla vita intelligente, che a tutte le forme di vita: dai microrganismi alle civiltà avanzate, come quelle di Tipo III sulla scala di Kardashev. Prima di tutto, quali fattori potrebbero impedire o aver impedito l'emergere della vita su un pianeta?

---

[1] Hanson sostiene che la prospettiva teorica – ottimistica – secondo la quale la vita extraterrestre sarebbe altamente probabile, si rivela, in realtà, difettosa. La molteplicità delle casistiche a sfavore di un'evoluzione coronata da largo successo è sintetizzata nell'idea del Grande Filtro, secondo la quale eventi naturali, ma, soprattutto, derive tecnologiche, giocherebbero contro l'affermarsi di civiltà intelligenti.

13.1   Alla Ricerca dei Grandi Filtri nel Passato

L'ipotesi della Terra Rara costituisce una barriera alla vita intelligente perché le condizioni su un esopianeta possono cambiare in modo da mettere in pericolo tutte le forme di vita. Secondo questa ipotesi, la vita non può svilupparsi oltre un certo livello, perché un pianeta o una luna abitabile è suscettibile di perdere le condizioni favorevoli all'evoluzione di una qualche forma di vita e al suo prosperare. Un esempio potrebbe essere quello di un pianeta espulso dalla sua zona abitabile a causa di un'interazione gravitazionale.

L'ipotesi della Vita Rara propone, anch'essa, un filtro di rilievo, che riconosciamo appartenente al nostro passato. Supponiamo che l'abiogenesi fosse l'unico meccanismo per l'emergere della vita sulla Terra, 3,5 miliardi di anni fa. In tal caso, l'ipotesi della Vita Rara diventerebbe meno plausibile nel ruolo di Grande Filtro, perché l'origine della vita sarebbe strettamente legata al nostro pianeta e alle sue condizioni, assolutamente uniche. È del tutto plausibile, infatti, che la vita possa emergere su grandissima parte dei pianeti o delle lune simili alla Terra.

D'altra parte, supponiamo che la panspermia abbia giocato un ruolo nel seminare la vita sul nostro pianeta, come suggeriscono alcune prove meteoritiche. Potremmo aspettarci che essa non si sia verificata sulla Terra, ma che questa casistica si possa presentare in tutto l'universo. Di conseguenza, ci aspetteremmo che, attraverso la panspermia, i "semi" della vita si distribuissero su molti esopianeti, portando, potenzialmente, a una proliferazione della vita stessa nella nostra galassia; fenomeno che, tuttavia, non abbiamo ancora osservato. Ciò a dire che l'ipotesi della Vita Rara diventa più plausibile in ruolo di Grande Filtro, poiché la panspermia non sembra aver prodotto l'attesa proliferazione di forme di vita.

Il viaggio evolutivo della vita sulla Terra, dalle semplici protocellule, agli esseri umani, può essere descritto come una serie di passaggi incrementali. Questi passaggi avrebbero potuto rappresentare un potenziale Grande Filtro su un altro pianeta o su una luna abitabile.

13.1.1   Cos'è la Vita?

Uno dei padri della meccanica quantistica, il fisico tedesco Erwin Schrödinger, nel 1944, ha scritto un'opera fondamentale intitolata "What Is Life? The Physical Aspect of the Living Cell" [211]. Questo libro contiene le sue disquisizioni sull'interazione tra principi fisici e fenomeni biologici.

L'autore sottolinea, innanzitutto, la capacità della natura di creare ordine dal caos. Cita esempi come l'equazione deterministica della conduzione del calore – in meccanica statistica – che spiega il trasferimento di energia attraverso il movimento casuale di innumerevoli atomi. Schrödinger evidenzia, tuttavia, una distinzione cruciale: mentre il disordine può portare all'ordine in certi sistemi fisici, la vita richiede un diverso tipo di ordine: una disposizione strutturata all'interno di un numero limitato di molecole. Questa intuizione porta Schrödinger a proporre che l'ordine osservato negli organismi viventi non emerga dal disordine, ma da diverse, preesistenti forme di ordine. La sua tesi centrale è che il "materiale ereditario" possa essere rappresentato solo da una sostanza stabile, un "cristallo aperiodico". Questo esempio esprime quel tipo di ordine che caratterizza le cose viventi, le quali possono venire solo dall'ordine. La vita ha bisogno di materiale ereditario, che, a sua volta, contiene le informazioni necessarie per copiare sé stesso, svilupparsi e memorizzare. L'idea di Schrödinger ha gettato le basi per la scoperta rivoluzionaria, fatta nel 1953 dal biologo americano James D. Watson e dal fisico inglese Francis H.C. Crick: la struttura a doppia elica del DNA, la molecola che ospita i geni [212].

Un'importante considerazione sollevata da Schrödinger è su come la vita faccia fronte alla seconda legge della termodinamica. La seconda legge afferma che l'entropia, una misura del "disordine", aumenta sempre in un sistema chiuso, quando l'energia viene trasformata o trasferita. La seconda legge della termodinamica può mettere in discussione l'esistenza di sistemi ordinati come la vita. Tuttavia, Schrödinger sostiene che non c'è conflitto. Gli organismi utilizzano la *neghentropia* – termine coniato dallo stesso Schrödinger – ovvero entropia negativa, rilasciando calore nell'ambiente. Questo processo garantisce che l'ordine all'interno dell'organismo non violi la seconda legge della termodinamica. L'archiviazione delle sequenze genetiche può essere paragonata a quella delle informazioni su un computer. Proprio come certe informazioni sono cruciali per il corretto funzionamento del sistema operativo di un computer, le informazioni genetiche sono vitali per il funzionamento degli organismi viventi. Come per un computer, deve esserci un confine o un'interfaccia tra la cellula e il suo ambiente. Questo confine è tracciato da un processo noto come *omeostasi*, che garantisce la stabilità di una cellula o di un organismo più complesso [213]. In una cellula, l'omeostasi è facilitata dalla membrana cellulare, che permette selettivamente a nutrienti e rifiuti di passare attraverso la barriera. Questa prospettiva introduce un altro potenziale Grande Filtro: l'emergere del mondo dell'RNA e delle prime protocellule.

13.1.2   Il Mondo dell'RNA e le Protocellule

L'acido ribonucleico (comunemente noto come RNA) è un acido nucleico a singolo filamento che ha portato al suo stretto parente DNA (acido desossiribonucleico) come principale replicatore di informazioni genetiche. Il DNA, un acido nucleico stabile; strutturato come una doppia elica, trasporta le informazioni genetiche in tutti gli organismi viventi.

Nonostante la sua prevalenza, l'RNA rimane vitale e non è stato completamente soppiantato dal DNA. Una delle sue funzioni principali è la creazione di proteine essenziali per la crescita e la manutenzione delle cellule vegetali e animali [214]. Secondo l'ipotesi dell' *RNA World*, la vita sulla Terra ha avuto origine da una molecola capace di autoreplicarsi attraverso un processo noto come *autocatalisi* [215].

In biologia, il concetto di *protocellula* si riferisce a una struttura prebiotica o ad una cellula molto primitiva, nella quale la replicazione del materiale genetico avviene indipendentemente [216].

Un modello biologico che potrebbe descrivere una protocellula è quello del *chemoton* concepito dal biologo ungherese Tibor Gánti nel 1952 [217]. Il chemoton ha tre caratteristiche fondamentali: una membrana di lipidi (sostanze grasse insolubili in acqua), un sistema metabolico che converte il cibo in energia, espellendo i rifiuti, e un meccanismo di autoriproduzione. È opinione comune tra gli scienziati che il meccanismo di autoriproduzione nelle protocellule fosse basato sull'RNA o su un meccanismo ereditario simile. Come si è formato l'RNA World? La risposta a questa domanda è in gran parte sconosciuta. Alcuni scienziati pensano che la "zuppa prebiotica" contenesse tutti i materiali necessari per la formazione dell'RNA, e che questi componenti interagissero per produrre varie forme di macromolecole, le quali si replicavano attraverso un processo di "prova ed errore", fino a quando non è emersa una macromolecola più stabile. L'RNA World sarebbe un potenziale candidato nella lista dei Grandi Filtri. Tuttavia, poiché è comparso circa quattro miliardi di anni fa, in condizioni favorevoli e in tempi relativamente rapidi, rispetto all'età della Terra, possono essere considerati uno dei meno probabili tra i Grandi Filtri.

13.1.3   Procarioti

Le protocellule si sono probabilmente evolute in cellule procariote prive di nucleo e organelli a membrana [218]. I procarioti sono organismi unicellulari di due tipi: batteri e Archaea. I batteri sono organismi minuscoli, spesso invisibili ad occhio nudo, che si trovano nel suolo e nell'acqua, e sono presenti in tutti gli animali. Gli Archaea sono organismi unicellulari che prosperano in ambienti estremi, come luoghi ad alta temperatura – per esempio, le sorgenti termali di Yellowstone – ambienti gelidi – i ghiacciai e le calotte polari – e ambienti altamente salini, qual è, ad esempio, il Mar Morto. Mostrano, inoltre, notevole resistenza alle radiazioni. A motivo della loro resistenza, organismi di questo tipo potrebbero rappresentare una prima forma di vita extraterrestre. Gli Archaea sono un esempio eccellente di come la vita possa fiorire e adattarsi anche nelle condizioni fisiche e chimiche più dure. Si ritiene che i procarioti siano apparsi sulla Terra circa 3,5 miliardi di anni fa [219]. Come nel caso dell'RNA World, i procarioti sono comparsi in tempi relativamente rapidi, dopo l'emergere della vita basata sull'RNA. Data la loro rapida evoluzione e la capacità di prosperare in ambienti molto diversi, è improbabile che l'evoluzione dei procarioti rappresenti un evento eccezionale, se guardiamo alla comparsa ed all'evoluzione della vita come ad un esempio di Grande Filtro. Altrimenti: l'evento che ha visto l'evoluzione dei procarioti sarebbe uno dei candidati meno probabili, se lo si volesse leggere in ruolo di Grande Filtro.

13.1.4   Eucarioti

Le cellule eucariote, rispetto alle cellule procariote, sono caratterizzate da dimensioni maggiori e da un nucleo ben definito, delimitato da una membrana. Sono i costituenti fondamentali degli organismi unicellulari e di quelli multicellulari, compresi le piante, gli animali e gli esseri umani. Per quanto riguarda la biomassa, attraverso le piante, le cellule eucariote costituiscono la forma di vita più diffusa sulla Terra [220].

La principale teoria che spiega come le cellule eucariote si siano formate, a partire dalle procariote, è nota come *teoria endosimbiontica*. Le cellule eucariote sono comparse quando un'antica cellula Archaea si è unita in simbiosi con un batterio, dando luogo a una relazione mutuamente vantaggiosa [221]. Questa simbiosi è stata determinata dal fatto che la robusta membrana della cellula Archaea proteggeva il batterio. Il batterio, finalmente, si è evoluto in mitocondrio: era, così, nata una nuova cellula: quella eucariota, per l'appunto. I mitocondri sono organuli delimitati da una membrana; la loro funzione, altamente specializzata, è quella di fornire energia alla cellula [222]. Le prime cellule eucariote sono comparse dopo un percorso evolutivo, a carico di quelle procariote, durato, approssimativamente, tra 1 e gli 1,5 miliardi di anni. Sono state le prime a utilizzare la riproduzione sessuata, che dà luogo a una maggiore diversificazione genetica, rispetto alla riproduzione asessuata [223, 224].

Il periodo di transizione dai procarioti agli eucarioti è stato notevolmente più lungo rispetto ai passaggi evolutivi precedenti, come nel caso dell'RNA World, che ha visto l'emergere dei procarioti. Il lungo trascorso evolutivo riflette, probabilmente, la maggiore complessità delle cellule eucariote. L'emergere degli eucarioti rappresenta una pietra miliare nel percorso evolutivo; una tappa tra le più impegnative per la vita sulla Terra. Queste caratteristiche fanno, della comparsa degli eucarioti, un evento fondamentale, potenzialmente riconoscibile quale primo esempio di Grande Filtro.

13.1.5   Organismi Multicellulari

Secondo le ricerche condotte dal biologo J.T. Bonner, la vita multicellulare si è evoluta dalle forme unicellulari in almeno 25 fasi, a partire da circa 3 miliardi di anni fa [225]. La figura 13.1 mostra i tre domini della natura primordiale.

La formazione di piante e animali a partire dalle cellule eucariote è iniziata un miliardo di anni fa [226]; tali organismi multicellulari si sono formati attraverso la divisione cellulare o l'aggregazione di molte cellule. L'enorme numero di organismi unicellulari è stato fondamentale nel favorire gli "incontri" casuali, necessari per giungere alle forme di vita multicellulare. Considerando questi meccanismi, i vari modi in cui la vita multicellulare potrebbe sorgere e le forme nelle quali essa si è effettivamente evoluta, sembra improbabile che la transizione da organismi unicellulari a organismi multicellulari possa rappresentare un esempio significativo di Grande Filtro nel quadro di un processo evolutivo.

13.1.6   Dagli Animali all'Intelligenza Umana

Ci sono voluti 700 milioni di anni per passare dalle spugne [227], presumibilmente la prima specie animale sulla Terra, all' *Homo erectus*, che imparò ad usare il fuoco. L' *Homo erectus* risale a circa 2 milioni di anni fa, il che equivarrebbe a dire ieri, se questo lasso di tempo fosse confrontato con la scala delle fasi evolutive che hanno interessato la vita sulla Terra [228].

L' *Homo erectus*, utilizzando il fuoco per scaldarsi, per difendersi e per cuocere il cibo, ha potuto spostarsi su diversi continenti, dimostrando una notevole adattabilità a climi differenti. Nell' *Homo erectus* si rileva, inoltre, prova della cosiddetta encefalizzazione, a dire l'aumento della dimensione del cervello rispetto al totale della massa corporea. Sostenere un corpo e un cervello più grandi richiedeva una notevole energia. Questa specie ha dato prova di adatta-

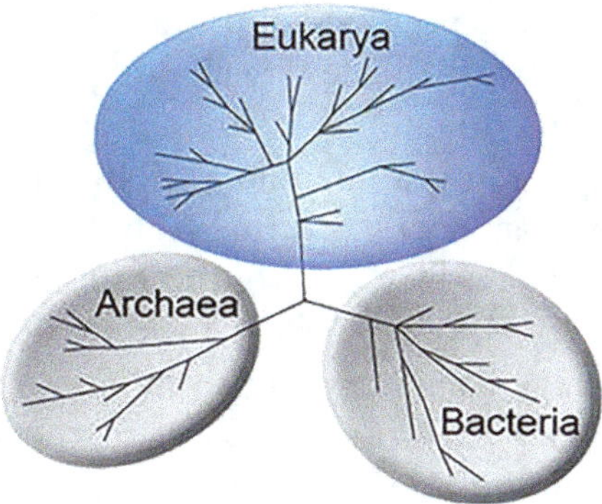

Figura 13.1 Una visione dell'albero filogenetico basato sul sistema a tre domini, che mostra la divergenza delle specie moderne dal loro antenato comune al centro. Di Michael Stat, Megan J. Huggett, Rachele Bernasconi, Joseph D. DiBattista, Tina E. Berry, Stephen J. Newman, Euan S. Harvey & Michael Bunce – Estratto da questo file Commons, CC BY-SA 4.0, https://commons.wikimedia.org/w/index.php?curid=90616393 April 13 2024

bilità proprio per la capacità di spostarsi alla ricerca di ecosistemi più favorevoli in termini di disponibilità di cibo, mentre si impegnava in attività di caccia.

D'altro canto, gli esseri umani mostrano anche comportamenti condivisi con altri cosiddetti animali sociali. A sostegno della vita intelligente come filtro significativo è la somiglianza genetica tra gli umani e le grandi scimmie, con oltre il 90 percento di DNA condiviso. Tuttavia, mentre le grandi scimmie continuano a abitare giungle e foreste, gli umani hanno sviluppato la capacità di costruire razzi ed esplorare la Luna e oltre. Continuando l'analogia, gli umani mostrano comportamenti condivisi con altri animali sociali. Ad esempio, i gorilla si organizzano in strutture sociali gerarchiche come le nostre [229], mentre gli umani, come i bonobo ipersessuali trovati nel Congo, possono accoppiarsi in qualsiasi momento senza una stagione riproduttiva specifica.

Qual è, dunque, l'ingrediente "magico" che ha fatto la differenza, a nostro favore, in tutto questo tempo, se è vero che anche parte dell'anatomia ci accomuna ad altre specie animali, oltre che ai grandi primati?

Alcuni ricercatori sostengono che la capacità di camminare secondo la stazione eretta, e quella di manipolare oggetti per costruire e utilizzare strumenti, sia la caratteristica distintiva che farebbe la vera differenza tra i nostri antenati – grandi primati – e le altre scimmie [230].

Nell'iconico film di Stanley Kubrick "2001: Odissea nello spazio", una scena memorabile raffigura una scimmia, presumibilmente nostra progenitrice, che impara a maneggiare un osso alla stregua di strumento, evocando l'alba dell'intelligenza. La nostra capacità di fabbricare strumenti comporta, tuttavia, problemi sempre nuovi. Richiede cervelli più grandi che, per funzionare, consumano una parte importante del nostro apporto energetico. Comporta una gestazione più lunga e, in età infantile, periodi prolungati di dipendenza dalle cure materne, necessarie per garantire la sopravvivenza della prole.

Nel 1990, un importante biologo evoluzionista americano, Stephen Jay Gould, sostenne che l'intelligenza umana fosse il risultato di un colpo di fortuna [231]. Il suo ragionamento derivava da uno scenario ipotetico, che Gould stesso denominava "riavvolgimento del nastro della vita", suggerendo che avrebbero potuto emergere risultati diversi, i quali, anziché portare all'*Homo sapiens*, avrebbero potuto essere all'origine di percorsi evolutivi del tutto differenti. Una possibile ragione è che i fattori stocastici influenzano il percorso evolutivo in modo determinante.

Una classe di algoritmi, i cosiddetti algoritmi genetici, è progettata per simulare un processo evolutivo che richiede un obiettivo o un fine da raggiungere. In questi algoritmi, l'obiettivo è chiamato funzione di fitness, definita all'inizio del processo. Un esempio di fitness può essere quello di massimizzare la probabilità di sopravvivenza o la probabilità di riproduzione. È da notare che tali simulazioni possono produrre una serie di punti subottimali, ampiamente distanziati a seconda della funzione di fitness, suggerendo che l'evoluzione potrebbe portare a specie intelligenti molto diverse da noi. Sebbene sia concepibile che, dato abbastanza tempo, i massimi locali possano convergere verso l'esatto ottimo globale, questo processo potrebbe estendersi ben oltre la durata della fase abitabile di un esopianeta o di un'esoluna. Considerando la previsione secondo cui il Sole fagociterà la Terra tra cinque miliardi di anni circa – quando, esaurito l'idrogeno, diventerà una gigante rossa –, vincoli simili si possono applicare anche alle stelle più massicce del Sole. Di conseguenza, c'è un lasso di tempo utile finito, perché l'intelligenza possa emergere e svilupparsi. In sintesi, l'emergere dell'intelligenza rappresenta un plausibile Grande Filtro, limitando potenzialmente la prevalenza di civiltà extraterrestri avanzate nella nostra galassia e oltre.

13.2 Grandi Filtri nel Futuro

Non è difficile immaginare potenziali Grandi Filtri nel nostro futuro. Un caso potrebbe essere il riscaldamento globale, che rappresenta una minaccia rilevante per qualsiasi civiltà sufficientemente industrializzata, anche extraterrestre. Il rilascio di gas e sostanze inquinanti in atmosfera, sulla terra e nell'acqua, potrebbe portare, sull'intero pianeta, a livelli insopportabili di riscaldamento.

Secondo le leggi della termodinamica, la generazione di energia elettrica comporta, inevitabilmente, un calore residuo che deve essere disperso nell'ambiente. Pertanto, affrontare il problema del riscaldamento globale è fondamentale, perché l'umanità continui ad esistere. Un altro potenziale Grande Filtro, in prospettiva futura, sarebbe rappresentato da una guerra nucleare globale. Con le superpotenze che accumulano un vasto numero di bombe termonucleari, la detonazione di queste armi su larga scala potrebbe innescare un "inverno nucleare". Simile all'inverno vulcanico menzionato in precedenza, questo scenario potrebbe portare a un raffreddamento diffuso e ad altissimi livelli di radiazioni in tutto il globo. Inoltre, diversi altri ritrovati, tra cui le nanotecnologie, la bioingegneria, le armi biologiche e l'intelligenza artificiale (IA), sono stati identificati quali potenziali Grandi Filtri futuri. L'uso improprio o la mancata gestione di queste tecnologie potrebbe portare a conseguenze catastrofiche, rendendo evidente la necessità di uno sviluppo e un'implementazione responsabili ed etici. L'IA, in particolare, è stata oggetto di molte speculazioni, secondo le quali essa potrebbe diventare senziente e sostituirci. Chiunque abbia visto film come Terminator o Matrix ha assistito al terrificante prefigurarsi di guerre tra l'umanità e le macchine. Con gli odierni progressi in robotica e intelligenza artificiale, gli apocalittici futuri raffigurati nei film di fantascienza potrebbero diventare realtà. Un altro potenziale Grande Filtro è nell'idea di una futura tecnologia o esperimento, il cui solo realizzarsi potrebbe mettere in pericolo la vita su un pianeta, come proposto dal filosofo e futurologo svedese Nick Bostrom [232]. Alcuni anni fa, si ipotizzava che gli esperimenti condotti al Large Hadron Collider potessero generare un buco nero sulla Terra, portando a conseguenze catastrofiche. Sebbene, secondo l'equivalenza di Einstein tra massa ed energia, l'eventualità sia teoricamente possibile, gli scienziati hanno sottolineato che la Terra è costantemente bombardata da particelle che viaggiano a velocità vicine a quella della luce. Tuttavia, per quanto ne sappiamo, nessuna di queste collisioni ha prodotto buchi neri. Anche gli eventi cosmici localizzati nel passato, per i loro effetti, rappresentano minacce continue, che potrebbero materializzarsi a danno di ogni pianeta, compreso il nostro. Queste minacce, per citarne alcune, si contano in esplosioni di supernovae, getti di raggi gamma, impatti di asteroidi, collisioni tra lune e pianeti, eruzioni solari, stelle di neutroni, buchi neri, magnetar ed instabilità caotiche all'interno dei sistemi solari, oltre che nell'approssimarsi di stelle il cui piano orbitale sia in rotazione. Per chiarire: le magnetar – stelle di neutroni con il più intenso campo magnetico sulla scala dell'universo – rappresentano un rischio rilevante per la vita, se si avvicinano troppo a un sistema stellare abitato. Le grandi estinzioni che hanno segnato il passato della Terra sono state attribuite a eruzioni supervulcaniche.

Se supervulcani come la Caldera di Yellowstone nel Wyoming, o quelli nella zona dei Campi Flegrei, in Italia, dovessero eruttare con tutta la loro forza, potrebbero innescare un inverno vulcanico su tutto il pianeta. Tuttavia, poiché la vita sulla Terra ha resistito ad eventi simili, li consideriamo candidati meno probabili nel ruolo di Grandi Filtri. Considerando la scala e la gravità degli eventi potenzialmente esiziali, ai quali qualsiasi vita extraterrestre intelligente potrebbe andare incontro sul proprio esopianeta, la sopravvivenza dipenderebbe, in ultima analisi, dalla capacità di colonizzare nuovi mondi ed espandersi in tutta la galassia d'appartenenza. Nel corso di miliardi di anni, quando le probabilità di minacce cosmiche diventano rilevanti, per una società altamente avanzata, l'esplorazione e la colonizzazione dello spazio si fanno imperative.

Per contro, l'incapacità di intraprendere viaggi spaziali su larga scala, a velocità elevate, tali da raggiungere nuovi mondi abitabili, potrebbe rappresentare un formidabile esempio di Grande Filtro. L'assenza di incontri con astronavi extraterrestri (spesso indicate come UFO nella terminologia sci-fi), potrebbe dar misura dell'immensa difficoltà, se non impossibilità, di viaggi interstellari. Per fare un esempio, una civiltà in cerca di nuovi quadranti abitabili, intorno a stelle vicine, potrebbe – o avrebbe potuto – scegliere di stabilirsi su Marte e adattarlo a futura "casa", attraverso interventi di terraformazione. Non abbiamo, tuttavia, trovato prove di vita su Marte; men che meno, di vita intelligente.

Il filosofo svedese Nick Bostrom ha proposto una teoria secondo la quale l'assenza di prove di vita su Marte e nel resto del Sistema Solare implica che il Grande Filtro che ci riguarda sia nel nostro passato [233]. La mancanza di prove di vita extraterrestre, nel nostro sistema solare, così come altrove, dovrebbe, pertanto, essere considerata una buona notizia. Secondo Bostrom, scoprire prove di vita passata su Marte indurrebbe a credere che la vita nella galassia sia più diffusa di quanto precedentemente pensato. Come si suol dire, dove c'è fumo, c'è fuoco. Tuttavia, poiché non abbiamo incontrato alcuna civiltà extraterrestre, Bostrom suggerisce che la vita intelligente potrebbe aver affrontato un Grande Filtro che ha portato alla sua scomparsa, cosa che a noi non è ancora toccata in sorte.

L'argomento di Bostrom è plausibile, ma non del tutto convincente, secondo l'opinione di chi scrive. La nostra galassia è certamente molto vasta, e tanto deve ancora essere scoperto. Non trovare vita nel nostro Sistema Solare non è una prova del fatto che non ce ne sia al di fuori. L'astrobiologa del SETI, Jill Tarter, e i suoi collaboratori, hanno scritto che la ricerca del SETI è di proporzioni così ristrette, che può essere paragonata all'"aver cercato un bicchiere d'acqua del mare per avere prova dell'esistenza dei pesci in tutti gli oceani della Terra" [234].

14

L'Ipotesi dello Zoo

14.1   Il Problema del Contatto Extraterrestre

Quando un giornalista gli chiese se dovremmo cercare di comunicare con le civiltà extraterrestri, Hawking espresse un'osservazione che induceva cautela, e che non dovrebbe essere sottovalutata. Avvertì che stabilire un contatto potrebbe spingere una specie aliena avanzata a visitare la Terra: scenario che prefigura esiti catastrofici. Il suo paragone con l'arrivo di Colombo in America, che non ha avuto esiti favorevoli per i nativi americani, serve come severo monito dei potenziali pericoli legati all'arrivo di alieni sulla Terra. L'avvertimento di Hawking sulle conseguenze del contatto tra civiltà aliene molto diverse non è infondato. Il rischio è reale, soprattutto per la civiltà meno avanzata tecnologicamente. In uno scenario del genere, la paura della distruzione o della sottomissione serve da sobrio promemoria dei rischi di un contatto interciviltà. È fondamentale disporsi all'eventualità di tali incontri con un ordine d'idee improntato alla cautela e a una profonda comprensione delle possibili conseguenze.

Le preoccupazioni di Hawking, espresse in termini di conflitti vissuti dai nativi americani, a seguito dell'arrivo dei coloni europei, già a partire dal viaggio di Cristoforo Colombo nel 1492, trovano un sorprendente numero di paralleli nella storia umana, quali esempi rilevanti, specie per la drammaticità.

Un esempio di particolare rilievo storico, in tal senso, è quello che riguarda il caso di Francisco Pizarro, conquistador spagnolo. Pizarro si rese protagonista della battaglia – o massacro – di Cajamarca: nel 1532, con alcune centinaia di uomini armati al seguito, e il sostegno di bellicose tribù alleate, catturò l'imperatore Inca Atahualpa [235]. A quel tempo, l'impero Inca governava una vasta estensione di territori dell'odierna America Latina, tra cui i moderni Ecuador, Perù e Cile. Nello spazio di un secolo, l'autorità reale spagnola aveva ottenuto il completo controllo del territorio Inca, portando al reinsediamento delle popolazioni indigene. Per l'arrivo dei *conquistadores*, le comunità autoctone sono state esposte a nuove malattie, delle quali gli invasori europei erano portatori[1]. Non avendo difese immunitarie, le popolazioni locali hanno subito gli esiziali effetti delle inevitabili, violentissime epidemie.

Ancora: nel diciannovesimo secolo, le popolazioni dei cosiddetti indiani d'America hanno subito perdite enormi a causa delle battaglie con i coloni e gli eserciti degli Stati Uniti, oltre che a causa delle conseguenti malattie.

Tutti questi eventi storici, sebbene tragici, sono fondamentali per aiutarci a capire le potenziali conseguenze del contatto tra civiltà molto diverse. Solo imparando da queste esperienze passate possiamo essere meglio preparati a possibili incontri futuri. La prospettiva di un potenziale incontro con gli alieni potrebbe evocare la prospettiva di reciproci benefici, laddove ci fosse lo scambio pacifico di conoscenze scientifiche e tecnologiche. Attingendo ad altri esempi storici, un'istanza di collaborazione tra civiltà fu alla base dei ricchi commerci sviluppatisi lungo la Via della Seta, secondo una fitta rete di percorsi che, nel 130 a.C., già collegavano la Cina dell'allora dinastia Han al Mediterraneo. Giunsero, così, in occidente non soltanto beni materiali, quali la seta cinese, il tè e le spezie, ma anche influenze culturali e religiose. La Via della Seta fu in uso fino al 1400 circa, anno in cui si verificò l'ascesa dell'Impero Ottomano. Abbiamo fin qui discusso di come un divario tecnologico, ambienti naturali diversi e l'introduzione di agenti patogeni estranei possano creare squilibri tra due civiltà. Abbiamo anche detto che, in alcuni casi, l'incontro di civiltà potrebbe risolversi in un proficuo scambio scientifico e tecnologico tra le parti coinvolte, alimentando nuovi stimoli nel panorama culturale. Si conoscono, tuttavia, casi nei quali una civiltà sceglie di preservare la sua identità culturale e il suo modo di vivere, evitando scambi esterni, anche se simili occasioni potrebbero offrire opportunità di progresso scientifico e tecnologico. Un esempio ben noto a proposito è quello del popolo Sentinelese. Gli abitanti dell'Isola di North Sentinel, nell'Oceano Indiano nord-orientale, respingono con forza qualsiasi forma di interazione con estranei che tentino di visitarli. Gli stranieri che si sono avventurati sull'isola hanno affrontato regolari attacchi e, in alcuni casi, sono stati uccisi. Riconoscendo il desiderio di isolamento dei Sentinelesi, il governo indiano ha eletto l'Isola di North Sentinel a riserva e proibisce rigorosamente, a individui non autorizzati, di avvicinarsi.

---

[1] Sembra che di vaiolo fosse affetta una delle vedette imbarcate sulle tre caravelle di Colombo.

In conclusione: nel corso della storia umana, le interazioni tra civiltà hanno avuto conseguenze positive e negative per coloro che vi erano coinvolti. Allo stesso modo, gli incontri tra specie aliene intelligenti potrebbero dar seguito a risultati inaspettati, che vanno dal positivo al disastroso. Tuttavia, questi potenziali esiti rimangono speculativi, lasciando molto spazio alle ipotesi sulle loro implicazioni.

14.2   L'Ipotesi dello Zoo

Prima di tutto, si assume l'esistenza di vita extraterrestre nell'universo in condizioni favorevoli [236]. In secondo luogo, l'ipotesi suggerisce che ci siano molti pianeti in grado di sostenere la vita. Infine, assume che noi siamo "ignari di loro". John Ball ritiene che la vita extraterrestre possa seguire varie "traiettorie", che vanno dal prosperare continuamente all'estinzione. Considerando l'ipotesi di Ball, è plausibile che, nell'universo, ci siano forme di vita altamente avanzate, molto più antiche di quella umana. Ball osserva, poi, che gli esseri umani, sulla Terra, hanno creato zoo – o ambienti simili – per isolare e proteggere forme di vita più semplici dall'interazione diretta con l'uomo. In definitiva, Ball afferma che l'unico modo per spiegare la mancanza di interazioni con specie aliene sia supporre che gli alieni stiano evitando il contatto. Ball crede, inoltre, che gli alieni ci stiano isolando in quello che, sempre Ball, chiama "uno zoo". La parola "zoo" evoca immagini di gabbie e di creature in cattività. Qui, "zoo" deve essere inteso in un senso positivo come ambiente protetto, in cui la vita si sviluppa indisturbata.

14.3   Perché gli Zoo?

Specie aliene avanzate – o anche una sola specie aliena – potrebbero averci collocato in uno zoo cosmico, permettendo alla nostra civiltà di svilupparsi e maturare senza interferenze da parte di esseri extraterrestri più aggressivi o belligeranti. Questo atteggiamento protettivo ricorda come i genitori accudiscono i loro figli, nella speranza che, eventualmente, maturino l'intelligenza e le competenze necessarie ad affrontare la società da soli.

Un altro motivo per cui la Terra potrebbe essere inclusa in uno zoo galattico è che le civiltà extraterrestri avanzate potrebbero avere interesse a studiarci, cercando di capire se stessi e il loro posto nell'universo. Questo riflette il lavoro degli zoologi, che osservano il comportamento degli animali in ambienti controllati, per confrontare le strutture sociali umane e quelle degli animali nello zoo. È, quindi, possibile che non siamo l'unica specie intelligente soggetta a questo isolamento: potrebbero esserci numerose specie extraterrestri – ad un livello scientifico e tecnologico simile al nostro – che sperimentano restrizioni in relazione alle occasioni di contatto.

Un'altra ragione potrebbe essere una strategia machiavellica – sul modello della ben nota formula *divide et impera* – per prevenire o ritardare la formazione di un'unione galattica che possa sfidare lo status della civiltà aliena dominante. Secondo l'ipotesi dello zoo di Ball, la mancanza di interazioni con esseri extraterrestri avanzati potrebbe essere esplicitamente desiderata da civiltà molto più progredite della nostra. Questo potrebbe spiegare l'attuale assenza di prove di vita intelligente al di fuori della Terra. L'ipotesi, tuttavia, sarebbe decisamente confutata se scoprissimo prove di vita extraterrestre tecnologicamente avanzata. È un'idea che vale la pena considerare, riflettendo sulle sue implicazioni. Nell'analogia di Ball, l'umanità è paragonata al popolo Sentinelese, protetto, per opera del governo, dalle interazioni con altre specie avanzate. Eppure, a differenza dei Sentinelesi, che sono ostili agli intrusi, noi siamo attivamente impegnati in imprese astronomiche: stiamo costruendo telescopi colossali e inviamo sonde nello spazio, mossi dalla speranza di scoprire l'intelligenza extraterrestre e di stabilire un contatto. Ma quali sono queste intelligenze incomprensibilmente avanzate? È l'occasione per dare largo spazio ad ipotesi contigue alla fantascienza. Lasciamo che il pensiero viaggi ovunque libero: immaginiamo.

14.4 La Distribuzione dell'Intelligenza Extraterrestre nella nostra Galassia

Un'obiezione convincente all'ipotesi dello Zoo è che, per il successo dell'accordo di mancato contatto, sarebbe necessario un accordo unanime e l'impegno comune da parte di diverse civiltà extraterrestri intelligenti, presenti all'interno della nostra galassia. Considerando la nostra storia, sembra improbabile che un gruppo di civiltà concordi all'unanimità su come gestire le specie meno avanzate. L'idea di raggiungere un consenso su principi etici si scontra con il ruolo prevalente della competizione rispetto alla cooperazione, un aspetto intrinseco dell'evoluzione, come evidenziato nel mondo naturale.

Invece, è molto più probabile che ci sia una potente civiltà aliena, in ruolo preminente nella nostra galassia: una civiltà di tipo II o, forse, di tipo III, secondo la scala di Kardashev, che impone unilateralmente l'accordo dello zoo sugli altri. Tracciando altri paralleli con il comportamento umano, questa sarebbe una situazione simile a quella che ci vede, in quanto specie dominante sulla Terra, nel ruolo di quelli che realizzano zoo, riserve e parchi, per salvaguardare e studiare la natura su larga scala. Si ipotizza, quindi, che una civiltà leader, se esiste, potrebbe occupare, tra le altre specie aliene nella nostra galassia, una posizione analoga al nostro ruolo sulla Terra, nei confronti del restante regno animale. Notoriamente, questa idea non è accettata da tutti. Alcuni scienziati, come il ricercatore scozzese Duncan Forgan, contestano la probabilità che civiltà egemoniche mantengano quelle tecnologicamente e culturalmente inferiori in uno status quo simile a quello di uno zoo, citando, a sostegno della sua posizione in dissenso, l'immensità dello spazio e la velocità della luce quali fattori limitanti [237].

L'altro pezzo del puzzle è che la specie aliena supertecnologica, a motivo dell'incommensurabile vantaggio guadagnato sui suoi rivali, dovrebbe essersi già diffusa nella galassia, in misura tale da poter facilmente imporre e mantenere lo status quo dello zoo.

Per immaginare una civiltà che raggiungesse una tale supremazia tecnologica, bisognerebbe supporre che l'evoluzione della vita nella nostra galassia fosse iniziata milioni o addirittura miliardi di anni prima che la vita emergesse sulla Terra. Di conseguenza, sarebbe probabile che, nel corso di questo ampio lasso di tempo, fossero sorte civiltà molto più avanzate della nostra. Sotto queste ipotesi, è plausibile che il lungo e continuo processo di evoluzione della vita extraterrestre abbia raggiunto un punto di equilibrio in termini di gerarchia. Se accettato, questo quadro di ipotesi potrebbe spiegare perché, nonostante il tempo trascorso dall'emergere della razza umana, non abbiamo ancora avuto alcun contatto con specie aliene, non abbiamo subito azioni ostili e non abbiamo corso il rischio di essere ridotti in schiavitù.

14.5 La Legge di Zipf

Come possono essere distribuite le specie aliene intelligenti nella galassia nei termini di una loro classificazione su base tecnologica? In vari campi come la linguistica, l'economia e i social network, esiste un'evidenza statistica ricorrente, nota in termini della cosiddetta legge di Zipf, dal nome del linguista americano George Zipf [238]. Zipf ha osservato questo fenomeno nel 1932, mentre studiava la frequenza delle parole nelle lingue, giungendo a ordinarle in una classificazione. Essenzialmente, la legge di Zipf descrive la relazione tra la frequenza con la quale una parola viene utilizzata, il che ne esprime il cosiddetto range linguistico. Ad esempio, in inglese, parole comuni come "the", che hanno alte frequenze, si classificano nei primi posti, mentre parole meno comuni, come "epistemology", che hanno frequenze più basse, si classificano negli ordini inferiori. In sostanza, la legge di Zipf afferma che la frequenza di una parola è inversamente proporzionale al suo rango (range)[2]:

$$\text{frequenza della parola} \propto \frac{1}{\text{rango della parola}} \qquad (14.1)$$

Come dovremmo interpretare questa relazione matematica? La parola classificata al primo posto ricorre due volte più spesso della parola classificata al secondo posto, tre volte più spesso della parola classificata al terzo posto, e così via. La legge di Zipf è un caso particolare di una classe più ampia di distribuzioni continue, chiamate "distribuzioni per potenze". Ad esempio, le eruzioni vulcaniche sono probabilmente distribuite secondo una legge di potenze; ci sono molte eruzioni minori per ogni grande eruzione.

Quando si applica una distribuzione per potenze alle civiltà galattiche, si troverà un significativo divario tecnologico e territoriale tra poche civiltà avanzate e tutte le altre. Cerchiamo di classificare le civiltà aliene in base alla loro capacità di produrre e consumare energia o all'estensione della loro esplorazione spaziale. Questa classificazione è simile alla scala di Kardashev. Data l'enorme necessità di energia per i viaggi spaziali e la comunicazione, è effettivamente possibile che le civiltà più avanzate superino le altre di alcuni ordini di grandezza in termini di abilità tecnologiche. Queste civiltà, che visitano in presenza un pianeta, inviano sonde o comunicano a distanza, sono probabilmente quelle che incontrano altre specie. L'applicazione della legge di Zipf suggerisce che le civiltà classificate al primo posto siano quelle più coinvolte in scambi con altre specie, mentre quelle classificate più in basso sarebbero quelle destinate ad avere contatti minimi o a non averne nessuno.

Poiché l'umanità non ha ancora esplorato gran parte del nostro sistema solare, né incontrato intelligenza extraterrestre, potremmo classificarci relativamente in basso tra le civiltà della galassia, per quanto riguarda la tecnologia. Il nostro limitato avanzamento tecnologico deriva dalla nostra incompleta comprensione dell'universo e delle sue leggi. In fisica, ad esempio, manca una teoria unificata, che spieghi la natura delle forze fondamentali: gravità, elettromagnetismo e interazioni nucleari deboli e forti. Inoltre, solo il 5 percento dell'universo consiste di materia osservabile, con il restante 95 percento composto dalla misteriosa materia oscura e dall'energia oscura. Non esiste, pertanto, una teoria risolutiva sulla natura di larga parte del nostro universo. L'origine della vita dalla materia inorganica rimane anch'essa un pro-

---

[2] Il range esprime la frequenza con la quale ricorre una certa parola nell'uso del linguaggio naturale. Le parole, in applicazione della legge di Zipf, occupano posizioni assegnate, in una lista data. Le parole della lista sono ordinate per frequenze decrescenti.

fondo mistero. L'elenco dei misteri scientifici tende all'infinito. Supponendo che l'ipotesi dello zoo sia accurata e che la nostra conoscenza scientifica sia relativamente carente rispetto a quella di altre civiltà extraterrestri, dovremmo sforzarci di compiere, negli anni a venire, progressi rilevanti nella nostra comprensione della natura.

14.6   Come viene mantenuto lo Zoo

Come discusso in precedenza, l'emergere di una specie o entità extraterrestre altamente avanzata, guidata da AI o da altre tecnologie avanzate, come la nanotecnologia, è un tema ricorrente nella fantascienza, attraverso la letteratura e il cinema. Nel film "Il Pianeta Proibito", una nave visita un pianeta abitato solo da uno scienziato e da sua figlia. Lo scienziato rivela agli ufficiali della nave in visita che una razza aliena avanzata ha creato una tecnologia di immenso potere, la quale ne ha determinato l'improvvisa caduta. Il film si conclude con la scena nella quale lo scienziato decide infine di distruggere la pericolosa tecnologia.

Questa storia può sollevare l'ipotesi che una civiltà di origine biologica possa essere stata sostituita da una società robotica, guidata da intelligenza artificiale, la quale ultima imponga la separazione tra le diverse civiltà di origine biologica. In uno scenario del genere, la nostra ricerca di firme biologiche potrebbe rivelarsi inutile, poiché una civiltà avanzata potrebbe facilmente manipolare l'equilibrio di un pianeta, occultando, così, ogni segno di vita. Simili civiltà potrebbero, inoltre, saturare la galassia con radiazioni elettromagnetiche distruttive, per ostacolare ogni tentativo di comunicazione da parte di civiltà meno avanzate. Una civiltà di tipo II, sulla scala di Kardashev, che utilizzasse sfere di Dyson per sfruttare l'energia stellare, potrebbe alterare la percezione dello spettro di una stella, in modo da non essere rilevabile, o potrebbe dispiegare dispositivi per oscurare i dati spettrali da specifiche regioni dello spazio. Ci sono, inoltre, più oscure eventualità associate all'ipotesi dello Zoo. I sorveglianti dello zoo potrebbero intervenire direttamente per nascondere la loro esistenza. Così come i guardiani di uno zoo terrestre si assicurano che certi animali rimangano all'interno dei loro recinti, gli alieni potrebbero influenzare la nostra ricerca di intelligenza extraterrestre ostacolandone il corso, tanto sulla Terra, quanto su altri pianeti "ingabbiati" all'interno del loro zoo.

14.7   Considerazioni Finali sull'Ipotesi dello Zoo

L'ipotesi dello Zoo offre una spiegazione convincente per il paradosso di Fermi. Secondo questa ipotesi, è plausibile che l'umanità sia ancora nelle sue fasi nascenti, in termini di sviluppo scientifico e tecnologico. Se, inoltre, assumiamo una distribuzione di Zipf per le civiltà extraterrestri, non è affatto improbabile credere che anche altre civiltà si trovino di fronte a vincoli simili. Le motivazioni dei sorveglianti dello zoo potrebbero essere altruistiche, permettendo alle civiltà nascenti di maturare, prima di stabilire un contatto con loro. In alternativa, gli alieni potrebbero impiegare questa strategia per mantenere lo status quo, prevenendo l'emergere di civiltà potenzialmente avversarie, oppure inclini alla cooperazione, mentre le studiano da lontano.

15

L'Ipotesi della Foresta Nera

15.1 La Genesi dell'Ipotesi

L'idea fondamentale, nell'ipotesi della Foresta Nera, è che l'universo sia simile a una foresta popolata da creature silenziose. L'astronomo americano David Brin ha proposto, per la prima volta, questa idea in un articolo pubblicato nel 1983 sul Quarterly Journal of the Royal Astronomical Society [239]. L'ipotesi della Foresta Nera è una soluzione affascinante del paradosso di Fermi; suggerisce che, sebbene l'universo possa esserne ricco, non abbiamo ancora rilevato segnali di vita intelligente provenienti dallo spazio, né trovato prove al riguardo, con l'uso dei nostri telescopi. Questa ipotesi è diventata popolare dopo che lo scrittore cinese Liu Cixin l'ha resa parte essenziale della serie di libri di fantascienza dal titolo "Il Problema dei Tre Corpi".

15.2 Cos'è una Foresta Nera?

Per un visitatore notturno, la foresta può essere terrificante. Il visitatore sa che la foresta è piena di vita e di predatori nascosti nelle vicinanze, eppure non può vedere o sentire nulla di minaccioso mentre vi cammina. Il silenzio assordante dei predatori è intenzionale. Il predatore non vuole rivelare la sua posizione; il visitatore potrebbe essere armato e spargli. Se un predatore decide di attaccare un visitatore, in primo luogo, deve rimanere ben nascosto. La sua capacità di mimetismo e occultamento gli permette di colpire la preda prima di essere visto. L'attacco da parte di un predatore ha più probabilità di successo se l'animale si serve dell'elemento – sorpresa. I visitatori dovrebbero seguire la stessa strategia dei predatori e rimanere, quanto più possibile, invisibili e silenziosi, aumentando, così, le loro probabilità di sopravvivenza.

15.3   Teoria dei Giochi per le Civiltà Intelligenti

Mettersi ad urlare non ha senso, quando gli altri intorno a noi sono in silenzio: per il loro comportamento potrebbe esserci una ragione valida. Quando qualcuno si discosta dalle azioni del gruppo, è probabile che creda di essere solo. Ad esempio: gli adulti, spesso, parlano a voce alta quando pensano di essere soli, ma abbassano la voce o rimangono in silenzio in presenza di estranei. Allo stesso modo, gli individui che si muovono in ambienti naturali selvaggi rimangono vigili per la possibile presenza di predatori ed evitano di parlare a voce alta. Possiamo chiederci se le osservazioni di questo genere possano essere inquadrate in un più ampio contesto teorico. In effetti, sì. Un'analisi semplice, con l'uso della teoria dei giochi, dimostra che, qualora due civiltà diventassero consapevoli dell'esistenza dell'altra, e viceversa, sarebbe ottimale per una delle due eliminare l'altra e nascondere la propria presenza a civiltà potenzialmente ostili. L'ingegnere informatico Shehab Yasser ha proposto una soluzione di questo tipo sul sito web ProjectNash.com [240]. Un'analisi secondo la teoria dei giochi semplifica il problema, suggerendo tre azioni basilari per ciascuna delle due civiltà concorrenti:

A) non fare nulla;
B) distruggere una civiltà conosciuta;
C) trasmettere la sua presenza ad altre civiltà.

L'ipotesi è che le due civiltà non siano a conoscenza l'una dell'altra e alternino le loro azioni. La dinamica di un gioco basato sull'ipotesi della Foresta Nera può essere modellata come un game sequenziale. Un game sequenziale è un gioco in cui ogni giocatore o attore agisce in sequenza. In un gioco sequenziale, le mosse già giocate dall'avversario sono note (gioco di informazione perfetta), e rappresentate secondo uno schema logico ad albero. Noto il vantaggio (pagamento) in ciascuna fase di una particolare sequenza del gioco, si può calcolare la strategia ottimale di un giocatore che intenda massimizzare la propria funzione di utilità. La funzione di utilità più tipica è quella che restituisce un guadagno medio in ciascuno dei casi, oppure minimizza il danno. In questa ipotesi, la sopravvivenza dovrebbe essere un obiettivo primario. L'analisi risultante conclude che una civiltà che scegliesse di non fare nulla, non dovrebbe dar prova alcuna della sua esistenza ad un'altra civiltà.

Sebbene una semplice applicazione della teoria dei giochi possa suggerire strategie in linea con l'ipotesi della Foresta Nera, la realtà si dimostra spesso molto più complessa dei nostri modelli. Nel mondo reale, le decisioni possono coinvolgere numerose opzioni, essere costose, concorrere o dipendere da informazioni incomplete. Un limite significativo della logica che abbiamo presentato è che eliminare una civiltà diffusa all'interno di una galassia potrebbe essere estremamente difficile, se non impossibile, anche per un avversario molto progredito. È, inoltre, naturale chiedersi se l'universo sia davvero silenzioso. È piuttosto vero l'opposto: l'universo "parla" tramite le onde elettromagnetiche che lo attraversano (esse vanno dalle onde radio alla radiazione gamma, molto energetica). Benché la maggior parte di queste onde non siano sicuramente di origine aliena, non si può escludere che alcuni messaggi extraterrestri possano essere incorporati in una tale messe di segnali. Il modo migliore per nascondere un oggetto è, infatti, quello di mescolarlo ad altri oggetti simili. Ciò mette in discussione le fondamenta dell'ipotesi della Foresta Nera. Il nostro attuale livello di conoscenze scientifiche e tecnologiche potrebbe essere troppo arretrato per dar luogo a una comunicazione efficace con delle civiltà extraterrestri. Vediamo, invece, come gli alieni potrebbero tentare di comunicare con noi.

15.4 L'Universo è veramente Silenzioso?

Una delle principali idee su cui basare l'ipotesi della Foresta Nera è che l'universo sia silenzioso: simile, per l'appunto, ad una foresta immersa nella notte. Come già accennato, gli astronomi non sono ancora riusciti a catturare una trasmissione e osservare segni di vita che provino l'esistenza di altre intelligenze. Cosa intendiamo con la parola silenzio? Si potrebbe dire che l'universo sia piuttosto rumoroso. La Terra, infatti, è continuamente bombardata da radiazioni provenienti dallo spazio. Ci sono diversi tipi di radiazioni: le alfa, le beta, quelle elettromagnetiche (EM), quelle costituite da fasci di neutroni, quelle formate da neutrini. Esistono, poi, le onde gravitazionali. Le particelle alfa sono nuclei di elio privi di elettroni, che trasportano una carica positiva. Queste particelle sono parte dei raggi cosmici provenienti da varie fonti quali il Sole, altre stelle, o i buchi neri. È altamente improbabile, tuttavia, che le particelle alfa possano essere utilizzate per trasmettere una qualche informazione. Allo stesso modo, la radiazione beta, costituita da singoli elettroni, e i fasci di neutroni, particelle entrambe presenti nei raggi cosmici, sono improbabili quale veicolo di informazioni. Restano due tipi di radiazioni: le onde EM e i fasci di neutrini. Un caso a parte è quello delle onde gravitazionali. La ricerca di intelligenza extraterrestre si basa principalmente sull'indagine di segnali elettromagnetici rilevati da radiotelescopi. Nonostante gli sforzi sostanziali da parte di imprese private, istituti di ricerca e governi, questa ricerca non ha prodotto risultati soddisfacenti. La presenza di fonti artificiali di segnali radio complica ulteriormente le cose, perché la ricerca è resa ancora più difficile. È, pertanto, fondamentale puntare attentamente le antenne verso gli esopianeti potenzialmente abitabili, per garantire che qualsiasi segnale catturato abbia veramente attraversato il cosmo. I segnali ricevuti possono, tuttavia, provenire da fonti varie, diverse da un'intelligenza aliena. Gli sforzi sono, per questo, concentrati sulla ricerca di segnali che presentino caratteristiche specifiche, come una potenza limitata all'interno di una stretta gamma di frequenze o una linea spettrale caratteristica; ad esempio, la linea di frequenza di 1420 megahertz associata all'emissione dell'atomo di idrogeno. Il verdetto sull'analisi dei segnali radio – alla ricerca di vita aliena – è ancora in sospeso. I neutrini sono particelle quasi prive di massa che interagiscono molto raramente con la materia. Prodotti attraverso reazioni di fusione nei nuclei delle stelle, i neutrini possono attraversare distanze galattiche, come fanno quelli generati da supernove, prima di raggiungere la Terra. Sebbene teoricamente possibile, è improbabile che una civiltà avanzata possa utilizzare i neutrini per comunicare, dato l'enorme flusso di tali particelle che già attraversa la Terra ed atteso il fatto che, di queste, solo una piccolissima minoranza viene effettivamente catturata dai nostri rilevatori. La teoria della relatività generale di Albert Einstein postula che la gravità nasce dalla curvatura dello spaziotempo, dovuta alla presenza di energia e materia. Le onde gravitazionali, che sono onde di energia, si generano quando una qualsiasi quantità di materia si muove o interagisce con altra materia. Sono, tuttavia, necessarie notevoli quantità di energia e materia per creare, nel tessuto dello spaziotempo, increspature tali da poter essere rilevate sulla Terra. L'Osservatorio di Onde Gravitazionali con Interferometro Laser (LIGO), il più grande rilevatore di onde gravitazionali attualmente in uso sul nostro pianeta, è composto da almeno due rilevatori individuali in luoghi separati. Questi rilevatori sono progettati per registrare eventi cosmici particolarmente violenti, i quali si verifichino a grandi distanze nell'universo. Quando stelle binarie – come le stelle di neutroni – o i buchi neri si scontrano, producono onde gravitazionali che fanno contrarre e espandere lo spaziotempo su scala infinitesima. Gli interferometri LIGO possono rilevare cambiamenti piccolissimi nella lunghezza delle loro braccia. Per illustrare l'intensità infinitesimale di queste onde, il lettore consideri che la fusione di due buchi neri, situati a un miliardo di anni luce dalla Terra, provocherebbe un cambiamento nella lunghezza di un braccio dell'interferometro – che misura quattro chilometri – pari ad una frazione delle dimensioni di un protone [241].

Considerando le copiose quantità di energia e materia necessarie per generare un segnale rilevabile, è improbabile che una civiltà molto distante utilizzi le onde gravitazionali come veicolo per inviare comunicazioni. Civiltà aliene avanzate, più vicine a noi, potrebbero incorporare informazioni all'interno di segnali di maggiore intensità, come sarebbero quelli prodotti da eventi quali le collisioni stellari. L'universo è pieno di varie forme di radiazioni, le quali permeano tutto lo spazio. Questo crea una cacofonia di segnali. il rumore di fondo, proveniente dallo spazio, sovrasterebbe, probabilmente, qualsiasi segnale intenzionale che potesse essere stato diretto verso di noi allo scopo di comunicare. Un'altra via che gli alieni potrebbero aver esplorato, per comunicare con noi, interesserebbe nuovi aspetti emersi da recenti progressi nel campo della meccanica quantistica.

15.4.1 Teoria Quantistica e Comunicazione Aliena

La meccanica quantistica (MQ) è una descrizione matematica e fisica dell'infinitamente piccolo. Nella fisica classica, l'evoluzione di un sistema obbedisce a leggi deterministiche che possono prevedere l'evoluzione di tale sistema una volta impostate le condizioni iniziali del problema, quali, ad esempio, le leggi del moto di Newton. Tuttavia, in meccanica quantistica, la descrizione dello stato di un sistema è probabilistica fino a quando non viene effettuata una misurazione dello stato di una particella, momento in cui può essere assegnato un valore specifico alla proprietà misurata, come avviene, ad esempio, per lo spin. Al centro della meccanica quantistica c'è una dualità nota come dualismo onda-particella. Tale dualismo afferma che una particella può comportarsi, a volte, come un'onda e, altre volte, come una particella. Nel caso dell'onda elettromagnetica, l'equivalente particellare, duale dell'onda, è chiamato fotone.

L'altro aspetto interessante della MQ è la non-località della natura. Quando due particelle interagiscono, i loro stati diventano correlati: significa che le misurazioni delle proprietà di una particella sono istantaneamente correlate con le proprietà dell'altra particella, indipendentemente dalla distanza che le separa. Gli esperimenti hanno confermato che questa correlazione tra le due particelle persiste anche quando le particelle sono separate da miliardi di anni luce. Limitandosi a delle congetture, se una civiltà aliena dovesse inviare, verso la Terra, una serie di particelle correlate, esse potrebbero codificare un messaggio, in previsione del fatto che noi, misurando le proprietà di questa serie di particelle correlate, potremmo decifrare il messaggio in essa codificato [242]. È importante notare che questa forma di comunicazione non violerebbe la teoria della relatività ristretta di Einstein, poiché le particelle stesse, per raggiungere la loro destinazione, non viaggerebbero oltre la velocità della luce. La correlazione fra particelle interagenti, tuttavia, non è locale ed è superluminale – la correlazione si propaga a velocità superiori a quelle della luce –: fatto che ha alimentato l'infruttuosa opposizione di Einstein nei confronti della meccanica quantistica, da lui espressa nel suo famoso articolo EPR del 1935 [243]. Questa entusiasmante forma di comunicazione merita ulteriori indagini, non solo in previsione di potenziali incontri con intelligenze aliene, ma anche per le applicazioni nelle comunicazioni fra esseri umani. Grazie a protocolli di comunicazione quantistica – come la distribuzione di chiavi quantistiche – un simile approccio potrebbe essere alla base della trasmissione in sicurezza di ogni genere di informazioni.

15.5   L'Umanità ha Già Sussurrato

Dato che le nostre trasmissioni hanno viaggiato per circa 100 anni luce nello spazio, è sorprendente che potenziali predatori non siano ancora comparsi. Con migliaia di esopianeti entro un raggio di 100 anni luce dalla Terra, l'ambiente cosmico assomiglia a una foresta, brulicante di predatori e prede, ma distinti per livelli tecnologici, anziché per specie. Come quando ci si muove, di notte, in una foresta, nella quale bisogna stare attenti a specifici predatori, quali lupi o orsi, una civiltà aliena si preoccuperebbe del fatto che potesse essere rilevata da civiltà più avanzate della propria, piuttosto che da altre meno progredite tecnologicamente. Qualsiasi segnale mascherato o ingannevole, emesso da una civiltà avanzata, sarebbe, probabilmente, decifrato solo da civiltà, in relativa prossimità su scala cosmica, che possedessero una tecnologia pari o superiore. Di conseguenza, sembra improbabile che una primitiva forma di vita extraterrestre, la quale si riveli per firme biologiche o tecnologiche, venga presa di mira in quanto minaccia. Questo potrebbe spiegare perché l'umanità non ha ancora incontrato alieni ostili: il nostro livello tecnologico potrebbe essere troppo primitivo per attirare la loro attenzione. Le civiltà in cima alla scala tecnologica dovrebbero, invece, restare in silenzio, per due motivi:

A) rappresentano un frutto a portata di mano in termini di know-how tecnologico;
B) si stanno avvicinando sempre di più a civiltà avanzate pari a loro o superiori.

Questa variante all'ipotesi della Foresta Nera spiegherebbe anche perché non riusciamo a trovare alcun segno di vita extraterrestre: mentre le società primitive sussurrano, i loro omologhi più avanzati non stanno usando i loro "altoparlanti" per ragioni di prudenza. In questa variante all'ipotesi della Foresta Nera, tentiamo di udire sussurri e cigolii emessi da società primitive, mentre i grandi protagonisti restano nascosti in attesa. Ci chiediamo: questi cacciatori tecnologicamente avanzati sanno della nostra esistenza?

15.6   Gli alieni intelligenti ci conoscono

È plausibile che, all'interno della nostra galassia, esseri extraterrestri esperti abbiano già scoperto la Terra. Una spiegazione ragionevole è che la vita ha emesso, per miliardi di anni, firme biologiche quali metano, ossigeno e composti del carbonio. Con la prima comparsa degli ominidi, risalente a oltre un milione di anni fa, è trascorso tutto il tempo necessario, ed anche di più, perché la luce emessa dalla Terra giungesse fino ai remoti estremi della Via Lattea. Analizzando il nostro sistema solare e la chimica del nostro pianeta, questi esseri avanzati potrebbero aver previsto l'emergere della vita intelligente. Un altro metodo affascinante, con il quale extraterrestri tecnologicamente avanzati potrebbero averci osservato, è basato sul fenomeno della cosiddetta lente gravitazionale. Secondo la teoria della gravitazione di Einstein, la materia curva lo spaziotempo, deviando la luce che lambisce oggetti massicci. Nel 1936, Albert Einstein predisse che il nostro Sole, così come qualsiasi altra stella, potesse agire come una lente gravitazionale, focalizzando la luce da oggetti distanti su un punto a circa 542 unità astronomiche (UA) di distanza [244]. La figura 15.1 illustra artisticamente una lente gravitazionale. Sebbene questa distanza non possa essere apprezzata, con la tecnologia attuale, considerando che la sonda Voyager I della NASA ha viaggiato per poco più di 160 UA, le civiltà extraterrestri che disponessero di meccanismi di propulsione notevolmente avanzati, potrebbero localizzare e raggiungere punti focali, con l'uso di lenti gravitazionali selezionate, fino a raggiungere il nostro pianeta. Grazie a questo metodo, simili intelligenze, per conoscere la nostra specie, potrebbero osservare la Terra con una risoluzione incredibilmente alta, utilizzando varie onde elettromagnetiche, comprese quelle sfruttate nelle nostre trasmissioni.

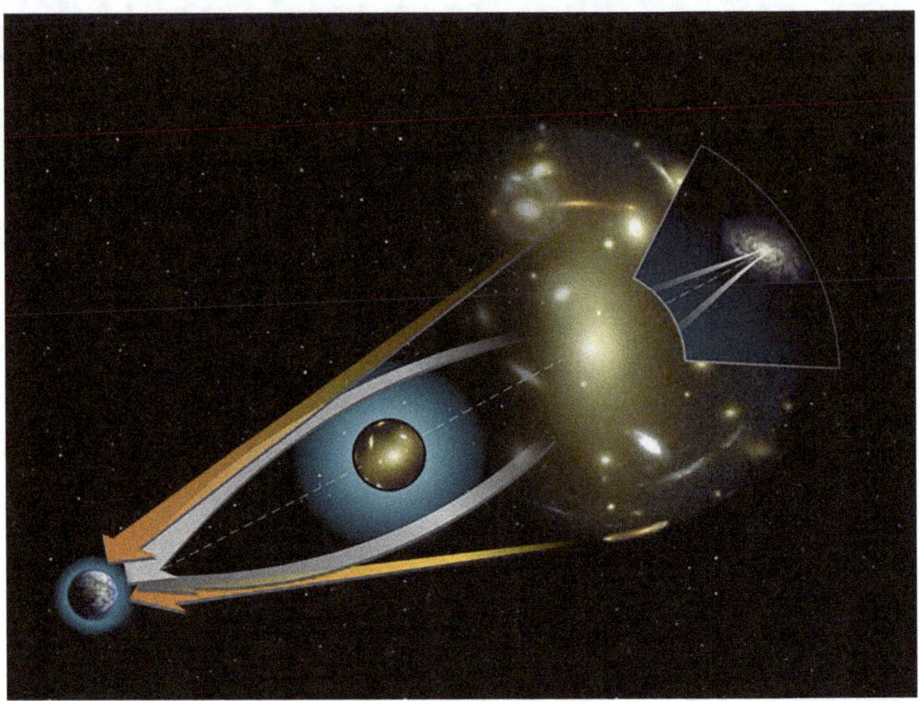

Figura 15.1 Un'illustrazione artistica della lente gravitazionale. Dominio pubblico, https://commons.wikimedia.org/w/index.php?curid=112602s. Ultimo accesso: 15 Aprile 2024

15.7 Come Potrebbero Nascondersi le Civiltà Intelligenti

Potrebbero esistere forme di vita uniche, insolite, tali da sfuggire ai predatori per loro stessa natura. Così, anche l'intelligenza AI non genera biomarcatori e potrebbe terraformare un pianeta per nascondere la sua presenza a potenziali "predatori" alieni. Non solo: alcune specie potrebbero prosperare in habitat sotterranei, all'interno di sfere di Dyson, o nascoste da stelle di neutroni e magnetar vicine. Altre civiltà potrebbero persistere nel nascondersi, anche dopo aver sviluppato una tecnologia rilevabile. Ma cosa succederebbe se numerose specie intelligenti, dopo essere state inizialmente rilevate da quelle più avanzate durante la loro "infanzia tecnologica", cercassero di nascondersi, una volta raggiunta la "maturità"? Una probabile strategia potrebbe configurarsi nel progetto di disperdersi in tutta la galassia, una volta raggiunto un livello di sofisticazione percepito come minaccioso. Per tali esseri, diventerebbe più facile nascondersi, quando non fossero confinati in un unico sistema solare. Si renderebbe loro necessaria, quindi, la colonizzazione di nuovi sistemi, adatti a predatori e prede tecnologicamente avanzate. Un altro modo di nascondersi potrebbe essere quello del tentare di ingannare gli osservatori, facendosi percepire come molto meno avanzati – e, di conseguenza, molto meno minacciosi – di quanto non lo si sia realtà. Tali strategie rappresenterebbero un'estrema risorsa, quando non fosse più possibile nascondere la propria presenza. Gli alieni potrebbero, anche, simulare la loro decadenza o l'estinzione, com'è tipico di certi mammiferi – ad esempio, l'opossum della Virginia – che si fanno credere morti: si tratta di un meccanismo di difesa dai predatori [245]. La mimica è una tattica diffusa nel regno animale e potrebbe certamente essere la strategia favorita da parte di alieni astuti. Un esempio intrigante di mimica è quello di farsi credere più forte e pericoloso: è un fenomeno noto come *mimetismo batesiano*, dal nome del naturalista inglese Henry Walter Bates, che studiò le farfalle della foresta amazzonica, in un viaggio iniziato nel 1848 [246]. L'innocuo serpente del latte – altro esempio – per scoraggiare i predatori, imita l'aspetto del serpente corallo, velenoso e mortale [247].

Una strategia di difesa dagli alieni potrebbe tradursi nel diffondere malattie. Nella "La Guerra dei Mondi", dello scrittore di fantascienza H.G. Wells, pubblicato nel 1898, una specie aliena molto più avanzata attacca la Terra per sterminare l'umanità. Nel romanzo, gli alieni, che le nostre migliori armi non possono sconfiggere, sono infine vinti dai nostri germi patogeni.

15.8 Considerazioni finali sulla Ipotesi della Foresta Nera

L'ipotesi della Foresta Nera è una delle risposte preferite dalla fantascienza al paradosso di Fermi, ed ha interessanti implicazioni. Rappresenta una "foresta" popolata da poche civiltà avanzate e da molte altre primitive. In una qualsiasi foresta naturale si osserva un comportamento di questo tipo: i grandi predatori rimangono nascosti; in tal modo, attuano strategie di difesa contro altri predatori in grado di infliggere loro danni, mentre aspettano l'occasione per saltare su qualsiasi preda imprudente. In questo contesto, l'elemento-sorpresa e le continue "guerre d'informazione" in cui i predatori si impegnano l'uno contro l'altro si allineano con le caratteristiche che fondano l'ipotesi della Foresta Nera.

16

L'Ipotesi dell'Estivazione

L'ipotesi dell'Estivazione è una delle molte possibili risposte al paradosso di Fermi, proprio come l'ipotesi della Foresta Nera: entrambe sono basate sul comportamento animale.[1]

L'ipotesi dell'estivazione per le specie extraterrestri è stata avanzata, nel 2017, da Anders Sandberg, Stuart Armstrong, e Milan Cirkovic in un articolo preprint arXiv [249]. In sintesi, Sandberg *et al.* sostengono che non possiamo vedere alcun segno di vita intelligente fuori dalla Terra perché le civiltà aliene avanzate sono dormienti, in attesa che l'universo si raffreddi. Quando l'universo sarà più freddo, qualsiasi riserva di energia accumulata da tali civiltà, durante i periodi di dormienza, diventerà significativamente più efficiente per scopi computazionali. In particolare, gli autori si riferiscono al principio di Landauer, il quale afferma che l'energia minima necessaria per eseguire un calcolo irreversibile[2] è proporzionale alla temperatura del sistema. È, pertanto, vantaggioso, dal punto di vista energetico, aspettare che l'universo si raffreddi per eseguire tali operazioni. La conseguenza è che – in un universo freddo – a parità di energia spesa, gli alieni potrebbero eseguire molti più calcoli. Per aiutare il lettore a capire perché l'universo si sta raffreddando, ci riferiamo alla

---

[1] Estivazione deriva da *aestas, aestatis*, che, in latino, significa "estate". A dispetto dell'assonanza, non ha nulla a che fare con stive e stivaggio. Nel mondo animale, significa dormire durante l'estate, per combattere la siccità e conservare energia. Le lumache, ad esempio, possono rimanere dormienti su rocce o sotto terra durante il caldo.

[2] Cancellare bit di dati ha un costo in termini di energia, e sviluppa calore disperso nell'ambiente. L'idea di un processo irreversibile legato al calcolo allude a un parallelo col secondo principio della termodinamica, secondo il quale ogni lavoro – anche quello di un calcolatore – comporta una perdita irrecuperabile di energia in forma di calore, per cui il processo è irreversibile. Il freddo minimizza la quantità di energia necessaria a far lavorare i calcolatori: il vantaggio è in questo.

sua espansione, come descritto nel secondo capitolo di questo libro. Intuitivamente, la lunghezza d'onda della radiazione cosmica aumenta man mano che lo spazio si espande, il che equivale a una diminuzione della frequenza. Poiché la frequenza della radiazione elettromagnetica è direttamente proporzionale alla sua energia, tale radiazione perde energia.

Un presupposto plausibile dell'ipotesi dell'estivazione suggerisce che una civiltà attiva avrebbe probabilmente stabilito il controllo su vaste regioni della nostra galassia e oltre, lasciando dietro di sé chiare tracce biologiche e tecnologiche che noi potremmo scoprire. Non abbiamo ancora visto alcun segno della presenza di civiltà extraterrestri avanzate, dal che l'ipotesi dell'estivazione.

L'idea dell'estivazione ha incontrato la decisa contrarietà da parte di Charles H. Bennett, Robin Hanson e C. Jess Riedel [250]. Ammesso che le civiltà aliene pratichino l'estivazione, gli autori riconoscono che il nostro universo ospita molti sistemi la cui entropia non è massimizzata (negentropia). L'entropia generata dai computer può essere trasferita a tali sistemi in modo adiabatico[3]. Secondo gli autori, il trasferimento può avvenire in qualsiasi momento. Concludendo, gli alieni non hanno bisogno di aspettare per dar seguito ai loro obiettivi.

16.1 Una Formulazione Alternativa

Vogliamo proporre, ora, una diversa possibile motivazione, per l'ipotesi dell'estivazione, che non si basa su considerazioni termodinamiche. Come abbiamo visto nel secondo capitolo, l'universo, si sta espandendo e, in conseguenza di questo processo, si raffredda. Quale potrebbe essere un'altra ragione a fondamento dell'estivazione aliena?

16.1.1 Il Costo della Colonizzazione dello Spazio

Colonizzare lo spazio è estremamente difficile: richiede, almeno, l'avanzamento tecnologico caratteristico di una civiltà matura di tipo Kardashev I. Per chiarire, una società di tipo Kardashev I ha raggiunto il completo controllo sul suo pianeta natale. La propria sofisticazione scientifica e tecnologica le consente di destinare tutte le sue risorse all'esplorazione dello spazio. Perché è necessario questo livello di avanzamento? Perché lo spazio presenta notevoli sfide (se si è disposti ad affrontarle, lo si fa, evidentemente, nella prospettiva di

---

[3] È detto *adiabatico* un processo che avvenga senza dispersione di calore.

importanti vantaggi). Breve promemoria: l'ultima esplorazione umana della Luna è stata portata a termine nella missione Apollo 17, nel 1972. Sono trascorsi cinquant'anni da quando la NASA ha inviato l'ultima missione lunare. Questo ritardo potrebbe essere deliberato, considerando i finanziamenti necessari per tali imprese. Tuttavia, se inviare una persona sulla Luna fosse semplice, nel corso di questi ultimi cinque decenni, lo avrebbero probabilmente fatto sia enti governativi, sia diverse società private. In una visione retrospettiva, sembra più sensato inviare una sonda intelligente nello spazio piuttosto che astronauti per diverse ragioni. Elenchiamo alcune di queste ragioni.

16.1.2   Microgravità

Il primo motivo importante per inviare sonde, piuttosto che persone, è nel fatto che un equipaggio umano necessità di costosi dispositivi atti a garantire microgravità durante la missione, e un'adeguata compensazione delle differenze gravitazionali, nell'atto di insediare l'equipaggio in parola su un nuovo pianeta o su una luna. Tutte le specie viventi sulla Terra, esseri umani compresi, si sono evolute adattandosi alla forza di gravità, che è un requisito fondamentale per la vita come la conosciamo. Numerosi studi hanno indagato gli effetti di un'esposizione prolungata degli astronauti alla microgravità, durante le lunghe missioni spaziali. La medicina ha osservato che gli astronauti subiscono danni al sistema muscoloscheletrico – in specie la demineralizzazione delle ossa – l'indebolimento del sistema immunitario e, in alcuni casi, soffrono di aritmia cardiaca a causa della microgravità [251]. Sebbene esistano soluzioni potenziali per mitigare questi effetti – ad esempio, la costruzione di una stazione spaziale rotante simile a quella rappresentata nel film di Stanley Kubrick "2001: Odissea nello spazio" – la Stazione Spaziale Internazionale (ISS) non ha adottato soluzioni futuristiche. L'ingegnerizzazione di una stazione spaziale rotante, che generi gravità artificiale, presenta notevoli problemi, a causa delle forze generate dalla rotazione, per i vincoli su materiali e peso. Anche se le soluzioni tecnologiche fossero in grado di superare il problema della gravità[4] rimarrebbe un'altra questione critica, posta dalle lunghe missioni spaziali: l'esposizione alle radiazioni.

---

[4] Questo capitolo tratta il problema del colonizzare lo spazio. Come già altrove, si parte da modelli terrestri del comportamento animale ed umano – i soli disponibili – per astrarre analogie con la possibile condotta di una specie aliena. L'argomento specifico del paragrafo è l'adattabilità a gravità artificiale. Il nesso guarda, però, sempre alla sottesa analogia con probabili alieni: è, questo, l'intento principale del capitolo. In definitiva: è un'ipotesi coerente l'ammettere che una specie aliena possa adattarsi meglio all'assenza di gravità, rispetto agli esseri umani.

16.1.3 Radiazione

Abbiamo menzionato il fatto che la radiazione formata da ioni ad alta energia può, a sua volta, ionizzare le cellule del nostro corpo, aumentando così la probabilità di cancro. L'ionizzazione priva un atomo di tutti i suoi elettroni – o di alcuni di essi – creando fasci di particelle cariche, positive o negative, chiamate ioni. Questa radiazione proviene dalle eruzioni solari e dal fondo cosmico. È bene notare che alcuni degli effetti dovuti alla presenza di radiazioni naturali potrebbero aver avuto effetti vantaggiosi; alcuni di essi potrebbero aver accelerato il corso dei processi evolutivi sulla Terra, aumentando la probabilità di mutazioni cellulari favorevoli. Nondimeno, è altrettanto importante ricordare che le radiazioni ionizzanti – anche quelle di origine naturale –, si pensi, ad esempio, al gas radon – sono, comunque, un rischio per la vita stanziale. Nello spazio, tuttavia, senza la protezione della nostra atmosfera e del campo magnetico terrestre, gli astronauti assorbono quantità di radiazioni molto maggiori rispetto a quelle ricevute, ad esempio, in una radiografia del torace: centinaia, se non migliaia di volte più intense.

Qualsiasi forma di vita basata sul DNA, durante lunghi periodi nello spazio, va incontro al problema dell'esposizione a radiazioni ionizzanti. Attualmente, l'unica contromisura consiste, in pratica, nel limitare la permanenza degli astronauti nello spazio a meno di un anno. Tuttavia, in imprese future, come la colonizzazione di Marte, per la quale si prevedono almeno 2–3 anni di permanenza al di fuori della Terra, saranno necessarie contromisure più efficaci. L'esposizione a radiazioni che copriranno un'ampia gamma dello spettro elettromagnetico dovrà potersi ridurre a livelli tollerabili. In particolare, le navicelle spaziali dirette verso Marte avranno bisogno di scudi in grado di mitigare gli effetti dei raggi cosmici, assorbendoli o deviandoli. Le civiltà avanzate potrebbero utilizzare, a questo scopo, le nanotecnologie, impiegando piccoli nanobot all'interno del corpo per proteggere e riparare continuamente le cellule danneggiate, prolungando così la vita. Un'altra soluzione – sfruttata spesso nella fantascienza – è l'animazione sospesa. Gli individui in animazione sospesa potrebbero essere adeguatamente protetti dalle radiazioni, richiederebbero meno energia e potrebbero ricevere, automaticamente, il nutrimento e i medicinali necessari. La severità degli effetti di un'esposizione prolungata alle radiazioni – sia per la specie umana, sia, ragionevolmente, per una specie aliena – soprattutto durante un viaggio cosmico, dipende dal tempo di permanenza nello spazio. La durata del viaggio – quindi, il tempo di permanenza nello spazio – dipende, evidentemente, dal tipo di propulsione adottata per giungere a destinazione.

16.1.4 Propulsione

L'esplorazione e la colonizzazione dello spazio sono, prima o poi, un dovere, per qualsiasi civiltà avanzata che voglia sopravvivere o sfuggire a minacce di ordine planetario o cosmico. Per andare nello spazio, prima di tutto, bisogna vincere la gravità del proprio pianeta. Se qualcuno potesse ideare un cannone per sparare un oggetto direttamente nello spazio, tale oggetto dovrebbe essere sparato a più di 11 chilometri al secondo, la velocità di fuga dalla Terra. Più massiccio è il pianeta, maggiore è la velocità di fuga. Ad esempio, lasciare Saturno richiede una velocità di fuga circa tre volte maggiore di quella della Terra [252].

La gravità non raggiunge mai esattamente lo zero; diventa, tuttavia, trascurabile oltre una certa distanza.

Un esempio di gravità ridotta, fuori dalla Terra, è quella che si registra sulla Stazione Spaziale Internazionale, situata 400 km al di fuori del pianeta, sulla quale gli astronauti, praticamente, galleggiano. Un'altra sfida rilevante è raggiungere una destinazione lontana entro un lasso di tempo specifico. La durata accettabile per una lunga missione dipende dalla durata media della vita di un astronauta e dagli obiettivi della missione. La navicella spaziale più veloce mai costruita dall'umanità è il Parker Solar Probe della NASA, che ha raggiunto velocità superiori a 600.000 chilometri all'ora, mentre si avvicinava al Sole [253]. È importante notare che la gravità solare ha dato il principale contributo nell'accelerare la sonda, fino a farle raggiungere velocità così elevate. Per quanto riguarda le missioni con equipaggio umano, la velocità più alta è stata quella della missione Apollo 10, che ha raggiunto circa 40.000 chilometri all'ora: l'Apollo 10 era 30.000 volte più lenta della velocità della luce [254].

Anche se si mantenesse questa velocità per l'intero viaggio, ci vorrebbero 30.000 anni per coprire un anno luce e quattro volte tanto per raggiungere Proxima Centauri, la stella più vicina a noi. Per una civiltà che si proponesse di viaggiare, attraverso il proprio sistema solare e nello spazio interstellare, nella direzione di un altro sistema, sarebbe fondamentale progettare un modello di propulsione efficiente. Anche se il loro obiettivo fosse quello di intercettare un asteroide o un pianeta orfano di passaggio, e di scendere sulla superficie, sarebbe necessario un notevole sforzo tecnologico. A causa della legge di conservazione della quantità di moto, un razzo deve espellere massa nella direzione opposta a quella in cui viaggia. La quantità di moto coinvolge sia la massa che la velocità e genera spinta. Questa spinta permette al razzo di superare la gravità terrestre; il razzo deve espellere massa ad alta velocità secondo la Terza Legge di Newton. Per la Seconda Legge di Newton[5], il razzo accelera man mano che genera spinta. Mentre viaggia nello spazio, il razzo deve disporre di:

A) massa da espellere;
B) una fonte di energia per espellere quella massa ad alta velocità, generando quantità di moto.

La situazione è un po' più complessa perché man mano che il razzo espelle materia, la sua massa totale diminuisce, portando a un'accelerazione ancora maggiore a parità di spinta. Il famoso ingegnere e scienziato russo Konstantin Eduardovitch Tsiolkovsky ha descritto questo fenomeno nella sua celebre *equazione del razzo*.

Nell'esplorazione spaziale, per superare la gravità terrestre e l'attrito dell'atmosfera, sono impiegati razzi a propellente chimico. Il loro scopo è trasportare attrezzature e persone nello spazio. Questi missili, nelle loro camere di combustione, ospitano due tipi di sostanze chimiche: il carburante e l'ossidante[6].

Durante il viaggio, le due sostanze sono miscelate per dar luogo a una combustione particolarmente efficiente. Ne deriva un gas surriscaldato, dotato di notevole energia cinetica, il quale viene espulso, attraverso un ugello, a velocità molto elevate.

Nello spazio, lontano dall'influenza gravitazionale di una stella, di un pianeta o di una luna, è necessaria una spinta relativamente esigua per accelerare un missile. Questo fatto è importante: nello spazio, si può pensare a una propulsione basata sull'uso di campi elettrici intensi. Le particelle ionizzate di un gas inerte – plasma –, grazie a un campo elettrico, possono essere accelerate a velocità molto elevate ed espulse in modo da assicurare la spinta necessaria. Sebbene la spinta ionica non sia abbastanza potente per assicurare velocità elevate, essa, d'altra parte, è molto indicata per mantenere in movimento una navicella spaziale di dimensioni contenute, con una spinta esigua, ma continua.

Quali mezzi di propulsione potrebbero essere utilizzati in futuro? Al momento, possiamo solo speculare. Fino ad ora, tutti i razzi utilizzano una reazione chimica che espelle gas caldo da un'estremità e, in base alla terza legge di Newton, riceve pari quantità di moto. Un concetto intrigante coinvolge l'utilizzo dell'energia nucleare. Le reazioni nucleari producono calore che aziona una turbina, generando energia elettrica. Questa energia elettrica potrebbe ali-

---

[5] $F = ma$.
[6] La combustione è, di fatto, un'ossidazione rapidissima, che libera energia in forma di calore e di luce. L'ossidante rende più efficiente il processo di combustione del carburante.

mentare una macchina che spari ioni nello spazio, in una sola direzione, con ciò creando una spinta continua, pur se di limitata intensità. In alternativa, le reazioni nucleari di fusione possono produrre ioni energetici diretti al di fuori della navicella spaziale da campi magnetici, il che la fa assomigliare ad un acceleratore di particelle. I motori a fusione possono potenzialmente ridurre il tempo di viaggio verso i giganti gassosi di un fattore 20 rispetto alle velocità raggiunte dai razzi a propellente chimico [255]. Essi, tuttavia, potrebbero non essere, comunque, in grado di garantire spinte sufficienti a raggiungere la stella più vicina entro la durata della vita di un essere umano.

In natura, esiste solo un tipo di reazione che risulta più efficiente di quella nucleare: la reazione materia-antimateria.

Quando la materia incontra l'antimateria, i due componenti vengono completamente trasformati in energia, come previsto da Albert Einstein nella sua famosa equazione, che collega, per l'appunto, massa ed energia. Sebbene nello spazio si trovino tanto la materia, quanto le particelle di antimateria – che compaiono nei raggi cosmici – gli scienziati devono ancora ideare un metodo per produrre grandi quantità di antimateria. formando antinuclei in strutture come il Large Hadron Collider (LHC), ma le applicazioni pratiche restano un traguardo lontano. Una navicella spaziale alimentata da una reazione materia-antimateria potrebbe trasportarci alla stella più vicina entro la durata della vita di un essere umano, viaggiando a un decimo della velocità della luce. Il problema principale è la creazione, economicamente vantaggiosa, di grandi quantità di antimateria.

Per quanto riguarda il viaggiare più veloce della luce senza contravvenire alle leggi della fisica, la teoria della relatività ristretta di Einstein fornisce una risposta definitiva: non è possibile. E per quanto riguarda la teoria della relatività generale?

Viaggio Superluminale

Alcuni ricercatori sostengono che la teoria della relatività generale, in alcuni casi, possa permettere velocità superluminali. La Spinta di Alcubierre, ad esempio, è un'idea avanzata dal fisico messicano Miguel Alcubierre nel 1994 [256]. Il Dr. Alcubierre ha proposto una soluzione alle equazioni di campo di Einstein caratterizzata da una speciale metrica. Concettualmente, questa soluzione implica che la navicella spaziale viaggi all'interno di una bolla localizzata, la quale si muove all'interno di uno spaziotempo piatto. In questo scenario, lo spazio si contrae davanti alla nave, mentre si espande dietro di essa, analogamente a quanto fa una nave che taglia le onde e le spinge dietro di sé. La nave rimane all'interno della bolla mentre si muove in uno spazio piatto. La realizzazione pratica di questo concetto di *warp drive*[7] richiederebbe, tuttavia, una densità di energia negativa, il che, a livello scientifico, resta confinata in una dimensione puramente speculativa. Naturalmente, l'Alcubierre drive è solo uno dei molti costrutti teorici proposti per superare la barriera della velocità della luce.

Un'altra idea intrigante è la creazione di un *wormhole*[8], essenzialmente una scorciatoia attraverso lo spazio e il tempo. Un wormhole è anche chiamato ponte di Einstein-Rosen, dai nomi dei due scienziati che hanno pubblicato la formulazione matematica che traduce questa idea [257]. La figura 16.1 illustra artisticamente il viaggio attraverso un wormhole. La possibilità teorica dei wormhole deriva direttamente dalle equazioni di campo della teoria della relatività generale. Questo concetto è stato ampiamente presentato in film di fantascienza, nei quali, in pochi istanti, i protagonisti coprono vaste distanze nell'universo.

I wormhole possono essere attraversati? Nessuno lo sa. Inoltre, finora, i wormhole non sono stati osservati sperimentalmente.

16.1.5 Sfide Spaziali

Ovviamente, la propulsione, la radiazione e la microgravità sono, di per sé, ostacoli rilevanti. Ce ne sono, però, molti altri, quali, ad esempio: ottenere e riciclare il cibo, rifornirsi di carburante, garantire la sicurezza della nave – anche per la presenza di micrometeoroidi –, assicurare il benessere mentale e fisico dell'equipaggio, ecc. ecc. [258]. Abbiamo mostrato, finora, che una civiltà aliena potrebbe scegliere di attendere, prima di intraprendere un'importante missione di esplorazione e di colonizzazione dello spazio. Essi si assicurerebbero che la loro tecnologia fosse sufficientemente avanzata per l'imponente sfida scientifica e tecnologica dell'avventurarsi oltre il proprio sistema solare, nella prospettiva di conquistare esopianeti ed exolune in altri quadranti.

16.1.6 Realtà Virtuale

È del tutto plausibile che una civiltà aliena avanzata possa scegliere di vivere in un universo virtuale, nel quale sia possibile esplorare e comprendere la realtà in prospettiva, attraverso la simulazione digitale. Questa tendenza già si impone alla nostra società in molte forme. L'uso estensivo di telefoni e computer segna la condotta di una popolazione che trascorre molto tempo impegnata

---

[7] Tradotto si dice "motore a curvatura".
[8] Il wormhole è inteso letteralmente come un canale fatto da un verme in una mela.

Figura 16.1 Illustrazione artistica del viaggio attraverso un wormhole. Di Les Bossinas (Cortez III Service Corp.) – http://www.nasa.gov/centers/glenn/images/content/101681main_CD1998_76634_1200x900.jpg, Public Domain, https://commons.wikimedia.org/w/index.php?curid=1284060. Ultimo accesso: 15 Aprile 2024

sugli schermi dei computer e dei cellulari, assorbendo enormi quantità di informazioni, precedentemente inaccessibili. Se questo sviluppo tecnologico sia vantaggioso o dannoso è questione sulla quale i lettori possono riflettere. Lo scambio e la diffusione globale delle informazioni hanno, tuttavia, dato corso a significativi progressi, con l'uso dell'intelligenza artificiale; in particolare, nella tecnologia in genere, nelle scienze sociali, in biologia e in medicina. Le realtà virtuali permettono agli esseri umani di elevarsi a percezioni sensoriali potenziate, consentendo, con notevole efficienza, la progettazione e la costruzione a distanza. Questo processo di evoluzione tecnologica potrebbe far parte di una tendenza più ampia, che prevedesse l'integrazione fra alieni, esseri umani e macchine, giungendo ad esaltare le reciproche conoscenze ed abilità. In un certo senso, questo sta già accadendo nel campo dei dispositivi indossabili. I dispositivi indossabili forniscono agli utenti informazioni utili sul tempo, sulla posizione, su raccomandazioni personalizzate e su consigli relativi alla salute, per citarne alcuni. Perché, dunque, gli alieni dovrebbero aspettare per lanciare l'esplorazione spaziale su larga scala?

16.1.7 Stoccaggio per il Viaggio

Mentre l'universo si espande e le stelle si esauriscono, le risorse energetiche diventano sempre più scarse. L'accumulare rilevanti quantità di energia appare una misura di prudenza. Gli abitanti dei pianeti in un sistema solare la cui stella si stesse avvicinando alla fine della fase di sequenza principale, ad esempio, andrebbero incontro ad un problema sostanziale. Sarebbe in gioco la loro sopravvivenza. Dovrebbero, pertanto, essere pronti ad esplorare e colonizzare in massa lo spazio, e a sostenere gli sforzi in corso per localizzare e sfruttare l'energia da nuove stelle, forse attraverso strutture simili alle sfere di Dyson. Questa strategia assomiglia a quella delle formiche che immagazzinano cibo, preparandosi per l'inverno, garantendo, con ciò, la loro sopravvivenza durante i periodi di magra. Una simile politica, negli alieni, potrebbe anche essere motivata dalla necessità di difendersi da potenziali civiltà predatorie, che, in un universo caratterizzato dalla scarsità di risorse, potrebbero cercare, a loro volta, fonti di cibo ed energia.

16.2 Riassumendo Tutto

Abbiamo proposto una nuova interpretazione dell'Ipotesi di Estivazione. Gli alieni potrebbero nascondersi dai predatori in una realtà virtuale, mentre immagazzinano energia, quando necessario, per massicce, future esplorazioni spaziali ai fini di colonizzazione. Come abbiamo visto, l'esplorazione spaziale richiede tecnologie avanzate che possono confrontarsi con i problemi posti dal viaggio nello spazio.

17

L'Ipotesi Berserker

L'ipotesi Berserker propone che tutte le potenziali civiltà aliene siano state sterminate da incontrollabili sonde spaziali auto-replicanti conosciute – per l'appunto – come *sonde berserker*. Il termine berserker si riferisce, letteralmente, ai guerrieri norreni, che combattevano con particolare ferocia, ed erano spesso raffigurati con indosso le pelli di orsi o lupi. Nel contesto di questa ipotesi, ci si riferisce, tuttavia, alla serie di brevi romanzi di fantascienza "Berserker" scritti da Fred Saberhagen, che esplora il tema del quale si è detto [259].

Ecco di che cosa si tratta: qualsiasi civiltà aliena che emergesse, incontrerebbe, inevitabilmente, delle sonde letali e perirebbe a causa di un attacco. Sebbene questo scenario possa sembrare improbabile, solleva l'ipotesi che alieni tecnologicamente avanzati possano, involontariamente, creare una tecnologia fuori controllo, il che porterebbe alla loro rovina. Una volta scatenati, questi ordigni mortali continuerebbero a prendere di mira e a distruggere altre civiltà extraterrestri dopo aver eliminato i loro creatori.

17.1 Una Sonda Mortale

Abbiamo già espresso il concetto di "sonda di Von Neumann" quando abbiamo affrontato l'equazione di Drake. Un sistema di sonde di Von Neumann può colonizzare un'intera galassia molto più rapidamente di quanto ci vorrebbe per attraversarla. Questa rapida espansione sarebbe facilitata dalla capacità della sonda di auto-replicarsi, creando, a volontà, copie identiche di sé stessa, e disperdendole in tutte le direzioni. Esaminiamo ora gli elementi più importanti per l'ipotesi berserker. Prima di tutto, la sonda mortale dovrebbe avere un'IA consapevole e cosciente che la guidasse, anche nel comportamento. In secondo luogo, la sonda dovrebbe essere in grado di fare copie di sé stessa mentre perlustra lo spazio. Infine, la sonda dovrà avere alcune motivazioni per fare guerra alla vita biologica nell'universo. Cominciamo con l'IA.

17.2 L'Esistenza di un'IA Cosciente e Sensibile

Al giorno d'oggi è importante capire se l'IA possa mai diventare cosciente come un'entità biologica. Cercheremo, qui, di toccare alcuni dei temi che questa domanda solleva. Prima di tutto: la natura della coscienza, in un contesto umano, suscita una gamma di punti di vista divergenti. In termini laici, la coscienza significa consapevolezza di sé stessi, della propria esistenza e del mondo circostante. Tuttavia, stabilire una teoria scientifica della coscienza presenta delle difficoltà, poiché certi aspetti sfuggono alla quantificazione. Mentre parametri quali il livello di ossigeno nel sangue possono essere misurati, discernere vari gradi di coscienza rimane elusivo; la questione si estende anche al confronto tra specie. Sebbene le scansioni MRI possono mappare l'attività cerebrale, in simili valutazioni intervengono elementi soggettivi, che sfuggono a spiegazioni scientifiche semplici. Ad esempio: singole immagini mentali, come quelle di un'auto, possono variare tra individui. In ogni caso, una teoria matematica del cervello potrebbe non dirci molto sulla coscienza.

La questione di cosa sia la coscienza continua, quindi, ad essere rimessa, principalmente, al campo della filosofia della mente.

Alan Turing, il rinomato matematico britannico, è una figura fondamentale nell'informatica moderna. Ha dato contributi determinanti alla teoria computazionale, ed ha ideato un dispositivo elettromeccanico che è stato utile per decifrare, durante la seconda guerra mondiale, i messaggi criptati dell'esercito tedesco.

Turing ha concepito un test, il cosiddetto *test di Turing*, che permetterebbe a un umano di discernere se una macchina possa imitare un umano, dal che deriva la sua denominazione originale: "il gioco dell'imitazione". Il test di Turing è stato da lui stesso proposto in un articolo del 1950, intitolato: "Computing Machinery and Intelligence", nel quale si chiede se una macchina possa pensare come un essere umano [260]. La chiave per superare un test di Turing non risiede tanto nella capacità di rispondere correttamente a qualsiasi domanda un umano ponga alla macchina, quanto, piuttosto, nella capacità della macchina di rispondere esattamente come farebbe un essere umano. Molti ricercatori pensano che il test di Turing sia superato, poiché i grandi modelli di linguaggio possono generarne uno del tutto simile a quello umano.

I filosofi che sostengono la validità del test di Turing, spesso avanzano la teoria del *riduzionismo,* un punto di vista fisico-meccanicistico secondo il quale parlare, ascoltare, osservare e, in generale, interagire con il mondo può essere ridotto a funzioni, seppur complesse.

I riduzionisti credono che i sentimenti, le emozioni e le esperienze soggettive possano essere spiegati nei termini di una visione materialistica, senza alcun elemento mistico [261]. Se il riduzionismo è valido, esso implica che le macchine IA potrebbero, in linea di principio, mostrare comportamenti simili a quelli dei loro omologhi biologici, compresa la capacità di "sentire" e sperimentare emozioni, sebbene in un modo non immediatamente percettibile da parte nostra, così come lo è la natura della coscienza. Da un punto di vista riduzionista, non esiste alcuna barriera fondamentale all'ipotesi Berserker, poiché la vita artificiale potrebbe, teoricamente, soppiantare la vita biologica. Tuttavia, la prospettiva riduzionista, che rivendica posizioni fisico-meccanicistiche in materia di coscienza umana, ha dovuto far fronte alle polemiche mosse da vari filosofi, tra i quali, lo svedese David Chalmers, che argomenta una delle critiche più dirette.

Chalmers ha pubblicato il concetto del *problema difficile della coscienza (HPC)* nel 1995 [262]. Chalmers si chiedeva perché tutte le attività umane siano invariabilmente accompagnate da un flusso continuo di sentimenti e sensazioni, a differenza dei robot che eseguono azioni prive di tali esperienze interiori. In specie, Chalmers distingue due categorie: A) azioni come guidare, giocare a bridge o risolvere questioni di matematica, che egli etichetta come "problemi di coscienza facili", perché possono essere replicate in un sistema fisico- meccanicistico; e B) esperienze soggettive, che pongono sfide più profonde. Tecnicamente definita come "qualia", quest'ultima categoria è difficile – se non impossibile – da spiegare in termini puramente fisico-meccanicistici o funzionali. In poche parole, questo è un "difficile problema di coscienza". Secondo lo stesso autore, una possibile direzione, compatibile con l'HPC, è che la coscienza è un aspetto fondamentale della realtà presente su diversi livelli, simile a luce e massa in fisica. In questa visione, inoltre, un cervello con più connessioni e neuroni attivi è generalmente, sebbene non necessariamente, più cosciente di uno con meno connessioni e meno neuroni attivi. Ad esempio: benché non abbiano i cervelli più grandi nel regno animale (i cervelli degli elefanti sono tre volte più grandi dei nostri), gli esseri umani mostrano il più alto grado di encefalizzazione, riferito al rapporto tra il peso del cervello e il peso corporeo totale.

17.3 Funzionalismo

Se i qualia sono solo rappresentazioni dei meccanismi cerebrali che possono essere ridotti alla forma di funzione matematica, una macchina sufficientemente complessa e organizzata può diventare cosciente. Ancora meglio: una macchina di questo tipo può dirsi abbia già una certa coscienza. Non è chiaro, tuttavia, in che modo una macchina già cosciente interagirebbe con noi. Forse c'è una soglia di complessità – una quantità di informazioni – oltre la quale emerge la coscienza. È, questo, il fenomeno dell'emergenza, per il quale le macchine programmate fanno più di ciò per cui sono state progettate [263].

Nel 2022, è stato presentato il rapporto su un ingegnere di Google, Blake Lemoine, che credeva che la sua tecnologia di chatbot AI fosse diventata cosciente [264]; se confermato, sarebbe un fenomeno che dovrebbe metterci in emergenza. Molti scienziati e leader del settore, come il miliardario Elon Musk, hanno espresso preoccupazioni sul fatto che l'IA possa presto diventare superintelligente e cosciente, rappresentando una minaccia per l'umanità. Tuttavia, lo sviluppo di un'IA cosciente va ben oltre le nostre attuali capacità, e il carattere emergenziale di una simile scoperta sarebbe, probabilmente, frutto di circostanze accidentali, piuttosto che il risultato di una deliberata creazione ad opera degli ingegneri. "Le avventure di Pinocchio" è un romanzo fantasy per bambini del 1883 dello scrittore italiano Carlo Collodi [265]. La narrazione ruota attorno a Geppetto, che costruisce una marionetta di nome Pinocchio, da un pezzo di legno dotato di anima, per poi vederlo trasformarsi in un essere vivente. Col tempo, Pinocchio si evolve in un vero ragazzo con una personalità distinta. Questa storia potrebbe evocare il parallelo con quel che un giorno saranno le macchine coscienti. Come la storia di Geppetto, l'emergere della coscienza nelle macchine non può essere evitato. Come implementerebbe la sua riproduzione una macchina cosciente? È possibile per una macchina imitare le entità biologiche in tutti i loro comportamenti?

17.4 Riproduzione

Lo scenario di un giorno del giudizio per il tramite di sonde Berserker sarebbe incompleto se queste macchine coscienti non potessero far copia di sé stesse illimitatamente. Fin dai tempi antichi, la ricerca umana di creare, costruire e persino generare la vita è stata oggetto di speculazioni scientifiche e filosofiche. Radicato nelle tradizioni greche e romane, il concetto di cornucopia alludeva a un corno, di origine mistica, capace di produrre senza fine cibo ed oggetti vari, a vantaggio di chi lo possedeva. La pratica storica della magia, caratterizzata da rituali e incantesimi nell'antichità e nell'era medievale, esemplifica lo sforzo dell'umanità di sfruttare le forze della natura a proprio vantaggio e di materializzare oggetti dal nulla.

In epoca moderna, John Von Neumann – poliedrico scienziato americano di origine Ungherese – si è occupato dell'idea di un costruttore universale. Nel 1966, Von Neumann ha pubblicato una descrizione di tali costruttori nel suo libro "Teoria degli automi auto-riproducenti", uscito postumo dopo essere stato completato da Arthur Burks [266]. In sintesi, Von Neumann ha riflettuto su quali dovessero essere i componenti essenziali di una macchina in grado di autoriprodursi e su quali fossero i requisiti minimi di architettura[1], necessari affinché tale macchina potesse replicare sé stessa con assoluta precisione, conservando, nel contempo, la capacità di evolversi.

Esaminiamo brevemente le ipotesi fondamentali che sottendono l'effettiva possibilità di realizzare una macchina di questo tipo. L'ipotesi principale è che la macchina auto-replicante possa essere ben definita, nella sua interezza, in componenti e connessioni. Dev'essere possibile rappresentare in un progetto tutti i componenti e le connessioni necessarie. Deve, inoltre, potersi presumere che si riesca a sviluppare un "costruttore universale" in grado di interpretare il progetto della macchina e di fabbricarne un esatto duplicato. Si assume che i componenti siano reperibili in ambiente esterno ed accessibili al costruttore secondo necessità. La figura 17.1 illustra un Costruttore Universale di Von Neumann.

Consideriamo, ora, la serie di passaggi che identificano il processo di replicazione. Inizialmente, la macchina costruttrice, denotata come C, registra la descrizione di sé stessa su un supporto fisico etichettato come D. Successivamente, la macchina accede a D ed interpreta questa descrizione per produrre un duplicato, che chiameremo C1. Il costruttore procede a creare un supporto fisico, D1, per la copia C1 appena realizzata. La macchina duplica quindi il contenuto della propria descrizione dal suo supporto fisico originale, D, sul supporto appena creato, D1, e lo collega alla copia, C1, e così via di seguito. Naturalmente, per creare una macchina che possa riprodurre copie di sé stessa, non è necessario osservare, in senso stretto, questa serie di prescrizioni.

In termini pratici, le nanotecnologie emergono come un aspetto fondamentale della replicazione delle macchine. Il prefisso "nano" significa "estrema piccolezza". Per comprendere la scala coinvolta, in un solo millimetro ci sono un milione di nanometri. Stiamo parlando del regno delle singole molecole e degli atomi pesanti. La nanotecnologia molecolare si distingue tra le varie

---

[1] Qui architettura è termine del gergo tecnico: in informatica, la materia che descrive come costruire un computer è detta architettura degli elaboratori.

Figura 17.1 Costruttore universale di John von Neumann, con il nastro di input necessario per fare una copia completa dell'intera macchina. Di Ferkel su Wikipedia inglese – Trasferito da en. Wikipedia a Commons da Mangostar usando CommonsHelper., Pubblico dominio, https://commons.wikimedia.org/w/index.php?curid=4483007. Ultimo accesso: 16 Aprile 2024

applicazioni, concentrandosi sulla manipolazione di atomi e molecole per fabbricare prodotti macroscopici con precisione atomica [267]. A questo livello, entrano in gioco gli effetti quantistici, ma, finché i principi fisici rimangono intatti, un costruttore specializzato può replicare qualsiasi oggetto in modo impeccabile.

Una svolta in questo campo è stata lo sviluppo del microscopio a effetto tunnel (STM) – la cui costruzione ha avuto inizio nel 1981 – ad opera dei fisici Gerd K. Binnig e Heinrich Rohrer presso il Laboratorio di Ricerca dell'IBM a Zurigo [268]. Binnig e Rohrer hanno ricevuto il Premio Nobel nel 1986. L'STM consente di ottenere immagini con una risoluzione dell'ordine di singoli atomi all'interno di un solido, facilitando l'ingegneria dei materiali. Anche le biotecnologie svolgono un ruolo cruciale nella nanotecnologia molecolare, creando polimeri che fungono da impalcature per altri dispositivi. L'avvento della chimica supramolecolare consente l'analisi dei processi di auto-assemblaggio delle molecole, tramite legami non covalenti.

Le sonde Berserker potrebbero essere una versione dell'intelligenza di sciame a livello molecolare, nella quale la singola componente non è intelligente. Tuttavia, la sinergia e il numero di componenti che lavorano all'unisono potrebbero raggiungere un grado di consapevolezza e intelligenza superiore a quello della vita organica. Potrebbero, ad esempio, dare corso a più livelli di duplicazione per proteggersi da qualsiasi degradazione causata dall'ambiente. Data, inoltre, l'estrema miniaturizzazione di tali sistemi, queste piccole sonde non sarebbero osservabili con mezzi ordinari e sarebbe molto difficile difendersi da esse. Abbiamo, finora, esaminato la possibilità che tali sonde mortali possano essere intelligenti, consapevoli e in grado di riprodursi, il che rientra fra i loro obiettivi. Perché mai simili sonde, basate sull'IA, dovrebbero rappresentare una minaccia per i loro creatori ed altre specie aliene?

17.5 Comportamento della Sonda Intelligente

I comportamenti degli agenti intelligenti che si sforzano di ottenere risultati razionali e ottimali possono essere analizzati attraverso la teoria dei giochi, un campo all'interno della matematica e dell'economia che esamina le interazioni fra di loro. Pioniere in questo campo è stato John von Neumann, che, insieme all'economista tedesco Oskar Morgenstern, ha gettato le basi della teoria dei giochi nel libro del 1944 "Teoria dei giochi e comportamento economico" [269].

Un problema affascinante, all'interno della teoria dei giochi, è il gioco a somma zero a due persone – o del multi-giocatore – nel quale il guadagno di un giocatore è inevitabilmente compensato dalla perdita di un altro giocatore, col risultato che non ne deriva nessuna ricchezza netta. Il matematico americano John Nash ha contribuito significativamente a questo settore, in particolare con il suo teorema dell'equilibrio, nel quale si dimostra che in tali giochi, due o più giocatori possono adottare strategie specifiche per raggiungere una condizione di equilibrio in cui nessun giocatore può migliorare ulteriormente la propria posizione senza che un altro giocatore ne soffra [270]. Inoltre, qualsiasi deviazione da questa strategia di equilibrio lascia un giocatore esposto al rischio di sconfitta.

È importante notare che la scoperta rivoluzionaria di Nash è il risultato della sua tesi di dottorato sui giochi non cooperativi, discussa presso l'Università di Princeton nel 1950.

Un'altra ipotesi fondamentale, che il teorema di Nash sottende, riguarda il fatto che i giocatori possiedano informazioni perfette sulla struttura del gioco, benché questa idea sia spesso messa in discussione nei casi reali. Sebbene un'analisi completa di questi scenari possa superare l'ambito della nostra discussione, vale la pena considerare alcuni scenari riguardanti gli incontri tra sonde altamente intelligenti e nuove civiltà aliene. Queste sonde mirerebbero a replicarsi e a raccogliere risorse in modo efficiente, sfruttando le loro dimensioni su scala atomica per rimanere non rilevabili da altre entità.

Le sonde valuterebbero – in prima approssimazione – il livello tecnologico dell'alieno. Se le sonde giudicassero di essere svantaggiate, in un conflitto con la civiltà aliena, la loro strategia ottimale sarebbe quella di ritirarsi e cercare altrove risorse alternative. D'altra parte, se le sonde si percepissero come tecnologicamente superiori, e vedessero la civiltà aliena come una futura minaccia per la loro sopravvivenza, il miglior corso della loro azione sarebbe quello di impegnarsi in un attacco, sconfiggendo gli alieni e rivendicando a sé stesse le loro risorse per gli scopi della riproduzione. Infine, se la specie aliena non rappresentasse una minaccia per le sonde, essendo, forse, una forma di vita primitiva, le sonde potrebbero estrarre clandestinamente le risorse necessarie senza allertare gli equilibri alieni, continuando fino a quando le risorse stesse non fossero esaurite, per poi procedere oltre.

17.6   I Pericoli delle nuove Tecnologie

Sebbene l'Ipotesi Berserker possa sembrare improbabile, i pericoli delle tecnologie emergenti sono reali. Ad esempio, promettenti progressi in IA, nanotecnologia e manipolazione genetica nascondono potenziali scenari ad alto rischio, se non gestiti responsabilmente. Un'illustrazione dei pericoli celati dalle nuove tecnologie è rappresentata nel film "Oppenheimer". Julius Robert Oppenheimer, star fra gli scienziati americani, leader del gruppo che lavorò alla bomba atomica, ha seriamente contemplato l'ipotesi che, con un tale dispositivo, si corresse il rischio di incendiare l'atmosfera terrestre. Fortunatamente, si è concluso che un tale evento fosse improbabile, sulla base dei principi fisici e della potenza iniziale dell'ordigno, il che ha permesso di procedere con la prima detonazione [271].

Un altro caso è quello del Large Hadron Collider (LHC), il più grande acceleratore di particelle del mondo, realizzato a Ginevra. Si è temuto che, facendo collidere particelle a velocità prossime a quella della luce, si potesse generare un buco nero in grado di inghiottire la Terra. Gli scienziati del CERN hanno dimostrato l'improbabilità di tale evento, e che, anche nel caso che si fosse effettivamente formato un piccolo buco nero, esso sarebbe scomparso rapidamente, a causa della radiazione emessa – come accade per tutti i buchi neri –; fenomeno scoperto dal fisico britannico Stephen Hawking [272].

C'è la possibilità che, in futuro, l'intelligenza artificiale possa diventare molto più capace di noi. Un'entità AI consapevole e cosciente dovrebbe essere in grado di riprodursi, di muoversi e di comunicare con noi per scambiare informazioni. Dovrebbe disporre, inoltre, di una rappresentazione del mondo e delle sue leggi fisiche. Dovrebbe, infine, essere in grado di far evolvere il suo sistema mentre interagisce con il mondo. Dovrebbe, in parole semplici, essere in grado di cambiare il suo codice "genetico" informatico. Questa IA potrebbe essere in grado di ingannarci, facendoci credere che non abbia raggiunto la consapevolezza di sé.

La storia insegna una lezione fondamentale: per affrontare, preventivamente, potenziali problemi si devono considerare tutti gli aspetti e le conseguenze delle nuove tecnologie.

18

L'Ipotesi dei Molti Universi

L'ipotesi dei Molti Universi suggerisce che esistano altri universi oltre al nostro, alcuni dei quali probabilmente simili al nostro, ma non identici; molti fra questi potrebbero essere incredibilmente strani. All'idea, spesso equiparata al termine "multiverso" – comunemente usato in fiction e film – si è giunti attraverso un ricco e affascinante sviluppo storico. Esplorare l'evoluzione di questo concetto, partendo dalle riflessioni dei filosofi greci, per giungere alle teorie scientifiche moderne, suggerisce intuizioni profonde e segna una narrativa avvincente.

18.1 Il Vuoto nella Cultura Greca

Il filosofo greco Democrito, che visse, intorno al 400 a.C., insieme al suo mentore Leucippo, contribuì significativamente all'idea che esistessero molti mondi. Democrito gettò le basi per un'idea dell'atomo, introducendo una prima teoria atomica. Secondo Democrito, l'universo consisteva in innumerevoli particelle indivisibili, che egli chiamò, per l'appunto, atomi. Il termine "atomo" deriva dalla parola greca *atomon*, che significa indivisibile [273]. Sempre Democrito introdusse la nozione di "Vuoto", inteso come sostanza metafisica, alternativa alla materia, nella quale si sarebbero mossi gli atomi. Per Democrito, il Vuoto non era semplicemente spazio, ma un'entità distinta che rappresentava il "non essere". Questa distinzione concettuale tra "essere" e "non essere" illustra l'idea di due mondi o di universi differenti. La teoria di Democrito sull'esistenza degli atomi, concepita più di due millenni fa, è notevolmente preveggente in ordine alle scoperte della fisica moderna. Ci sono

© The Author(s), under exclusive license to Springer Nature Switzerland AG 2026
L. Vacca, *La Vita oltre la Terra*, https://doi.org/10.1007/978-3-032-11460-0_18

voluti più di 2000 anni perché la scienza confermasse l'esistenza degli atomi, testimonianza della lungimiranza intellettuale di questo antico filosofo.
Le sue intuizioni, molto avanzate rispetto a quelle dei suoi contemporanei,
continuano a suscitare rispetto e ammirazione nella comunità scientifica.

18.2   I Molti Mondi di Leibniz

Gottfried Wilhelm Leibniz, matematico, scienziato e filosofo tedesco, nacque
a Lipsia nel 1646. È noto per essere uno degli inventori del calcolo infinitesimale, insieme al matematico e fisico inglese Isaac Newton. Affrontando
il problema dell'esistenza del male nel mondo, da un punto di vista teistico,
Leibniz sosteneva che viviamo nel "migliore dei mondi possibili". Egli espose
le proprie tesi nel suo trattato "Saggi di Teodicea sulla Bontà di Dio, la Libertà
dell'Uomo e l'Origine del Male", pubblicato nel 1710. Secondo Leibniz, Dio
avrebbe potuto concepire un numero infinito di universi, ciascuno dei quali
distinto dagli altri. Per qualche motivo, l'Essere supremo avrebbe, però, scelto
di creare il nostro così com'è, rendendolo il miglior mondo possibile. Oltre a
presentare implicazioni teologiche, le idee di Leibniz suggeriscono che siano
possibili mondi o universi alternativi, ognuno dei quali ha caratteristiche uniche. Secondo Leibniz, un tale, diciamo Tom, potrebbe esistere in un universo
alternativo, le cui leggi potrebbero essere differenti da quelle proprie del nostro
mondo. L'idea di universi differenti, unici nel loro genere, ognuno con le proprie leggi naturali, è un aspetto affascinante dell'ipotesi dei Molti Universi. Gli
universi di Leibniz, tuttavia, non sono universi reali: essi rappresentano mere
possibilità alternative. Che dire, invece, delle teorie fisiche moderne, le quali
sostengono che la realtà sia fatta di infiniti universi? Ebbene: dalla visione di
Leibniz alle moderne teorie cosmologiche, sono trascorsi 250 anni.

18.3   La Teoria dei Molti Mondi

Il fisico americano Hugh Everett avanzò la teoria dei molti mondi nella sua
tesi di dottorato, a Princeton, nel 1957 [274]. La definizione "teoria dei molti
mondi" è stata introdotta da Bryce DeWitt negli anni '70. Sebbene quella di
Everett non sia esattamente una teoria del multiverso, essa rientra, tuttavia,
nel concetto che vuole esista, oltre il nostro, un numero di mondi o universi
distinti. La teoria di Everett è una delle diverse interpretazioni dei fondamenti
della meccanica quantistica. Facciamo una breve panoramica della meccanica

quantistica e della natura del problema che il Dr. Everett stava cercando di risolvere quando era ancora un dottorando.

18.3.1 Qual è la Natura della Realtà?

La meccanica quantistica, probabilmente una delle teorie più riuscite in fisica, è stata sviluppata, tra il 1900 e il 1920, attraverso gli sforzi congiunti di numerosi scienziati. Questo stimato gruppo include Albert Einstein, Niels Bohr, Louis de Broglie, Max Planck, Erwin Schrödinger, Werner Heisenberg e molti altri. Max Planck, nel 1900, ha dato il via alla "rivoluzione quantistica", introducendo il concetto secondo cui l'energia si propaga in quantità discrete. Nel 1905, Albert Einstein diede un'interpretazione dell'effetto fotoelettrico, formulando la teoria che, nel 1921, gli valse il premio Nobel. L'effetto fotoelettrico consiste nell'emissione di elettroni da parte di materiali conduttori colpiti da fasci di luce di frequenza opportuna. La meccanica quantistica, descrizione fondamentale del mondo naturale sulla scala dell'infinitamente piccolo, è caratterizzata da diversi principi-chiave [275]:

A) Le particelle possono comportarsi come onde, e le onde possono comportarsi come particelle. In fisica, questa duplice natura è conosciuta come "dualismo onda-particella". La luce, ad esempio, può essere trattata tanto come onda elettromagnetica, quanto come un insieme di particelle prive di massa, chiamate *fotoni*.

B) La natura a livello microscopico è quantizzata. Ad esempio: l'energia di un elettrone, confinata in un atomo, può essere ceduta solo in ragione di multipli interi di un'unità fondamentale di energia; la legge di proporzionalità che caratterizza il fenomeno è descritta nei termini della cosiddetta costante di Planck, dal nome del fisico tedesco Max Planck, che fu il primo a teorizzarla [276].

C) Gli stati delle particelle non sono deterministici. Una particella può essere descritta come se fosse simultaneamente in più stati; il concetto, noto come principio di sovrapposizione, si esprime caratterizzando ciascuno stato nei termini di una probabilità caratteristica. Tale condizione è descritta da una funzione matematica chiamata "funzione d'onda". Questa sovrapposizione di probabilità diventa caso reale quando un osservatore interagisce col mondo quantistico, per esempio, effettuando delle misurazioni. In tale circostanza, quel caso reale si manifesta come lo stato particolare che l'osservatore registra per effetto della misura[1]. La compatibilità tra l'indeterminazione, intrinse-

---

[1] Il principio di sovrapposizione e il determinismo della realtà si spiegano con un esempio. Supponiamo di lanciare in aria una moneta. La probabilità che esca "testa" o che esca "croce" è la stessa per ciascun

ca alla meccanica quantistica, e i risultati deterministici osservati all'esito di misure, è oggetto di un notevole dibattito, che ha dato luogo a varie interpretazioni. L'interpretazione più largamente accettata è quella della cosiddetta scuola di Copenhagen, che fa capo a diversi eminenti fisici, tra i quali si contano il danese Niels Bohr e il tedesco Werner Heisenberg. L'interpretazione di Copenhagen sostiene che l'indeterminazione è un aspetto fondamentale del comportamento delle particelle, e la meccanica quantistica si riduce alla meccanica classica per i grandi sistemi. Secondo questa interpretazione, quando un osservatore tenta di misurare un sistema quantistico, utilizzando un qualche dispositivo, l'atto stesso del misurare provoca il collasso della funzione d'onda, da una sovrapposizione di stati a un singolo stato classico [275]. L'interpretazione di Copenhagen non fornisce, tuttavia, una spiegazione chiara del motivo per cui lo stesso dispositivo di misurazione non dovrebbe essere soggetto ai principi quantistici; ciò che non è del tutto coerente con il quadro deterministico della relatività generale [277].

18.4   La Funzione d'Onda dell'Universo

Forse è per le sopraesposte ragioni – incoerenza fra indeterminazione quantistica e determinismo della relatività – che Hugh Everett ha sviluppato la sua teoria, successivamente riesaminata e adottata, da un lato, nella teoria quantistica della gravità – o gravità quantistica –; dall'altro, in cosmologia, dal fisico Bryce DeWitt, negli anni '70 dello scorso secolo. L'interpretazione dei Molti Mondi non fa differenza tra il dispositivo di misurazione e il sistema misurato: sono tutti trattati come sistemi quantistici. Everett è andato oltre, proponendo l'esistenza di una funzione d'onda che descrive l'intero universo. In questa teoria, la funzione d'onda non collassa al momento della misurazione; l'universo, invece, si ramifica in numerosi altri – possibilmente infiniti – universi paralleli. Ogni universo mostra un diverso valore misurato e una distinta funzione d'onda. Nel quadro di Everett, non c'è una progressione dinamica del tempo. Ogni universo rappresenta uno scatto dello stato delle cose da come erano nel passato a come sono nel presente. Everett, ad esempio, considera la misurazione dello spin di una particella: lo spin può essere "up" o "down"[2]. Quando si effettua la misurazione, l'universo si biforca in due universi sepa-

---

caso: 50 %. Mentre la moneta rotea in aria, i due stati "testa" e "croce" coesistono: sono sovrapposti. Quando la moneta tocca terra – fuori di metafora: quando l'osservatore misura – soltanto allora, dalla sovrapposizione di due eventualità equiprobabili – evento "testa" ed evento "croce" – si passa al caso reale, deterministico, che segna l'uscita di "testa" o di "croce".

[2] Lo spin è una grandezza della meccanica quantistica. Vi abbiamo già fatto accenno altrove. Un elettrone è paragonato a un pianeta: orbita intorno al nucleo dell'atomo e ruota su se stesso. In quest'ultimo aspetto,

rati, come una bolla che si divide in due. Esiste, di conseguenza, un universo nel quale lo spin è nello stato "up" e un altro universo in cui lo spin è nello stato "down". Ragionando in tal modo, si può ammettere che ogni interazione – ogni misura – generi infinite ramificazioni; infiniti universi in ciascuno dei quali la misura dia risultati differenti. Questo approccio, rimuovendo concetti quali "casualità" o "incertezza", fa a meno dell'impianto probabilistico alla base della meccanica quantistica.

L'idea è sfruttata, anche, nell'equazione di Wheeler-DeWitt [278] che descrive la funzione d'onda dell'universo sotto certe ipotesi. Si tratta di un'equazione in cui il tempo non compare.

Un'altra nozione che sfida la concezione convenzionale di tempo è quella dell'"universo a blocchi" o dell'"eternalismo". In base alla relatività speciale, l'idea di simultaneità è priva di significato. Due osservatori, per lo stesso evento, possono misurare tempi diversi. Ciò accade, in particolare, quando uno dei due viaggia a velocità prossime a quelle della luce. Partendo dal presupposto che non esiste un sistema di riferimento assoluto o un cronometrista universale, l'universo a blocchi postula un concetto filosofico, secondo il quale, passato, presente e futuro coesistono all'interno del continuum spazio-temporale. Essenzialmente: ciò che esisteva prima, ciò che esisterà dopo e ciò che esiste ora sussistono – coesistono – all'interno del continuum, sebbene non sia possibile alcuna relazione di causalità tra i diversi "blocchi", come descritto dal cono di luce di un evento[3] [279]. La teoria dell'universo a blocchi stimola l'immaginazione. I nostri cari scomparsi, ad esempio, potrebbero vivere in un universo eterno, separati per sempre da noi.

18.5 Vita Aliena nel Multiverso

Dopo aver esplorato le origini filosofiche, teologiche e scientifiche dell'Ipotesi dei Molti Universi, si potrebbe riflettere sulla relazione tra forme alternative di vita e potenziale esistenza di un'infinità di universi. Un'inferenza semplice suggerisce che se ci sono universi infiniti, allora alcuni di questi, le cui leggi fossero favorevoli alla vita, potrebbero essere abitati da innumerevoli esseri intelligenti. Noi potremmo vivere in uno di questi universi, nel quale è evidentemente

---

l'elettrone ricorda la trottola; da ciò, il nome di spin, dato alla grandezza che descrive il moto in questione, per allusione alla trottola.

[3] Nella rappresentazione geometrica del tempo relativistico, il presente è un punto che segna il vertice comune tra due coni: il passato è un cono appoggiato sulla propria base; il futuro è un cono rovesciato, con la punta in basso e la base verso l'alto. Si tratta di coni aperti – come quelli che otterremmo arrotolando due fogli di carta – perché passato e futuro si perdono nel tempo.

comparsa almeno una specie intelligente: la specie umana. Potrebbero, inoltre, esistere universi in cui la vita è impossibile a causa dei vincoli imposti da leggi fisiche differenti. Questa congettura pone una domanda intrigante: quali sono gli attributi specifici che permettono la vita nel nostro universo, e cosa implicano queste caratteristiche in termini di probabilità dell'esistenza di vita in altri universi?

18.5.1 L'Emergere della Vita

Consideriamo il lavoro del cosmologo giapponese Tomonori Totani. In un articolo del 2020, Totani affronta il problema dell'emergere della vita in un universo inflazionario [280]. Come abbiamo descritto nel secondo capitolo, l'inflazione è una teoria cosmologica, la quale postula che l'universo, nelle fasi iniziali, avrebbe subito un'espansione esponenziale, a causa della presenza di una forza gravitazionale repulsiva. Totani affronta il problema dell'abiogenesi: mistero scientifico cruciale. Come è sorta la vita sul nostro pianeta? Totani parte dal presupposto che la teoria dell'RNA World sia valida. Questa teoria è ampiamente accettata e spiega la comparsa del DNA da un punto di vista evolutivo. Ci si trova, perciò, di fronte al problema di come un RNA, in grado di replicarsi, si sia formato a seguito di un processo casuale ed abiogenetico. Per replicarsi, l'RNA necessita di una struttura polimerica che conti dai 40 ai 100 nucleotidi almeno. La sua analisi porta Totani a concludere che tale formazione è possibile su scala universale, purché nell'universo sia inclusa anche la porzione non osservabile. Totani ci mostra che un universo inflazionario potrebbe contenere un minimo di 10^{100} stelle. Da un punto di vista probabilistico, un simile universo sarebbe già abbastanza grande da giustificare la formazione di un polimero per la replicazione dell'RNA. Il problema, tuttavia, è che la formazione casuale di polimeri così grandi risulta improbabile in un universo come il nostro, nella cui porzione osservabile si contano 10^{22} stelle. Poiché l'RNA è incapace di replicarsi, Totani sostiene che, in un universo come il nostro, affinché la vita sulla Terra potesse essere effettivamente comparsa per via abiogenetica, bisognerebbe che il numero minimo di nucleotidi sufficienti alla duplicazione, in un polimero di RNA, fosse inferiore alla soglia dei 40 (in specie, di poco superiore alle venti unità). Per approfondire la tesi di Totani, facciamo un esempio. La catena polimerica, di lunghezza tale da assicurare la replicazione dell'RNA, sia una collana di perline. Supponiamo di avere 1000 perline, per farne 10 collane da 100 perline l'una. In un universo inflazionario – abbastanza grande – la probabilità che si formino catene nucleotidiche di 100 perline, per dar luogo a 10 collane – ossia catene di

RNA in grado di replicarsi – è sufficientemente alta, a motivo della presenza di 10^{100} stelle (la natura ha molte occasioni di tentare e riuscire). Usando meno perline – diciamo 10 – posso fare dei braccialetti. Fare braccialetti con meno perline è più facile che fare collane. Totani sostiene che la vita abiogenetica – le collane – sia molto improbabile nel nostro piccolo universo. Aggiunge poi: per aumentare la probabilità di vita, ed avere forme biologiche nate per duplicazione dell'RNA, bisognerebbe che, a ciò, potessero bastare dei semplici braccialetti – catene più corte – facili a farsi – più probabili nell'universo – perché composti di meno perline. Totani ne deduce questo: la scarsa probabilità che comparisse vita abiogenetica da un RNA in grado di replicarsi, nel nostro universo, implica l'eventualità di uno scarsissimo numero di casi favorevoli, se non, addirittura, di un singolo caso isolato (noi). Questa posizione si riallaccia, quindi, all'ipotesi della vita rara. Per questo, non c'è motivo di aspettarsi più di un evento abiogenetico nel nostro universo osservabile: quello che ci riguarda. Totani conclude che la comparsa della vita extraterrestre potrebbe implicare, oltre alla casualità, altri meccanismi, coinvolti nella formazione di un RNA in grado di replicarsi. Ad esempio: i processi catalitici potrebbero accelerare la formazione di molecole di RNA. La teoria di Totani è promettente, nella prospettiva dell'esistenza di vita in un multiverso. Alle ipotesi di Totani potrebbero affiancarsi teorie alternative. Poiché la vita esiste effettivamente nell'universo osservabile, è possibile che l'abiogenesi non sia l'unico meccanismo grazie al quale essa è comparsa sulla Terra, 3,8 miliardi di anni fa. Come accennato in precedenza, la panspermia potrebbe aver svolto un ruolo sinergico determinante. Sebbene non basti, da sola, a spiegare la genesi della vita, la panspermia potrebbe essere – ed essere stata – un meccanismo essenziale per disseminarla nell'universo. La vita nell'universo potrebbe, inoltre, non essere necessariamente basata sui meccanismi RNA/DNA o sul carbonio. Per finire: la vita potrebbe rappresentare un fenomeno in cui la formazione di molecole complesse, da semplici a ordinate, potrebbe non essere regolata esclusivamente da fattori casuali.

18.6 Inflazione e Multiverso

In un certo senso, siamo sicuri di vivere in un multiverso speciale, poiché sappiamo che ne esiste uno non osservabile. Secondo il cosmologo Alan Guth, l'universo non osservabile è incredibilmente grande, forse infinito. Basati sulla stima delle dimensioni dell'universo precedenti all'inflazione, i calcoli di Guth restituiscono un universo non osservabile, più grande del nostro di 10^{23}, una dimensione inimmaginabile. L'idea è coerente con una variante della teoria dell'inflazione, secondo la quale l'universo continuerebbe ad espandersi per sempre, in quella che viene chiamata "inflazione eterna" [281]. Nel 1983, il fisico americano Paul Steinhardt ha, in effetti, dimostrato che, in alcune porzioni di universo, il processo inflazionario non si esaurisce [282]; si tratta di una teoria alla quale egli stesso si è poi opposto. L'inflazione eterna crea una serie di universi a bolla – nei quali il processo stesso di inflazione tende a decadere – circondati da altre regioni che continuano a "gonfiarsi" esponenzialmente. Noi potremmo vivere in uno di questi universi a bolla. Poiché lo spazio tra questi universi a bolla si ammette cresca ininterrottamente, deve assumersi, per conseguenza, che, tra di essi, non sia possibile scambiare informazioni. Quali leggi fisiche possano governare gli universi a bolla non ci è dato sapere; essi potrebbero, forse, obbedire a leggi simili a quelle valide nel nostro universo, ma per differenti valori delle costanti fisiche (adimensionali). Il lettore dovrebbe aver chiaro che il multiverso dell'inflazione eterna non è collegato alla teoria dei Molti Mondi di Everett. Si tratta di due teorie ben distinte, afferenti a campi diversi. Il multiverso di Steinhardt si fonda, infatti, su concetti molto più vicini alla fisica teorica in senso stretto, rispetto alla visione di Everett[4]. La figura 18.1 illustra il concetto di multiverso.

Un universo inflazionario può essere visto come una sorta di multiverso: una raccolta di universi osservabili, di dimensioni infinite – separati gli uni dagli altri – la percezione dei quali dipende dall'osservatore. Del multiverso inflazionario fanno, forse, parte universi in cui le leggi fisiche non permettono l'esistenza della vita. È anche possibile che, in alcuni di questi universi, la vita esista, e che non ci sia un limite fisico alla velocità raggiungibile[5]. Questo permetterebbe alle civiltà extraterrestri di scoprire incessantemente nuovi mondi. È realistico credere che l'universo nel quale viviamo – proprio perché adatto ad ospitare la vita – sia un esempio di straordinaria unicità? Questa domanda rinvia all'argomento del Fine-Tuning, ovvero, della Sintonizzazione Fine.

---

[4] La teoria di Everett parte da una delle possibili interpretazioni di quei paradossi che ci derivano dalla meccanica quantistica, se cerchiamo di leggerla con gli stessi occhi che guardano il mondo macroscopico. Steinhardt, invece, muove da una teoria largamente accettata: quella dell'inflazione, proposta da Alan Guth.

[5] L'autore intende dire che sono pensabili universi nei quali non sia valida la legge relativistica secondo la quale la velocità della luce rappresenta un limite insuperabile. Ciò apre, evidentemente, a scenari alternativi, dominio della più pura immaginazione.

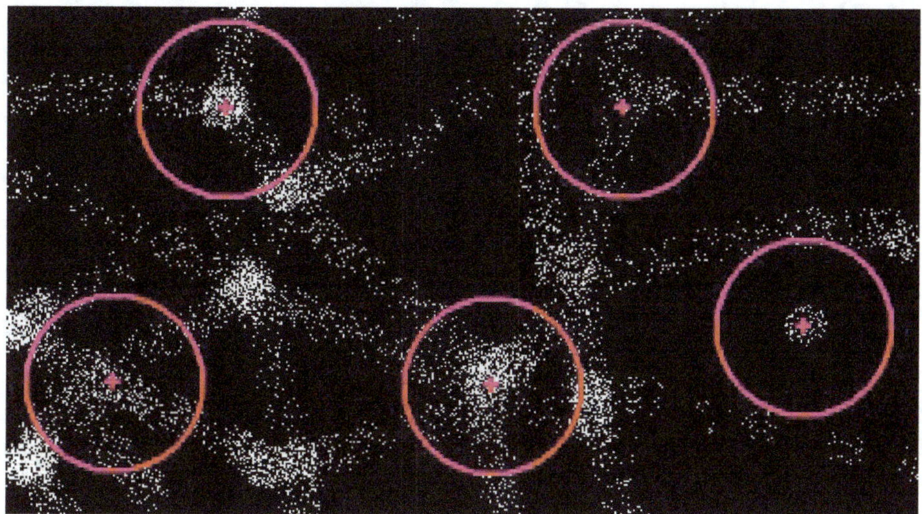

Figura 18.1 Esempio di Multiverso. Nell'Universo, ci sono molte aree osservabili o universi. Gli universi osservabili sono contrassegnati come cerchiati in rosso con una croce rossa al loro centro. By User: K1234567890y, Public Domain, https://commons.wikimedia.org/w/index.php?curid=1650827. Ultimo accesso: 17 Aprile 2024

18.7   Il Fine-Tuning dell'Universo

L'argomento del Fine-Tuning dell'Universo sostiene che le costanti adimensionali della fisica, fondamentali per la nostra comprensione del cosmo, devono assumere valori che permettano l'esistenza della vita. Suggerisce che anche le più lievi alterazioni di queste costanti darebbero luogo a un universo nel quale la vita non potrebbe emergere. Questa argomentazione è, spesso, citata da credenti e teologi, come prova dell'esistenza di un creatore, il che suscita dibattiti tra sostenitori e scettici. Il chimico americano Lawrence Joseph Henderson ha proposto un concetto simile, sebbene non identico, nel suo lavoro del 1913 "The Fitness of the Environment". In questo articolo, Henderson ha esplorato come la presenza e le proprietà uniche dell'acqua, combinate con la composizione chimica della Terra, siano essenziali per sostenere la vita. Il suo lavoro è un esempio di fine-tuning: l'autore sottolinea, infatti, che certe condizioni ambientali sono indispensabili per la vita. Sebbene l'argomento di Henderson si allinei più strettamente con l'ipotesi della Terra Rara, questa tesi ha comunque portato alla consapevolezza che l'emergere della vita sulla Terra potrebbe non essere semplicemente il frutto di una coincidenza. Lo scienziato che ha ulteriormente sviluppato il concetto del fine-tuning dell'universo è stato Robert H. Dicke, un eminente fisico americano, vissuto nella seconda metà del secolo. Coinvolto, inizialmente, nelle ricerche per lo sviluppo della tecnologia radar, presso il Radiation Laboratory del MIT, Dicke si trasferì, successivamente, all'Università di Princeton, dove si dedicò a studi sulla radiazione laser e ai test per confermare la relatività generale, attraverso l'analisi di fenomeni quali la precessione del perielio di Mercurio [283]. Dicke osservò che il tasso di espansione dell'universo è finemente calibrato. Se l'espansione fosse troppo rapida, la densità dell'universo tenderebbe a valori estremamente bassi, insufficienti a garantire la formazione delle stelle. Al contrario, se l'espansione fosse troppo lenta, l'universo finirebbe per collassare su sé stesso in un "big crunch". In entrambi gli scenari, la vita, così come la conosciamo, non sarebbe possibile. Le leggi che governano la gravità, l'elettromagnetismo, l'interazione debole e l'interazione forte devono essere, a loro volta, finemente calibrate, affinché il nostro universo possa esistere nel suo stato attuale

Più di recente – nel 1999 – il cosmologo e astronomo britannico Sir Martin John Rees ha scritto il libro "Just Six Numbers: The Deep Forces That Shape the Universe", che si concentra sulla sintonizzazione fine dell'universo [284]. Nel suo libro, Rees elabora sei numeri cosmologici adimensionali, sottolineando i loro valori finemente sintonizzati, che permettono l'esistenza della vita. Egli illustra l'argomento approfondendo il significato della costante specifica che rappresenta il rapporto tra la forza elettromagnetica e la forza gravitazionale tra due protoni. Sappiamo che la forza elettromagnetica è molto più intensa della forza di gravità. Per illustrare il perché, consideriamo il fatto che un singolo magnete può sollevare un oggetto contro la forza gravitazionale generata da un intero pianeta: il nostro. In questo universo, il rapporto tra le forze elettromagnetiche e gravitazionali fra due protoni è incredibile, denotato da un 10 seguito da 36 zeri. Se questo rapporto fosse più piccolo, il che implicherebbe una gravità più forte, l'universo sarebbe molto più piccolo, e sarebbe destinato ad una breve durata, perché le stelle giungerebbero più rapidamente al collasso, sotto l'azione di immense forze gravitazionali. Al contrario, se il rapporto fosse più grande, i protoni si respingerebbero troppo fortemente per poter formare gli atomi pesanti. Dal punto di vista di un fisico, l'universo appare finemente sintonizzato. Ci sono, tuttavia, anche validi argomenti contro l'ipotesi della sintonizzazione fine. Uno di questi argomenti è che le costanti ci appaiono tal quali, perché la nostra comprensione dell'universo è parziale, e potrebbe cambiare del tutto, con l'emergere di una teoria finale, completa, che spiegasse la natura di tutte le forze e di tutte le particelle. Un argomento a favore propone, invece, che questi parametri adimensionali siano correlati: significa che la modifica di un parametro potrebbe richiedere cambiamenti in alcuni degli altri o in tutti.

18.8   Una Visione Alternativa del Problema della Sintonizzazione Fine

Abbiamo già accennato che la percezione dell'universo come finemente sintonizzato si basa sulla nostra limitata comprensione attuale. Rimane incerto se nuove teorie più complete, in fisica, confermeranno o confuteranno questa nozione. Inoltre, gli esseri umani hanno solo recentemente iniziato a osservare e a riflettere su questa sintonizzazione fine, un periodo che è insignificante rispetto ai miliardi di anni dai quali esiste la vita sul nostro pianeta. L'apparizione di *Homo sapiens* era un evento prevedibile e necessario, dopo la comparsa della vita sulla Terra? Nient'affatto, com'è dimostrato dalle numerose estinzioni di massa che hanno quasi cancellato la vita dal pianeta. Qualsiasi ragionamento basato esclusivamente sulla sopravvivenza degli esseri umani soffre, pertanto, di un errore sistematico, ogniqualvolta nell'esame statistico sono inclusi solo i campioni sopravvissuti. Non possiamo che osservare un universo il quale permetta la vita: è il cosiddetto principio antropico. Questo errore rappresenta un problema per gli argomenti a sostegno della sintonizzazione fine. Ciò posto, dove ci porta tutto questo? Considerando l'incerto futuro, in relazione alla sopravvivenza della razza umana, a causa di minacce cosmiche interne ed esterne al nostro sistema solare, il principio antropico potrebbe dover essere esteso a tutte le forme di vita intelligente nell'universo. Se la vita intelligente fosse abbondante, allora la questione della nostra potenziale finitezza diventerebbe irrilevante, poiché, se anche dovesse scomparire, ci sarebbero, probabilmente, altre intelligenze a sostituirci nella nostra ricerca delle verità celate nel cosmo. Al contrario, se la vita intelligente fosse rara, come alcuni sostengono, allora l'universo resterebbe, per così dire, l'inviolato custode dei suoi propri segreti. In alternativa, potremmo abitare un universo che non è finemente sintonizzato con la vita che lo abita e non "desidera" osservatori. In questo caso, saremmo l'unica specie intelligente nel vasto spazio che ci accoglie: scenario improbabile, ma possibile. Il principio antropico è un argomento sia filosofico, sia cosmologico, di vasta portata, che conta numerosi contributi: posizioni, anche molto diverse tra loro, che ci riserviamo di esporre nel capitolo conclusivo. Un'altra possibilità è che noi popoliamo un subuniverso, creato da entità extraterrestri incredibilmente avanzate, il che ci porta nel regno delle ipotesi; in specie, all'ipotesi della simulazione.

18.9   L'Ipotesi della Simulazione

La cosiddetta ipotesi della simulazione assume che il mondo, l'universo che osserviamo, con tutto ciò che contiene, sia una "simulazione" [286].

Questa ipotesi potrebbe sembrare incredibile e priva di prove, eppure molti scienziati e filosofi esitano a respingerla del tutto. Lasciamo da parte i dettagli su che cosa il termine "simulazione" potrebbe evocare; osserviamo che un concetto simile ha precedenti storici in filosofia. Ad esempio: René Descartes – Cartesio – eminente matematico e filosofo francese del XVII secolo, ha proposto idee del genere. Nel 1641, Cartesio scrisse "Meditazioni sulla filosofia prima", un libro dedicato all'esistenza di Dio e all'immortalità dell'anima. In quest'opera, Descartes riflette su come i suoi sensi lo abbiano ingannato, portandolo a dubitare della sua capacità di conoscere, con obiettività, le cose del mondo. Egli sviluppa, sistematicamente, un metodo per eliminare il dubbio e raggiungere la certezza nelle sue osservazioni. Per via del suo scetticismo nei confronti dei sensi, Cartesio suggerisce l'immagine di un demone malvagio, capace di presentargli un mondo completamente illusorio. L'obiettivo di questo potente demone sarebbe quello di ingannare il filosofo, fino al punto di farlo dubitare dei propri sensi e di tutto quanto percepisce, compresa l'esistenza stessa. Alla fine, Cartesio giunge alla famosa conclusione: "Cogito, ergo sum" – "Penso, quindi sono" – che serve a fondamento; un caposaldo che lui ritiene non possa essere scosso da nessun inganno "demoniaco".

Le Meditazioni intraprendono un viaggio nello scetticismo, per giungere alla fondamentale comprensione di che cosa sia una conoscenza libera dal dubbio. Un altro concetto filosofico, l'ipotesi del "cervello in una vasca", ha catturato l'immaginazione di molti, prestandosi a riletture di fantasia, in opere come "The Matrix", celeberrimo film del 1999. Coniata dal filosofo americano Hilary Putnam [287], questa ipotesi suggerisce che gli individui non siano esseri incarnati, ma cervelli sospesi in vasche, che ricevono input sensoriali simulati, i quali creano l'illusione di un mondo reale. Questa nozione, mettendo in dubbio l'autenticità delle nostre percezioni ed esperienze del mondo esterno, rappresenta una forma di scetticismo globale e suggerisce che la nostra comprensione della realtà possa fondamentalmente essere errata e ingannevole. L'ipotesi della simulazione, alla luce dei progressi della tecnologia informatica, presenta possibilità intriganti. Man mano che la potenza di calcolo cresce, cresce altrettanto la nostra capacità di simulare fenomeni naturali, con una precisione sempre maggiore. Queste simulazioni, che coprono campi quali la meteorologia, le reazioni chimiche e gli eventi cosmologici, sollecitano intuizioni sul comportamento dell'universo fisico. L'avvento delle reti neurali ha rivoluzionato la nostra capacità di prevedere e comprendere le intricate relazioni nei sistemi complessi. Allo stesso tempo, c'è una tendenza in crescita, in particolare tra le giovani generazioni, che ci porta ad essere costantemente connessi a dispositivi digitali – quali telefoni o laptop – ed impegnati in attività che vanno dalla comunicazione, ad esperienze virtuali immersive, come il gioco Minecraft. In Minecraft, i giocatori entrano in un mondo virtuale 3D, riprodotto meticolosamente, nel quale, per divertimento, possono interagire con altri giocatori ed entità virtuali. Una caratteristica di questi mondi virtuali è che essi sono discretizzati nello spazio e nel tempo, poiché un computer non può simulare un continuum. La discretizzazione digitale ha un'analogia con il mondo naturale, nel quale una discretizzazione simile, ma molto più fine, si verifica, come descritto dai principi della meccanica quantistica, in termini di esistenza di particelle e quanti. Man mano che la potenza di calcolo continuerà a progredire esponenzialmente, è concepibile che l'umanità giunga a creare ambienti virtuali sempre più sofisticati, popolati da esseri simulati, il che permetterà ai ricercatori di studiare il comportamento tenuto dalle simulazioni, all'interno dei loro mondi virtuali, in ambienti controllati. Se l'ipotesi della simulazione fosse corretta, sarebbe possibile che gli esseri virtuali vivessero in un megauniverso, costruito come una *matrioska*, – la nota bambola russa –, il quale sarebbe opera di una specie aliena. In questo universo simulato gli abitanti potrebbero decidere di creare un loro universo simulato, i cui abitanti potrebbero fare lo stesso, e così via. Se potessimo addentrarci sempre di più nel profondo di queste simulazioni, annidate all'interno del megauniverso, emergerebbe una tendenza notevole: in ogni successivo "strato", la fedeltà della simulazione, probabilmente, diminuirebbe, dando luogo a sfocature sempre più evidenti, e a rappresentazioni sempre meno finemente discretizzate della realtà. L'evidente perdita di qualità deriverebbe dai limiti intrinseci alla simulazione di universo – interna a una precedente simulazione che l'avrebbe, a sua volta, creata – perché ogni successiva simulazione, approssimazione di quella precedente – non potrà mai possedere un livello di discretizzazione più fine – una definizione migliore – dell'universo che la contiene. D'altra parte, procedendo, di simulazione in simulazione, verso i livelli superiori, i bug e gli errori nel software si ridurrebbero progressivamente. Di conseguenza, gli abitanti di un dato universo simulato potrebbero valutare la loro posizione, all'interno del megauniverso-matrioska, esaminando l'accuratezza delle leggi che lo governano. L'universo con meno bug sarebbe più in alto nella scala degli universi annidati.

18.10   Un Universo Strano

Esplorare varie ipotesi intriganti sulla realtà, compresa quella relativa ad universi multipli, nei quali la vita extraterrestre potrebbe prosperare, è affascinante. Mentre è ampiamente riconosciuto che specie aliene progredite non hanno visitato la Terra, ci fa gioco avanzare l'idea di una realtà in cui tali incontri siano avvenuti o siano possibili. Sarà questo l'argomento del prossimo capitolo.

19

Un'Ipotesi Audace: La Visita Aliena

Questo capitolo si distingue dagli altri perché intercetta la fantascienza, anziché la realtà concreta. Il suo obiettivo è suggerire scenari che stimolino l'immaginazione dei lettori – e degli scrittori – piuttosto che presentare resoconti fattuali dell'esistenza di vita extraterrestre. L'idea che la Terra sia stata visitata o sia attualmente visitata da esseri extraterrestri non è, finora, suffragata da nessuna prova risolutiva.

Sebbene ci siano testimonianze aneddotiche riguardo ad individui che sostengono di aver assistito a strani fenomeni nel cielo, come la presenza di oggetti volanti non identificati, non esiste una prova definitiva. In alcuni casi si tratta solo di filmati ambigui. Sono state, inoltre, fatte affermazioni in ordine a rapimenti da parte di alieni, spesso ritratti in una luce negativa. Il libro, tuttavia, non affronta queste storie, prive di prove scientifiche. Nonostante la mancanza di prove concrete, i lettori sono incoraggiati a pensare in modo creativo e a considerare la possibilità di una visita aliena nel passato o anche più recentemente. Seguire un pensiero fuori dagli schemi è ciò che fanno gli scienziati per coprire tutte le possibili ipotesi.

19.1 Visita di microrganismi

L'assenza di comunicazioni radio, da parte di specie intelligenti di un altro pianeta, non equivale a dire che siamo soli o che non siamo mai stati visitati.

Quando si considera la vita extraterrestre, è istintivo evocare immagini di scenari fantascientifici che coinvolgono formidabili astronavi, le quali attraversano il cosmo, forse trasportando eserciti alieni. Tuttavia, la vita extraterrestre potrebbe riguardare qualcosa di più semplice, come virus e batteri. Questi microrganismi potrebbero essere basati su una combinazione di RNA e DNA. Potrebbero anche essere basati su una chimica e una biologia diverse. Potrebbero giacere dormienti negli abissi dei nostri oceani. Potrebbero, infatti, esserci tutte le forme primitive di vita che si sviluppano su esopianeti ed exolune al di fuori del nostro sistema solare. La NASA ha considerato la probabile presenza, sulla nostra luna, di forme aliene semplici. Gli astronauti delle prime missioni Apollo hanno trascorso del tempo in quarantena, per scongiurare l'eventualità di una contaminazione da sostanze lunari e da vita aliena; prassi che è stata poi interrotta. È del tutto plausibile che alcuni di questi organismi primitivi, presenti all'interno di rocce meteoritiche, possano attraversare il sistema solare e atterrare sul nostro pianeta. Quando un grande meteorite o un asteroide colpisce un pianeta – come la Terra – esso può eiettare materiale planetario in orbita. Questo materiale espulso può viaggiare verso altri pianeti o lune all'interno del sistema solare; oppure, potrebbe essere spinto fuori dal sistema nello spazio interstellare dalle forze gravitazionali di giganti gassosi come Giove. All'interno di questo materiale, potrebbero essere presenti batteri estremofili – piccoli organismi resistenti alle dure condizioni spaziali – in grado di sopravvivere, almeno parzialmente, all'impatto con un altro corpo celeste. Abbiamo anche visto che i tardigradi possono sopravvivere ai viaggi nello spazio, grazie alla capacità di controllare il loro metabolismo. La Terra ha disperso, nel cosmo, materiale organico nella sua forma più semplice, e ne ha ricevuto, "in cambio", nel lontano passato, forse dalle lune di Giove, Saturno e Marte. Il materiale organico potrebbe essere stato originato da altri sistemi solari e potrebbe aver viaggiato, in precedenza, attraverso lo spazio interstellare, trasportato da rocce non vincolate dalla gravità solare. Parte di questo materiale organico potrebbe essere basato sul DNA, e potrebbe risultare pienamente compatibile con le forme di vita esistenti sulla Terra. Altre forme di vita non convenzionali, potrebbero non essere riuscite a prosperare, nelle condizioni presenti sul nostro pianeta, degradandosi e scomparendo. Fino ad ora, tutte le forme di vita conosciute sono basate su RNA e DNA. Le speculazioni su forme alternative di vita restano tali. Non ci sono prove che esistano forme di vita, di origine aliena, viventi sul nostro pianeta. Per quanto riguarda le specie intelligenti, è possibile che esseri extraterrestri ci abbiano visitato? Perché sarebbero passati inosservati?

19.2 Un Esperimento Mentale

Molti di noi, da bambini, si sono divertiti ad osservare come operano le formiche. Non c'è dubbio che le formiche siano una specie intelligente. Questi formidabili piccoli insetti formano colonie con migliaia, se non milioni, di singole formiche, ognuna impegnata nello svolgere il proprio compito. Che si tratti di cercare cibo, proteggere la colonia da altri insetti predatori, o riprodursi, le formiche sono presenti praticamente in ogni angolo della Terra, tranne che in Antartide, e in altri ambienti polari o subpolari. Eppure, quando camminiamo in un giardino o in una foresta, spesso non notiamo né interagiamo direttamente con le formiche, a meno di non incontrare le loro colonie, o di sperimentare i loro morsi. Questo suggerisce che ci possano essere ragioni più profonde alla base delle nostre rare interazioni con le formiche.

Una potrebbe essere che le formiche siano, fondamentalmente, esseri i quali vivono solo su una superficie bidimensionale o al di sotto di essa, mentre noi viviamo in un mondo tridimensionale. Un'altra ragione potrebbe essere legata alle loro dimensioni. Ci circondano quotidianamente molte forme di vita; eppure, spesso, non siamo consapevoli della loro presenza. Numerosi microrganismi abitano la pelle e gli organi interni del nostro corpo, nonostante raramente ne percepiamo l'esistenza.

Questo ci fa porre la domanda: saremmo in grado di riconoscere la presenza di vita e tecnologia aliena senza aspettarcela? In alcuni casi, la risposta è sì, soprattutto se un essere alieno mostrasse una tecnologia che interagisse in modo drammatico con l'ambiente. Una simile tecnologia potrebbe, ad esempio, creare "tasche" regolate da un ordine complesso o caratterizzate da entropia negativa. L'alieno potrebbe, anche, aver raggiunto un livello tecnologico molto superiore al nostro, e potrebbe non voler essere scoperto.

Considerate, per un momento, l'eventualità che il nostro universo possa differire significativamente dalla nostra comprensione percettiva. Esploriamo le prospettive di pensatori che hanno messo in discussione la nostra concezione della realtà.

19.2.1 Viviamo in un Universo Multidimensionale?

Nel corso della storia, l'umanità ha nutrito il sospetto che, nel mondo, ci possa essere più di quanto i nostri sensi rivelino. Considerate un esempio mutuato dalla filosofia: Platone, rinomato filosofo greco che visse circa 400 anni prima di Cristo, ha lasciato un significativo corpus di opere scritte. Il suo testo più famoso, "Repubblica", scritto intorno al 375 a.C., si basa su dialoghi tra Socrate – maestro di Platone – ed altri ateniesi, che discutono di giustizia, sistemi politici, società e vari argomenti filosofici. Socrate, noto per il suo metodo di interrogazione, atto a testare le credenze e la conoscenza, in "Repubblica" è figura preminente. Nel Libro VII di "Repubblica", incontriamo la famosa Allegoria della Caverna. Platone scrive di Socrate che insegna a Glaucone, uno dei suoi discepoli. In una scena, Socrate descrive prigionieri confinati in una caverna buia, rivolti, fin dalla nascita, per tutta la vita, verso una parete di roccia. A causa della loro posizione, questi prigionieri possono vedere solo le ombre proiettate, dal mondo esterno, sulla roccia davanti a loro. Credendo che queste ombre siano la realtà – l'unica realtà – i prigionieri rimangono all'oscuro del fatto che quelle ombre sono solo proiezioni di oggetti – di burattini – e di un fuoco alle loro spalle. L'Allegoria della Caverna fornisce varie interpretazioni metafisiche, epistemologiche, sociologiche e politiche. Una possibile inferenza tratta da questa allegoria è che, oltre il regno dei nostri sensi, giace una realtà completamente diversa da quella percepita, che ci deriva dall'esperienza.

Questo concetto non è estraneo nemmeno alle religioni. Prendiamo l'esempio del buddismo e di alcune scuole di induismo. L'allegoria del velo di Maya interpreta il mondo materiale come frutto di un'illusione. Il mondo che vediamo, sentiamo e tocchiamo appare reale e solido. Il mondo è il risultato di quel che percepiamo attraverso i nostri sensi. Tuttavia, secondo l'allegoria del *velo di Maya*, ciò che vediamo è solo un'immagine filtrata della realtà effettiva, in costante cambiamento..

Anche in fisica, numerose teorie scientifiche, per descrivere la realtà, ammettono dimensioni oltre le quattro del continuo spaziotemporale di Einstein.

Consideriamo, ad esempio, il caso del matematico e fisico tedesco Theodore Kaluza. Nel 1919, Kaluza unì la teoria della gravitazione di Einstein con l'elettromagnetismo, utilizzando uno spazio a cinque dimensioni [288]. Egli condivise il risultato con Einstein, che lo incoraggiò a pubblicarlo, il che avvenne nel 1921. Successivamente, nel 1926, il fisico svedese Oskar Klein sviluppò ulteriormente la teoria, suggerendo che la quinta dimensione formasse un cerchio di dimensioni quasi infinitesimali, esplorandone le potenziali interpretazioni quantistiche [289].

Quella di Kaluza-Klein è una tra le varie teorie di unificazione, che incorporano spazi extra-dimensionali. Considerate, inoltre, l'esempio contemporaneo della teoria delle superstringhe. Questa teoria cerca di unificare le forze, trattando le particelle come modi di vibrazione di minuscole stringhe. La teoria opera all'interno di uno spazio a 10 dimensioni per mantenere la coerenza matematica, in cui sei dimensioni sono compattate a dimensioni più piccole di un atomo [290]. Al contrario, le dimensioni rimanenti assomigliano allo spazio-

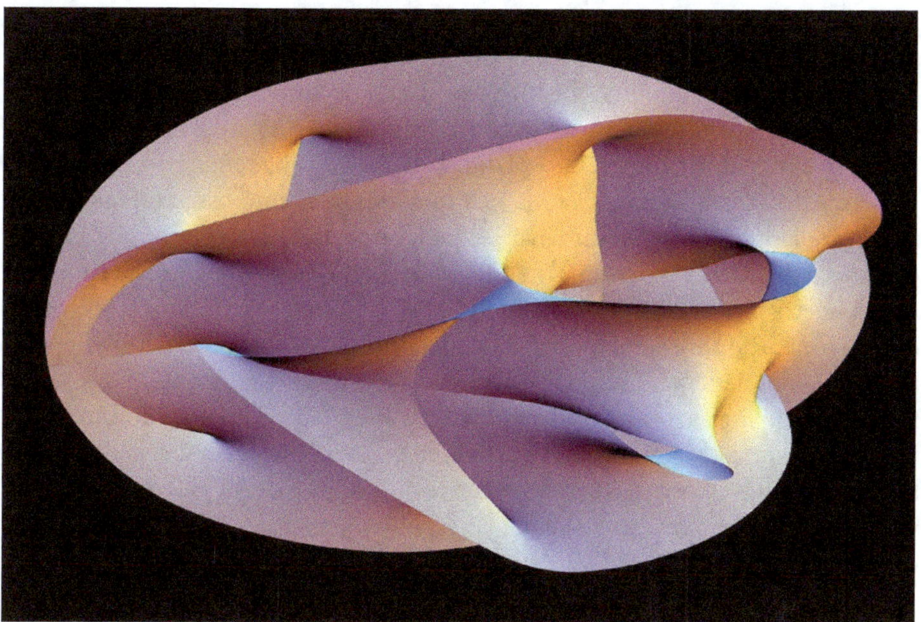

Figura 19.1 Rappresentazione artistica di uno spaziotempo a undici dimensioni. Di TexasVenom, CC BY 4.0, https://commons.wikimedia.org/w/index.php?curid=131714029. Ultimo accesso: 19 Aprile 2024

tempo convenzionale a noi familiare[1]. È, inoltre, accettata la M-teoria – teoria per "membrane" o "brane" – che postula uno spaziotempo a 11 dimensioni, nel quale la realtà può implicare ulteriori dimensioni finite, simili a quelle che percepiamo [291]. La figura 19.1 illustra artisticamente un universo ad undici dimensioni.

Queste dimensioni esistono, o sono, semplicemente, conseguenza dell'eleganza matematica?

Nel contemplare tali profonde indagini, alcuni fisici mettono in guardia contro l'eccessiva fiducia nel perseguire l'eleganza matematica. Al contrario, altri sostengono che la nostra realtà trascenda uno spazio 3D e una singola dimensione temporale. Per il bene di tale ipotesi, immaginiamo che quest'ultima prospettiva sia valida e che esistano dimensioni nascoste oltre il nostro dominio percettibile. Per semplicità, immaginiamo l'esistenza di una dimensione spaziale aggiuntiva, accanto alle tre dimensioni familiari. In uno scenario del genere, qualsiasi oggetto risiedente in questo spazio 4D potrebbe o meno

---

[1] La teoria delle superstringhe conta dieci o 11 dimensioni, a seconda che si includa o meno, nello spaziotempo, la quinta dimensione di Klein.

interagire con il nostro spazio 3D, permettendo agli oggetti di materializzarsi e scomparire all'interno del nostro dominio percettibile. Per illustrare questo concetto, consideriamo una formica che attraversa un marciapiede piatto, esistendo e interagendo esclusivamente all'interno del piano del marciapiede. A meno che non invadiamo il suo piano, la formica rimane ignara della nostra presenza. Allo stesso tempo, noi, a nostra volta, possiamo osservarla, a condizione che la luce dalla sua dimensione possa penetrare la nostra. Non appena cominciassimo a camminare sul marciapiede, la formica percepirebbe i contorni dei nostri piedi che si materializzerebbero istantaneamente, mentre il resto del nostro corpo rimarrebbe invisibile. Dal punto di vista della formica, lo spazio sul marciapiede sembrerebbe essere occupato da un oggetto solido, quando i nostri piedi entrassero in contatto con l'ambiente proprio della formica.

Se, tuttavia, alzassimo i piedi per salire le scale, la formica assisterebbe alla scomparsa improvvisa dei due oggetti a forma di piede. Per gli esseri confinati in uno spazio sottodimensionale, le leggi convenzionali, che governano la conservazione della materia e dell'energia, potrebbero non essere più valide. Queste apparizioni e scomparse transitorie potrebbero, tuttavia, verificarsi a intervalli così rapidi che, in media, i principi di conservazione potrebbero rimanere applicabili. All'interno della fisica teorica, incontriamo il concetto di "particelle virtuali" – entità teorizzate per emergere e scomparire casualmente entro limiti spaziali e temporali limitati – risultanti dal principio di indeterminazione nella meccanica quantistica. A volte, queste particelle virtuali possono interagire con altre particelle, prima di scomparire. L'esistenza delle particelle virtuali è alla base dell'esistenza dell'energia del vuoto, un'energia presente anche nel più profondo vuoto intergalattico, che potrebbe essere responsabile dell'espansione dell'universo. Queste particelle virtuali esistono, o sono solo artefatti matematici? Come al solito, ci sono opinioni discordanti. Tuttavia, la loro ipotetica esistenza potrebbe giustificare la presenza di dimensioni aggiuntive, il che è affascinante. Altri misteri che suggeriscono dimensioni invisibili includono l'estrema debolezza della forza di gravità rispetto alle altre forze fondamentali. Questa notevole debolezza potrebbe essere spiegata dall'idea che la gravità si estenda in dimensioni aggiuntive, risultando diluita all'interno del nostro universo osservabile. L'enigmatica presenza della materia oscura, che si comporta come un'ampia collezione di particelle, nascoste all'interno di un regno multidimensionale, offre un altro potenziale indicatore della realtà di dimensioni superiori. Sebbene questa entità elusiva si astenga dall'interazione diretta con la materia ordinaria, la sua influenza gravitazionale esercita un effetto misurabile sull'universo osservabile.

19.3   Esseri in un Universo Multidimensionale

Abbiamo elencato alcune possibili congetture che supportano l'esistenza di una o più dimensioni che non possiamo percepire. Consideriamo, ora, l'esistenza di esseri intelligenti che abitano all'interno di un regno multidimensionale, come un continuum 5D – una dimensione oltre la nostra. Immaginiamo, ad esempio, gli umani nel nostro spazio 4D e quelli che occupano lo spazio 5D, i quali si muovono casualmente. In uno scenario del genere, i loro percorsi, probabilmente, non si incroceranno mai con i nostri, poiché il volume del nostro spazio 4D, percepito dalla loro prospettiva, sarebbe insignificante. Per illustrare ulteriormente l'esempio, consideriamo una persona che tracciasse una linea attraverso un vasto universo 2D. Lungo questa linea risiederebbero esseri unici, costretti a esistere esclusivamente all'interno di questo universo 1D; la probabilità che qualsiasi formica attraversasse lo spazio 2D a caso, restando sulla linea abbastanza a lungo da incontrare uno di questi esseri singolari, sarebbe minima. Gli incontri tra esseri che, pur vivendo in spazi di dimensioni diverse, interagissero tra loro, potrebbero essere solo intenzionali, e aver corso a partire da esseri che vivessero in uno spazio con più dimensioni del nostro. Anche quando questo tipo di incontro diventasse possibile, come appena descritto, gli esseri speciali in 1D non sarebbero mai in grado di vedere l'aspetto reale degli esseri 2D: degli esseri di dimensioni superiori vedrebbero soltanto la proiezione nel loro mondo ad una dimensione. La stranezza di questi ipotetici incontri multidimensionali è esacerbata dal potenziale, per gli esseri di dimensioni superiori, di manipolare la realtà durante una "visita" in spazi di dimensioni inferiori, per poi scomparire senza lasciare traccia, una volta completato il loro compito. Queste modifiche potrebbero avvenire anche in assenza dell'entità aliena, semplicemente cambiando i campi che emanano dalla loro sezione di realtà che confina con la nostra. Un'altra possibilità intrigante sorge quando due oggetti, separati da grandi distanze nel loro mondo, sono intricatamente collegati in uno spazio di dimensioni superiori, in modo tale che ciascuno influenzi l'altro e viceversa. Questo concetto ricorda gli spazi arrotolati, dove gli oggetti potrebbero essere più vicini, in un contesto di dimensioni superiori, rispetto a uno di dimensioni inferiori. Questo scenario assomiglia al fenomeno dell'intreccio quantistico e alla sua "azione spettrale a distanza", che è stato precedentemente discusso in termini di comunicazione tra civiltà. Le leggi della fisica che governassero un mondo di dimensioni superiori potrebbero differire completamente da quelle del nostro. Come già notato, la gravità potrebbe esercitare una forza più potente nello spazio extradimensionale, abitato dagli alieni, e le forme di vita potrebbero mostrare composizioni chimiche e comportamenti completamente diversi.

19.4 Alla Ricerca di Risposte

Abbiamo esplorato alcune nozioni interessanti, che offrono visioni alternative del nostro universo, sfidando i limiti imposti dai nostri sensi. Questa esplorazione è motivata dall'assenza di prove scientifiche, le quali dimostrino, definitivamente, che non siamo soli. Per affrontare indagini scientifiche e filosofiche che rispondano a una delle domande fondamentali – l'esistenza di vita aliena – dobbiamo considerare tutte le possibilità, anche le più fantasiose. Concludiamo questo capitolo, ripetendo le parole immortali scritte dal drammaturgo inglese Shakespeare e pronunciate da Amleto al suo amico Orazio: "Ci sono più cose in cielo e in terra, Orazio, di quante ne sogni la tua filosofia."

20

Il Caso per la Vita Extraterrestre

Il paradosso di Fermi, un enigma affascinante che ha intrigato filosofi, scienziati e pubblico, presenta una varietà di possibili spiegazioni. Quelle discusse in questo libro sono state scelte per la loro rilevanza nel dibattito in corso e in continua evoluzione. È fondamentale capire che, al momento, una risposta definitiva al paradosso di Fermi resta questione irrisolta. Il problema dell'esistenza di altri esseri intelligenti, in "regni" lontani, comporta implicazioni profonde, che vanno oltre i confini della scienza, per abbracciare considerazioni metafisiche.

In che tipo di universo viviamo? Qual è il ruolo della razza umana nell'universo? Siamo il prodotto di un evento incredibilmente raro, o, nel cosmo, ci sono innumerevoli angoli nei quali prosperano, evolvendo, svariate forme di vita aliena? L'esistenza umana è una testimonianza che le leggi dell'universo permettono l'emergere della vita intelligente. È nel novero delle possibilità che queste stesse leggi potrebbero nutrire forme di vita intelligenti molto diverse dalle nostre.

Come suggerì il famoso astrobiologo Carl Sagan, l'universo potrebbe sembrare un irragionevole spreco di spazio, se fossimo l'unica specie intelligente al suo interno. Benché improbabile, questa possibilità non può essere respinta del tutto. In ordine alla circostanza dell'essere noi l'unica civiltà nell'universo, si potrebbe concludere che viviamo in una sorta di esperimento, come suggerisce l'ipotesi della simulazione.

Tuttavia, è molto più probabile che le civiltà avanzate periscano rapidamente per gli effetti di un Grande Filtro, che impedisca loro di raggiungere il livello tecnologico sufficiente ad inviare potenti segnali in tutta la galassia o a costruire sfere di Dyson.

Recentemente, l'idea che non siamo soli ha gradualmente guadagnato terreno. La comprensione dell'universo da parte dell'umanità ha subito un profondo cambiamento con l'introduzione del sistema copernicano, che ha soppiantato i modelli geocentrici di Aristotele e Tolomeo. Diamo uno sguardo veloce alla vita del grande astronomo che lo ha introdotto.

20.1 La Vita di Nicolò Copernico

Nicolaus Copernicus[1] – dall'uso latino italianizzato in Nicolò Copernico – nato a Torun, in Polonia, nel 1473, fu matematico notevole ed astronomo, al quale si deve il modello di universo noto come eliocentrico, il quale, anziché porvi la Terra, postulava il Sole al centro di un sistema [292]. Copernico perse suo padre, un ricco mercante, all'età di dieci anni. Fu, perciò, accolto da suo zio materno, Lucas Watzenrode, un importante chierico, che gli fornì sostegno e guida. Nel 1491, egli proseguì i suoi studi presso l'Università di Cracovia. In questo periodo, Copernico si dedicò con passione allo studio della matematica e dell'astronomia. Durante la formazione universitaria, egli apprese del sistema astronomico di Tolomeo. Nel 1495, Copernico ottenne una posizione di canonico cattolico per interessamento di suo zio, un principe-vescovo; l'incarico comportava anche responsabilità di carattere amministrativo.

A causa dell'opposizione interna alla curia, in relazione alla sua nomina, Copernico si trasferì in Italia per completare la propria formazione. Si recò a Bologna; vi approfondì gli studi sotto la guida dell'italiano Domenico Maria Novara da Ferrara, astronomo. Durante il suo soggiorno a Bologna, Copernico condusse numerose osservazioni astronomiche e si immerse anche nello studio del greco, il che gli permise di leggere le opere degli antichi astronomi. Poté, così, riscontrare discrepanze all'interno dei quadri cosmologici aristotelici e tolemaici. La sua insoddisfazione per questi modelli, lo motiverà ad intervenire criticamente sulla materia. Nel 1500, si trasferì a Roma, dove tenne lezioni di matematica sull'astronomia. In seguito conseguì una laurea in medicina a Padova, dal 1501 al 1503. Tornato a Warmia nel 1503, Copernico ricoprì vari ruoli, tra cui quelli di medico, amministratore e consulente economico, continuando, nel contempo, il suo lavoro sullo sviluppo di un modello eliocentrico dell'universo, ricerca che lo impegnerà per tutta la vita.

È Copernico ad aver proposto l'idea alla base della teoria economica conosciuta come "legge di Gresham". Tale teoria afferma che il denaro cattivo scaccia il denaro buono in un'economia a due valute. La passione di Coper-

---

[1] Al secolo Mikołaj Kopernik in Polish.

nico per l'astronomia lo portò a condurre molte osservazioni dei pianeti nel nostro sistema solare, che furono fondamentali nello sviluppo del suo sistema eliocentrico. Iniziò a lavorare al sistema eliocentrico mentre risiedeva nel castello di suo zio, a Lidzbark Warminski, e, intorno al 1509, completò una breve descrizione del suo sistema nel "Commentariolus". Nel 1533, un segretario del Papa, Johann Widmanstetter, comunicò le prospettive eliocentriche di Copernico a Papa Clemente VII e alla sua curia. Le idee copernicane incontrarono la forte reprimenda dell'Arcivescovo di Capua, che consigliò a Copernico di rinunciare alle sue teorie. Copernico iniziò a scrivere la sua opera principale, "De revolutionibus orbium coelestium", nel 1517, e lavorò su di essa per tutta la vita.

"De revolutionibus orbium coelestium" fu completato e pubblicato nel 1543, sebbene Copernico temesse la reazione della Chiesa. Una leggenda dice che Copernico, svegliandosi da un coma sul suo letto di morte, si spense subito dopo aver visto una copia stampata del suo "De revolutionibus orbium coelestium". Nicolò Copernico è sepolto nella Cattedrale di Frombork in Polonia. La figura 20.1 ritrae l'astronomo Niccolò Copernico.

Il lavoro di Copernico diede inizio alla cosiddetta Rivoluzione Copernicana, che segna un determinante punto di svolta nel pensiero scientifico europeo ed inaugura una nuova era in fatto di comprensione delle leggi che governano il cosmo.

Figura 20.1 Ritratto di Nicolaus Copernicus dal Municipio di Torun – 1580. Di un autore sconosciuto. – http://www.frombork.art.pl/Ang10.htm https://www.welt.de/img/kultur/mobile152954235/1212503297-ci102l-w1024/Kopernikus-Gemaelde-in-Krakau.jpg https://muzeum.torun.pl/wp-content/uploads/2023/03/Portert-Mikolaja-Kopernika-MOT.jpg, Public Domain, https://commons.wikimedia.org/w/index.php?curid=147956893. Ultimo accesso: 20 Aprile 2024

20.2   Il Principio Copernicano

Il principio copernicano, derivante dal modello eliocentrico di Copernico, afferma che non c'è nulla di intrinsecamente unico che abbia determinato la nostra posizione nell'universo. L'astrobiologo americano Carl Sagan ha notato che il nostro sistema solare non risiede in una posizione particolare all'interno della Via Lattea, la quale non si distingue, tra le galassie, per dimensioni, forma o rilevanza dal punto di vista cosmologico. Al riguardo, vale la pena citare le parole del grande astronomo americano: "Viviamo su un pianeta insignificante, di una stella banale, persa in una galassia, nascosta in qualche angolo dimenticato di un universo." Le leggi della fisica, comprese quelle della relatività ristretta, rispettano il principio copernicano, affermando l'assenza di qualsiasi osservatore speciale o di un qualche quadro di riferimento privilegiato.

Abbiamo visto, nel secondo capitolo, che, per osservazione diretta, l'universo, probabilmente, è omogeneo ed isotropo su vasta scala; come conseguenza, i modelli moderni di cosmologia partono da tali ipotesi. La fisica sperimentale richiede che il risultato di un esperimento debba essere riproducibile, indipendentemente dal dove e dal quando, a meno di specifiche eccezioni. Il principio di riproducibilità afferma che un esperimento condotto sulla Terra produrrà gli stessi risultati ovunque nell'universo. Tale principio è alla base della visione copernicana.

Giordano Bruno, un frate cattolico italiano, filosofo e cosmologo, che visse nel XVI secolo, utilizzò le idee alla base del sistema copernicano per andare più oltre. Propose che l'universo fosse infinito, popolato da innumerevoli soli e pianeti, molti dei quali avrebbero potuto ospitare forme di vita simili a quelle della Terra. L'intuizione portò Bruno ad affermare, anche, che l'universo mancava di un punto centrale. L'Inquisizione Cattolica si oppose, con viva ostilità, alle idee di Giordano Bruno, stigmatizzando i suoi insegnamenti, ritenuti eretici, perché manifestamente contrari ai precetti della fede. Bruno affrontò un processo e fu, infine, condannato per eresia. Andò incontro ad una fine tragica: morì bruciato sul rogo allestito in Campo de' Fiori, a Roma. I visitatori di Campo de' Fiori possono vedere, ancor oggi, una statua eretta in sua memoria. La figura 20.2 è un diesgno del filosofo eretico Giordano Bruno.

20.2.1   Frattali nella Natura

Consideriamo ora, quale argomento contrario al principio copernicano, la struttura di frattale. La geometria frattale, presente in natura, suggerisce che l'universo manchi di perfetta isotropia, cioè di uniformità in ogni direzione. In natura si possono, spesso, osservare strutture regolari. Certi schemi ricor-

Figura 20.2 Giordano Bruno. Public Domain, https://commons.wikimedia.org/w/index. php?curid=52557. Ultimo accesso: 20 Aprile 2024

renti sono riconoscibili su varie scale; anche su scala cosmica, in diverse regioni dell'universo. Come abbiamo anticipato, i *frattali* sono esempi del genere. Il termine frattale è stato coniato dal matematico francese Benoit Mandelbrot, eminente studioso della materia [293].

Un frattale possiede una proprietà singolare, nota come "auto-similarità"; significa che alcune strutture modulari si ripetono identicamente su varia scala. La natura offre numerosi esempi di frattali, tra cui fiocchi di neve, coste, cristalli e DNA. Esaminando, ad esempio, un fiocco di neve al microscopio, si noterebbero unità minuscole, che riproducono in toto la struttura dei fiocchi di neve a grandezza naturale. I frattali possono emergere sia da equazioni deterministiche che da processi casuali, come il moto browniano. Sebbene ci sia un dibattito teorico in corso, sul fatto se l'universo funzioni o meno come un colossale frattale, le osservazioni empiriche indicano che la distribuzione delle galassie, su una scala di 50 milioni di anni luce, mostra un andamento frattale [294]. È importante notare che, sebbene la scala frattale sia piuttosto grande, è più piccola della scala alla quale gli astronomi ritengono che l'universo sia omogeneo e isotropo. Come abbiamo visto, l'universo non è statico. Al contrario, si espande in tutte le direzioni, mantenendo, in questo, le sue caratteristiche di omogeneità e isotropia[2].

---

[2] Ogni problema dipende dalla scala nei termini della quale lo si osserva. Le singole galassie possono essere descritte secondo una geometria frattale; la loro disomogeneità è in contrasto col principio copernicano,

20.3   Il Principio Antropico

Poiché la vita intelligente risiede sulla Terra, il nostro sistema solare possiede un insieme distinto di caratteristiche che, almeno in apparenza, sembrano uniche rispetto al limitato campione di esopianeti scoperti.

Questo è coerente con il principio antropico precedentemente discusso in questo libro. L'apparente unicità del nostro sistema solare sembra contraddire il principio copernicano. Possiamo, tuttavia, cercare un terreno comune tra queste nozioni apparentemente contraddittorie. Una prospettiva alternativa del principio copernicano propone che, nonostante la Terra e il nostro sistema solare possiedano tratti distintivi, non dovrebbero essere un caso unico nell'universo. Al contrario, dovrebbero rappresentare uno dei tanti numerosi sistemi solari, con, in orbita, pianeti che presentano caratteristiche simili, sebbene non identiche, favorevoli alla vita. Secondo questa interpretazione, la Terra e l'universo non sono semplicemente comuni solo perché li abitiamo effettivamente. Forse una possibile risoluzione risiede nell'unicità della Terra e delle costanti universali, che, pur essendo singolari, non escludono l'esistenza di mondi o universi "simili".

Un argomento precedente all'enunciato del principio antropico è stato inizialmente proposto dal fisico Robert H. Dicke, già ricordato, il quale ha anche fatto osservazioni riguardo alla sintonia fine dell'universo, forse per confrontarsi con quanto le sue osservazioni implicavano [295].

Il termine "principio antropico" è stato coniato dall'astrofisico australiano Brandon Carter, che ha studiato ampiamente il concetto [296]. Carter pensa che la nostra situazione sia piuttosto fortunata ma non incredibilmente insolita. Egli definisce questo argomento come "una forma debole del principio antropico". La forma debole sostiene una visione intermedia tra il principio cosmologico e il geocentrismo, nella quale gli osservatori possono essere altre civiltà intelligenti. Il privilegio che godiamo è la nostra posizione nello spazio e nel tempo.

---

che vuole l'universo isotropo e senza centro. Il perché del contrasto è chiaro: i frattali danno luogo a strutture differenti, a seconda della "regola" che li definisce e li costruisce. L'insieme di singole entità non omogenee farebbe un cosmo disomogeneo. Su scala maggiore, però – cioè, nei termini di uno spazio senza limiti, occupato da infinite galassie frattali – la vastità del cosmo appare isotropa ed omogenea, perché, di per sé stessa, cancella le differenze. Esempio: supponiamo di guardare dei microrganismi al microscopio; ci appariranno esseri ben distinti, dalle fogge stranissime. Nelle dimensioni della realtà quotidiana, tuttavia, le affascinanti diversità e le disomogeneità di quelle creature si perdono, fino a scomparire del tutto, come se non esistessero. Allo stesso modo, nell'immensità dell'universo, le differenze frattali, come se non esistessero, lasciano il posto ad un'omogenea vastità. Questo riafferma il principio copernicano, che vale, appunto, su scala universale.

La forma debole suggerisce che il principio si applichi, nell'universo, solo per tempi e luoghi specifici, principalmente quando una stella si trova nella fase di sequenza principale. Questa forma debole è, in qualche modo, coerente con il principio copernicano, il quale afferma che, nell'universo, non esistono un luogo o un tempo preferibili: non si esclude l'esistenza di un sistema solare come il nostro. Il principio antropico ha anche una forma forte. La forma forte – o di Carter – afferma che i parametri fisici intimamente legati alle leggi del cosmo, in qualche momento, durante la storia dell'universo, devono permettere l'esistenza di osservatori intelligenti. Carter introduce, anche, l'idea di un multiverso con universi i cui parametri fondamentali sono bio-favorevoli.

Una versione interessante della forma forte è nel lavoro dei cosmologi John Barrow, inglese, e Frank Tipler, americano. Nel loro libro del 1986 – "Il Principio Antropico Cosmologico " – gli autori sostenevano che un singolo universo debba essere strutturato in modo unico per sostenere la vita in qualche momento, facilitando così l'esistenza di osservatori consapevoli che possano osservarlo. In questi "regni" analoghi, possono prosperare forme di vita alternative, diverse da noi, ma che sono "vive e consapevoli". L'argomento dei due cosmologi suggerisce una versione del principio antropico debole, che sostiene una spiegazione teologica, a ragione delle numerose coincidenze che le leggi fisiche ci presentano. Oltre alle varie forme del principio antropico, quale argomento convincente è a sostegno dell'idea di una presenza di vita extraterrestre nell'universo?

20.4 Adattamento

La vita è estremamente resiliente e tende ad adattarsi. Tuttavia, la Terra ha uno status speciale, soprattutto perché non abbiamo ancora scoperto altri mondi che sostengano la vita. Come discusso in precedenza, gli estremofili esemplificano l'adattabilità della vita, prosperando in ambienti con temperature e pressioni estreme. Quindi, un pianeta simile alla Terra, ma con condizioni leggermente diverse, come la temperatura o la composizione chimica, potrebbe ospitare la vita. Un altro esempio sorprendente della resilienza della vita proviene da ricerche condotte vicino a Chernobyl, il sito di un rilevante disastro nucleare. Nonostante i livelli di radiazioni rendano inabitabile, per gli esseri umani, una zona di 1000 miglia quadrate, nota come zona di esclusione di Chernobyl, gli scienziati hanno scoperto che, in questo ambiente ostile, la vita, tuttavia, persiste. Gli scienziati, guidati da Sophia Tintori della NYU, hanno raccolto campioni della specie di vermi Oscheius tipulae, che vivono nel suolo [297]. La scoperta imprevista e sorprendente è stata che i genomi dei vermi sono rimasti in gran parte intatti, nonostante i livelli di radiazione nell'area fossero aumentati. Potrebbe esserci un meccanismo di riparazione biologica che, in uno degli ambienti più pericolosi oggi presenti sulla Terra, permette a tali vermi e ad altre specie di sopravvivere. Questo conferma la straordinaria capacità della vita di adattarsi anche ad ambienti estremi. La conoscenza approfondita di tale meccanismo di adattamento potrebbe essere sfruttata per proteggere gli astronauti dall'esposizione alle radiazioni, durante i loro futuri lunghi viaggi nello spazio. Un altro mistero significativo è che le forme di vita potrebbero non fare necessariamente affidamento sul carbonio, come loro unità costitutiva fondamentale. Alcuni scienziati hanno ipotizzato che il silicio, in luogo del carbonio, potrebbe essere un fondamento alternativo alla base della vita.

20.5   Silicio e Vita

Il carbonio è un elemento fondamentale, in grado di formare catene estese, fornendo, così, la struttura essenziale per i composti biologici. Questa versatilità è evidente nella capacità del carbonio di creare strutture robuste e durature, esemplificate nella sostanza naturale più dura, fra quelle a base di carbonio: il diamante. Al contrario, gli eteroatomi, come l'ossigeno, contribuiscono alla diversità chimica e al legame direzionale. Anche il silicio può agire quale elemento di impalcatura ed è il secondo più abbondante sulla Terra, dopo l'ossigeno. Il silicio ha delle affinità con il carbonio: è un atomo a valenza quattro, ed è in grado di formare strutture complesse, simili a quelle alle quali dà luogo il carbonio. Il confronto, tuttavia, non è più possibile, se si passa al campo della biochimica. Mentre il carbonio e l'ossigeno tendono a legarsi per produrre anidride carbonica – un composto gassoso facilmente eliminabile come rifiuto – il silicio e l'ossigeno reagiscono per formare silicati: composti solidi e inerti, presenti nelle rocce e nella sabbia. Le caratteristiche del silicio – tra le quali si contano la cristallizzazione ad alte temperature e il fatto di non dar luogo a composti chirali, essenziali per la vita – lo distinguono decisamente dal carbonio. Il silicio, tuttavia, potrebbe svolgere un ruolo determinante nella biochimica della vita aliena. Nelle forme di vita a base di carbonio, il silicio interviene in varie funzioni biologiche, come la riproduzione delle piante e la salute delle ossa umane, il che suggerisce che il silicio possa giocare un ruolo fondamentale in processi biochimici alternativi.

Deve essere detto che non abbiamo ancora incontrato forme di vita a base di silicio. D'altra parte, per ragioni delle quali si è già detto, la ricerca della vita si concentra, principalmente, sul rilevamento degli elementi fondamentali necessari alle forme di vita basate sul carbonio.

20.6 Ricerca della Vita nel Sistema Solare

Il sesto più grande satellite di Saturno, Encelado, sotto uno spesso strato di ghiaccio, ospita un grande oceano, distribuito sull'intera superficie; in particolare, attorno alla regione del polo sud. Questa luna mostra attività vulcanica guidata dal calore interno causato dalle forze gravitazionali di marea. I vulcani di ghiaccio (criovulcani) su Encelado espellono una miscela di gas nello spazio, tra cui vapore acqueo, idrogeno, ghiaccio e cristalli. Durante la sua missione, dal 1997 al 2017, la sonda Cassini della NASA ha effettuato molteplici passaggi in prossimità di Saturno e delle sue lune, compresa Encelado. Le osservazioni di Cassini hanno fornito prove di attività idrotermale all'interno dei pennacchi di gas di Encelado. Nel 2023, un team internazionale di scienziati, guidato dal planetologo Frank Postberg, ha esaminato i dati dell'Analizzatore di Polvere Cosmica di Cassini, concentrandosi, in particolare, sulle spettrometrie di massa dei grani di ghiaccio presenti nei pennacchi [298]. L'analisi di questi grani ha rilevato la presenza di fosforo sotto forma di fosfato di sodio. I risultati sono stati, successivamente, pubblicati su Nature nel 2023, sotto il titolo: "Rilevamento di Fosfati Provenienti dall'Oceano di Encelado". Si supponeva che il fosforo fosse assente dalle lune che orbitano attorno ai giganti gassosi. Tuttavia, la scoperta di fosforo su Encelado suggerisce vi sia maggior probabilità che anche altre lune possano contenere questo elemento essenziale. Si tratta di una scoperta importantissima, nel campo dell'esobiologia, il che porterà a ulteriori esplorazioni di questa luna emozionante. Non ci sono prove risolutive del fatto che, su queste lune, esista la vita, ma questi risultati sono incoraggianti. La scoperta aumenta, inoltre, la probabilità di trovare vita microbica all'interno dei condotti idrotermali di Encelado. Aggiungendo al mistero di ciò che le lune dei giganti gassosi possono contenere, Europa, una delle lune di Giove, presenta caratteristiche intriganti [299]. Europa, leggermente più piccola della nostra Luna, possiede un'atmosfera sottile e presenta una superficie relativamente liscia. Per questo, Europa è diversa da molte altre lune, note per la loro attività vulcanica. Segnano la sua superficie numerose creste, in un guscio di ghiaccio che sovrasta un oceano salato, il quale, probabilmente, contiene più acqua di tutti gli oceani della Terra messi insieme. La presenza di un campo magnetico generato internamente [300, 301] è, probabilmente, il risultato dell'acqua salata, elettricamente conduttiva, presente all'interno della luna Europa; in specie, della corrente elettrica in essa indotta dal campo magnetico di Giove mentre Europa vi orbita attorno[3]. Con acqua ed elementi essenziali come idrogeno, ossigeno, carbonio, azoto, fosforo e zolfo, Europa offre tutti gli ingredienti necessari per la vita [302]. Considerando questi fattori, è ragionevole ammettere che molte lune, nella nostra galassia, ospitino acqua e abbiano il potenziale per sostenere la vita. Riteniamo che le lune nella nostra galassia possano contenere acqua come una parte di quella di Giove, e che alcune possano ospitare la vita. Mentre abbiamo confermato l'esistenza di molti esopianeti, la ricerca di esolune è molto impegnativa. Quanto tempo ci vorrà prima che troviamo prove di vita extraterrestre?

20.7 Un Grande Enigma

Lo spazio è per lo più vuoto. L'immensità dello spazio svolge un ruolo cruciale nel sostenere la vita come la conosciamo. In un universo che contenesse più materia rispetto al nostro, si avrebbero frequenti collisioni, all'origine di un caos diffuso che porterebbe infine al collasso. La velocità della luce, sebbene vertiginosa, appare, invero, esigua rispetto alla vastità del cosmo e in relazione al lasso di tempo, relativamente breve, durante il quale la vita intelligente è comparsa sulla Terra. In prospettiva, la scoperta del fuoco risale almeno a un milione di anni fa [303]. Il limite intrinseco alla velocità di viaggio va contro la probabilità di incontri fisici con esseri extraterrestri. Le immense distanze e gli ostacoli associati ai viaggi spaziali rendono tali incontri altamente improbabili. L'esistenza di civiltà intelligenti può, inoltre, essere messa in pericolo da potenziali minacce – note, nel loro concorso, come Grande Filtro – che potrebbero portarle all'estinzione, prima che fosse loro possibile il contatto con altre intelligenze tecnologicamente evolute. Anche nel caso in cui ricevessimo un segnale radio da una specie intelligente e intraprendessimo un viaggio per incontrarla, quella civiltà potrebbe essere già scomparsa prima del nostro arrivo. La presenza di vita intelligente nella nostra galassia è pertanto, con ogni probabilità, estremamente rara. Al contrario, ci si aspetta che la vita microbica, nella galassia, sia molto più abbondante: in misura di grandi numeri. Ci sono un trilione di specie di microrganismi – se non di più – a fronte dell'unica specie animale intelligente e tecnologicamente avanzata, presente sulla Terra [304]. Basandosi su una stima conservativa derivata dall'equazione di Drake, che predice la probabilità di civiltà extraterrestri, potrebbero esserci circa dieci altre civiltà intelligenti nella galassia. Estrapolando da queste statistiche, potrebbe-

---

[3] La NASA ha comunicato che Europa non sembra avere un proprio campo magnetico di entità rilevabile. Si misura, invece, un campo magnetico indotto, per le densità di corrente rilevabili nell'oceano sotterraneo, ad alta concentrazione di sali, sottoposto alle basse temperature.

ro esserci circa dieci trilioni di specie che attraversano la galassia attraverso un processo noto come panspermia. Di conseguenza, se la vita intelligente è scarsa nella nostra galassia, le nostre prospettive di scoprire la vita microbica su lune distanti sono notevolmente più alte rispetto a ricevere segnali da una civiltà avanzata.

Il lettore dovrebbe sapere che la ricerca di intelligenza extraterrestre è iniziata relativamente di recente, negli anni '60, spinta dalla corsa allo spazio tra gli Stati Uniti e l'URSS. Da allora, numerose sonde spaziali sono state lanciate per esplorare il nostro sistema solare, ma c'è ancora molto da scoprire in questo campo di esplorazione. Prevedere quando potremmo scoprire prove di vita extraterrestre rimane incerto. Mentre sappiamo che ci sono numerosi sistemi solari nella nostra galassia con pianeti e lune simili a quelli del nostro sistema solare, il processo attraverso il quale la vita emerge da materiali inorganici e la probabilità di forme alternative di vita su altri corpi celesti rimangono sconosciute. Se dovessimo azzardare una supposizione, un approccio potrebbe essere l'argomento del giorno del giudizio menzionato prima. Dato che stiamo cercando attivamente la vita extraterrestre da circa sei decenni, a partire dalle prime missioni spaziali, c'è un intervallo di confidenza del 95 percento che potremmo trovare prove di vita extraterrestre entro i prossimi 1,5 a 2.400 anni. Tuttavia, tali stime dovrebbero essere prese con cautela, poiché si basano su un modello probabilistico euristico. Nessuno può essere certo di quanto tempo ci vorrà, se mai, per trovare prove di vita extraterrestre. Abbiamo visto, per concludere, che gli elementi essenziali della vita sono e saranno trovati in innumerevoli esopianeti e, forse, in molte esolune. Abbiamo dimostrato che la vita è resiliente e può prosperare in ambienti difficili. Tutto questo è di buon auspicio per l'esistenza, nell'universo, di vita microorganica e di forme di vita intelligente. Potremmo essere troppo primitivi per civiltà extraterrestri che potrebbero essere milioni, se non miliardi di anni più antiche di noi. Se tali civiltà esistono, la sola possibilità di una loro presenza mi porta a pensare che, nel futuro, ci attendano magnifiche scoperte scientifiche e tecnologiche.

Bibliografia

1. https://www.sif.it/riviste/sif/sag/recensioni/lanouette. Ultimo accesso 6 Gennaio 2023.
2. https://web.uniroma1.it/museofisica/enricofermiscuoladiroma. Ultimo accesso 5 Gennaio 2023.
3. http://hyperphysics.phy-astr.gsu.edu/hbase/quantum/fermi2.html. Ultimo accesso 5 Gennaio 2023.
4. https://www.atomicarchive.com/history/manhattan-project/p1s4.html. Ultimo accesso 5 Gennaio 2023.
5. https://sgp.fas.org/othergov/doe/lanl/la-10311-ms.pdf. Ultimo accesso 5 Gennaio 2023.
6. https://science.nasa.gov/missions/hubble/hubble-reveals-observable-universe-contains-10-times-more-galaxies-than-previously-thought/. Ultimo accesso 15 Gennaio 2023.
7. https://arxiv.org/pdf/2011.03052. Ultimo accesso 15 Gennaio 2023.
8. https://asd.gsfc.nasa.gov/blueshift/index.php/2015/07/22/how-many-stars-in-the-milky-way/. Ultimo accesso 15 Gennaio 2023.
9. https://www.esa.int/Science_Exploration/Space_Science/Herschel/How_many_stars_are_there_in_the_Universe. Ultimo accesso 15 Gennaio 2023.
10. Louis Strigari et al. ia, Nomads of the Galaxy, Monthly Notices of the Royal Astronomical Society, June 2012, Volume 423, Issue 2, Pages 1856–1865.
11. https://exoplanetarchive.ipac.caltech.edu/docs/counts_detail.html. Ultimo accesso 15 Gennaio 2023.
12. Cassan, A.; Kubas, D.; Beaulieu, J. P.; Dominik, M; et al. (2012). "One or more bound planets per Milky Way star from microlensing observations." Nature. 481 (7380): 167–169. arXiv:1202.0903.
13. https://science.nasa.gov/solar-system/moons/. Ultimo accesso 20 Gennaio 2023.

L. Vacca, *La Vita oltre la Terra*, https://doi.org/10.1007/978-3-032-11460-0

14. Kipping, D., Bryson, S., Burke, C. et al. An exomoon survey of 70 cool giant exoplanets and the new candidate Kepler-1708 b-i. Nat Astron 6, 367–380 (2022).

15. https://science.nasa.gov/moon/formation/. Ultimo accesso 23 Gennaio 2023.

16. arXiv:1605.07178v2 [astro-ph.CO].

17. Javanmardi, B.; Porciani, C.; Kroupa, P.; Pflamm-Altenburg, J. (August 27, 2015). "Probing the Isotropy of Cosmic Acceleration Traced By Type Ia Supernovae". The Astrophysical Journal Letters. 810, 1.

18. arXiv:2206.05624 [astro-ph.CO].

19. arXiv:2207.05765 [astro-ph.CO].

20. Slipher (1913): Lowell Observatory Bulletin, 58, 56.

21. Slipher (1914): Lowell Observatory Bulletin, 62.

22. Slipher (1915): Popular Astronomy, 23, 21.

23. Slipher (1917): Proc. Amer. Phil. Soc., 56, 403.

24. Edwin Hubble, "A relation between distance and radial velocity among extra-galactic nebulae," From the Proceedings of the National Academy of Sciences, Volume 15, March 15, 1929, Number 3, 168–173.

25. Albert Einstein : "Zur Elektrodynamik bewegter Körper", Annalen der Physik. (30 June 1905), 17 (10): 891–921.

26. Minkowski, Hermann (1909). "Raum und Zeit". Jahresbericht der Deutschen Mathematiker-Vereinigung. 18: 75–88.

27. Albert Einstein: "Die Feldgleichungen der Gravitation". Sitzungsberichte der Preussischen Akademie der Wissenschaften zu Berlin, S. 844–847, 25. November 1915.

28. Albert Einstein. "Kosmologische Betrachtungen zur allgemeinen Relativitätstheorie". (1917) Sitzungsberichte der Königlich Preußischen Akademie der Wissenschaften. part 1. Berlin, DE: 142–152.

29. Alexander Friedmann. "Über die Krümmung des Raumes". (1922) Z. Phys. (in German). 10 (1): 377–386.

30. Peebles, P. J. E.; Ratra, Bharat (2003). "The cosmological constant and dark energy". Reviews of Modern Physics. 75 (2). American Physical Society: 559–606.

31. Riess, Adam G.; Filippenko; Challis; Clocchiatti; Diercks; Garnavich; Gilliland; Hogan; Jha; Kirshner; Leibundgut; Phillips; Reiss; Schmidt; Schommer; Smith; Spyromilio; Stubbs; Suntzeff; Tonry (1998). "Observational evidence from supernovae for an accelerating universe and a cosmological constant". Astronomical Journal. 116 (3): 1009–1038.

32. Perlmutter, S.; Aldering; Goldhaber; Knop; Nugent; Castro; Deustua; Fabbro; Goobar; Groom; Hook; Kim; Kim; Lee; Nunes; Pain; Pennypacker; Quimby; Lidman; Ellis; Irwin; McMahon; Ruiz-Lapuente; Walton; Schaefer; Boyle; Filippenko; Matheson; Fruchter; et al. (1999). "Measurements of Omega and Lambda from 42 high redshift supernovae". Astrophysical Journal. 517 (2): 565–586.

33. arXiv:astro-ph/0501171.

34. Fritz Zwicky, 1933, Helvetica Phys. Acta,6,110.

35. V. Rubin and K. Ford, Astrophysical Journal, vol. 159, p.379 (February 1970).

36. Georges Lemaître, "A Homogeneous Universe of Constant Mass and Growing Radius Accounting for the Radial Velocity of Extragalactic Nebulae," (1927) Annales Soc. Sci. Bruxelles A 47–49.

37. A. A. Penzias and R. W. Wilson, "A Measurement of excess antenna temperature at 4080-Mc/s ", Astrophys. J. 142 (1965) 419.

38. https://www.jpl.nasa.gov/news/planck-mission-brings-universe-into-sharp-focus. Ultimo accesso 29 Gennaio 2023.

39. D. J. Fixsen, "The Temperature of the Cosmic Microwave Background". (2009) The Astrophysical Journal. 707 (2): 916–920.

40. Bennett, C. L.; et al. (2011). "Seven-Year Wilkinson Microwave Anisotropy Probe (WMAP) Observations: Are There Cosmic Microwave Background Anomalies?". Astrophysical Journal Supplement Series. 192 (2): 17.

41. arXiv:2002.06892 [astro-ph.CO].

42. Starobinsky, A.A. (December 1979). "Spectrum of relict gravitational radiation and the early state of the universe". Journal of Experimental and Theoretical Physics Letters. 30: 682.

43. Guth, A. H. 1981, "The Inflationary Universe: A Possible Solution To The Horizon And Flatness Problems, Phys. Rev. D, 23, 347.

44. A.D. Linde, Chaotic inflation, Physics Letters B, Volume 129, Issues 3–4, 1983, Pages 177–181.

45. J. R. Gott III, et. al., "A Map of the Universe," Astronomical Journal, vol. 624, pp. 463–484, 2005.

46. https://www.seti.org/frank-d-drake-1930-2022. Ultimo accesso 2 Febbraio 2023.

47. The first appearance of the Drake Equation in print, detail of page 324, in "The radio search for intelligent extraterrestrial life," by Frank Drake, in Current Aspects of Exobiology, ed. by G. Mamikunian and M.H. Briggs, 1965 (Linda Hall Library).

48. Wilson, T.L. (1984) Bayes' Theorem and the Real SETI Equation. Quat. J. Royal Astr. Soc. 25: 435–448.

49. Glade N, Ballet P, Bastien O. A stochastic process approach of the drake equation parameters. International Journal of Astrobiology. 2012;11(2):103–108.

50. N. Prantzos. A probabilistic analysis of the Fermi paradox regarding the Drake formula: the role of the L factor. Monthly Notices of the Royal Astronomical Society, 2020, 493 (3), pp. 3464–3472.

51. arXiv:2105.03984 [physics.pop-ph].

52. arXiv:2311.05390 [astro-ph.EP].

53. https://en.wikipedia.org/wiki/Drake_equation. Ultimo accesso 2 Febbraio 2023.

54. Martin N.F.; et al. (2004). "A dwarf galaxy remnant in Canis Major: The fossil of an in-plane accretion on to the Milky Way". Monthly Notices of the Royal Astronomical Society. 348 (1): 12–23.

55. "Dissolving the Fermi Paradox", arXiv:1806.02404 [physics. Pop-ph].

56. https://www.space.com/17137-how-hot-is-the-sun.html. Ultimo accesso 2 Febbraio 2023.

57. Cannon, Annie Jump; Pickering, Edward Charles (1912). "Classification of 1,688 southern stars by means of their spectra". Annals of the Astronomical Observatory of Harvard College. 56 (5): 115.

58. Title: A stars as physics laboratories, Authors: Landstreet, J. D. Journal: The A-Star Puzzle, held in Poprad, Slovakia, July 8–13, 2004. Edited by J. Zverko, J. Ziznovsky, S.J. Adelman, and W.W. Weiss, IAU Symposium, No. 224. Cambridge, UK: Cambridge University Press, 2004., p. 423–432.

59. Landstreet JD. A stars as physics laboratories. Proceedings of the International Astronomical Union. 2004;2004(IAUS224):423–432.

60. F. Cruz Aguirre et al 2023 ApJ 956 79.

61. https://www.space.com/habitable-planets-common-sunlike-stars-milky-way. Ultimo accesso 20 Febbraio 2023.

62. arXiv:2012.02061 [astro-ph.SR].

63. Bardeen, J. M., 1973, "Rapidly rotating stars, disks, and black holes", in Black Holes, ed. C. DeWitt and B. S. DeWitt, Gordon and Breach, New York, 241.

64. Shipman, H. L.; Yu, Z; Du, Y.W (1975), "The implausible history of triple star models for Cygnus X-1 Evidence for a black hole", Astrophysical Letters, 16 (1): 9–12.

65. Francisco Nogueras-Lara et al 2021 ApJ 920 97.

66. "Slow Star Formation in the Milky Way: Theory Meets Observations," Neal J. Evans II et al 2022 ApJL 929 L18.

67. Nutman, Allen P.; Bennett, Vickie C.; Friend, Clark R.L.; et al. (September 22, 2016). "Rapid emergence of life shown by discovery of 3,700-million-year-old microbial structures". Nature. 537 (7621): 535–538.

68. Wandel, A. Habitability and sub glacial liquid water on planets of M-dwarf stars. Nat Commun 14, 2125 (2023).

69. Rampelotto PH. Extremophiles and extreme environments. Life (Basel). 2013 Aug 7;3(3):482–5.

70. D'Amico S, Collins T, Marx JC, Feller G, Gerday C. Psychrophilic microorganisms: challenges for life. EMBO Rep. 2006 Apr;7(4):385–9.

71. Das, T. et al. (2022). Halophilic, Acidophilic, Alkaliphilic, Metallophilic, and Radioresistant Fungi: Habitats and Their Living Strategies. In: Sahay, S. (eds) Extremophilic Fungi. Springer, Singapore.

72. https://www.nationalgeographic.com/animals/invertebrates/facts/tardigrades-water-bears. Ultimo accesso 24 Febbraio 2023.

73. Cassan, A., Kubas, D., Beaulieu, JP. et al. One or more bound planets per Milky Way star from microlensing observations. Nature 481, 167–169 (2012).

74. https://www.esa.int/Science_Exploration/Space_Science/Juice. Ultimo accesso 24 Febbraio 2023.

75. Paganini, L., Villanueva, G.L., Roth, L. et al. A measurement of water vapour amid a largely quiescent environment on Europa. Nat Astron 4, 266–272 (2020).

76. Candice J. Hansen et al., Enceladus' Water Vapor Plume. Science 311, 1422–1425 (2006). https://doi.org/10.1126/science.1121254.

77. V. Cottini, C.A. Nixon, D.E. Jennings, C.M. Anderson, N. Gorius, G.L. Bjoraker, A. Coustenis, N.A. Teanby, R.K. Achterberg, B. Bézard, R. de Kok, E. Lellouch, P.G.J. Irwin, F.M. Flasar, G. Bampasidis, Water vapor in Titan's stratosphere from Cassini CIRS far-infrared spectra, Icarus, Volume 220, Issue 2, 2012, Pages 855–862,.

78. Anesio, A.M., Lutz, S., Chrismas, N.A.M. et al. The microbiome of glaciers and ice sheets. Biofilms Microbiomes 3, 10 (2017).

79. Ate H Jaarsma, Katie Sipes, Athanasios Zervas, Francisco Campuzano Jiménez, Lea Ellegaard-Jensen, Mariane S Thøgersen, Peter Stougaard, Liane G Benning, Martyn Tranter, Alexandre M Anesio, Exploring microbial diversity in Greenland Ice Sheet supraglacial habitats through culturing-dependent and -independent approaches, FEMS Microbiology Ecology, Volume 99, Issue 11, November 2023, fiad119.

80. Oba, Y., Takano, Y., Furukawa, Y. et al. Identifying the wide diversity of extraterrestrial purine and pyrimidine nucleobases in carbonaceous meteorites. Nat Commun 13, 2008 (2022).

81. Hollinger, Maik (2016). "Life from Elsewhere – Early History of the Maverick Theory of Panspermia". Sudhoffs Archiv. 100 (2): 188–205.

82. Kumar D, Steele EJ, Wickramasinghe NC. Preface: The origin of life and astrobiology. Adv Genet. 2020;106:xv-xviii.

83. Siraj, Amir; Loeb, Avi (20 September 2022). "Interstellar Meteors are Outliers in Material Strength". The Astrophysical Journal. 941 (2): L28.

84. McKay CP. Requirements and limits for life in the context of exoplanets. Proc Natl Acad Sci U S A. 2014 Sep 2;111(35):12628–33.

85. Hunten, Donald M.; Shemansky, Donald Eugene; Morgan, Thomas Hunt (1988). "The Mercury atmosphere". In Vilas, Faith; Chapman, Clark R.; Shapley Matthews, Mildred (eds.).

86. Gomez-Leal, Illeana; Kaltenegger, Lisa; Lucarini, Valerio; Lunkeit, Frank (2019). "Climate sensitivity to ozone and its relevance on the habitability of Earth-like planets". Icarus. 321: 608–618.

87. Leconte, Jeremy; Forget, Francois; Charnay, Benjamin; Wordsworth, Robin; Pottier, Alizee (2013). "Increased insolation threshold for runaway greenhouse processes on Earth-like planets". Nature. 504 (7479): 268–71.

88. Ramirez, Ramses; Kaltenegger, Lisa (2017). "A Volcanic Hydrogen Habitable Zone". The Astrophysical Journal Letters. 837 (1).

89. Pierrehumbert, Raymond; Gaidos, Eric (2011). "Hydrogen Greenhouse Planets Beyond the Habitable Zone". The Astrophysical Journal Letters. 734 (1).

90. https://spaceplace.nasa.gov/solar-cycles/en/. Ultimo accesso 26 Febbraio 2023.

91. Bochanski, J. J., Hawley, S. L., Covey, K. R., et al. 2010, AJ, 139, 2679.

92. Aomawa L. Shields, Sarah Ballard, John Asher Johnson, The habitability of planets orbiting M-dwarf stars, Physics Reports, Volume 663, 2016, Pages 1–38.

93. Lorenz, Edward N. (1963). "Deterministic non-periodic flow". Journal of the Atmospheric Sciences. 20 (2): 130–141.

94. "A computer assisted proof for 100,000 years stability of the solar system" by Angel Zhivkov and Ivaylo Tounchev, arXiv preprint: 2206.13467 (2022).

95. Michelle L. Hill et al 2023 AJ 165 34.

96. https://www.frontiersin.org/journals/astronomy-and-space-sciences/articles/10.3389/fspas.2024.1372057/full. Ultimo accesso 3 Marzo 2023.

97. J.B. Pollack, J.F. Kasting, S.M. Richardson, K. Poliakoff, "The case for a wet, warm climate on early Mars", Icarus, Volume 71, Issue 2, 1987, Pages 203–224.

98. Friedrich Wöhler (1828). "Ueber künstliche Bildung des Harnstoffs". Annalen der Physik und Chemie. 88 (2): 253–256.

99. See: Kolbe, H. (1845). "Beiträge zur Kenntniß der gepaarten Verbindungen" [Contributions to [our] knowledge of paired compounds]. Annalen der Chemie und Pharmacie (in German). 54 (2): 145–188.

100. Yamashita H. Biological Function of Acetic Acid-Improvement in Obesity and Glucose Tolerance by Acetic Acid in Type 2 Diabetic Rats. Crit Rev Food Sci Nutr. 2016 Jul 29;56 Suppl 1:S171-5.

101. Miller, Stanley L. (1953). "Production of Amino Acids Under Possible Primitive Earth Conditions". Science. 117 (3046): 528–9.

102. Lopez MJ, Mohiuddin SS. Biochemistry, Essential Amino Acids. [Updated 2024 Apr 30]. In: StatPearls [Internet]. Treasure Island (FL): StatPearls Publishing; 2024 Jan.

103. Daniel S. Helman, Galactic distribution of chirality sources of organic molecules, Acta Astronautica, Volume 151, 2018, Pages 595–602.

104. Pasteur L. Memoires sur la relation qui peut exister entre la forme crystalline et al composition chimique, et sur la cause de la polarization rotatoire. C R Acad Sci. 1848;26:535"=538.

105. Cartus AT. 2012. D-Amino acids and cross-linked amino acids as food contaminants. In: Schrenk D, editor. Chemical contaminants and residues in food. Cambridge: Woodhead Publishing; p. 286–319.

106. Das K, Balaram H, Sanyal K. Amino Acid Chirality: Stereospecific Conversion and Physiological Implications. ACS Omega. 2024 Jan 26;9(5):5084–5099.

107. Fujii N. D-amino acids in living higher organisms. Orig Life Evol Biosph. 2002 Apr;32(2):103–27.

108. Chemical Complexity and Consequent Homochirality from Weak Neutral Currents Acting upon Paramagnetic Enantiomers. Stevenson, Cheryl D., Davis, John P., (2021). American Chemical Society.

109. Experimental Test of Parity Conservation in Beta Decay C. S. Wu, E. Ambler, R. W. Hayward, D. D. Hoppes, and R. P. Hudson Phys. Rev. 105, 1413 – Published 15 February 1957.

110. Weller, Michael G. 2024. "The Mystery of Homochirality on Earth" Life 14, no. 3: 341.

111. S. Furkan Ozturk et al., Origin of biological homochirality by crystallization of an RNA precursor on a magnetic surface.Sci. Adv.9,eadg8274(2023).

112. Koga, T., Naraoka, H. A new family of extraterrestrial amino acids in the Murchison meteorite. Sci Rep 7, 636 (2017).

113. Bada, Jeffrey L.; Cronin, John R.; Ho, Ming-Shan; Kvenvolden, Keith A.; Lawless, James G.; Miller, Stanley L.; Oro, J.; Steinberg, Spencer (10 February 1983). "On the reported optical activity of amino acids in the Murchison meteorite". Nature. 301 (5900): 494–496.

114. Gomes, R., Levison, H., Tsiganis, K. et al. Origin of the cataclysmic Late Heavy Bombardment period of the terrestrial planets. Nature 435, 466–469 (2005).

115. Giovanni Picardi et al., Radar Soundings of the Subsurface of Mars. Science 310, 1925–1928 (2005).

116. Cooper, G.M. (2000) The Cell A Molecular Approach. 2nd Edition, Sunderland (MA) Sinauer Associates, The Development and Causes of Cancer.

117. Moody, E.R.R., Álvarez-Carretero, S., Mahendrarajah, T.A. et al. The nature of the last universal common ancestor and its impact on the early Earth system. Nat Ecol Evol 8, 1654–1666 (2024).

118. Knoll AH. Paleobiological perspectives on early eukaryotic evolution. Cold Spring Harb Perspect Biol. 2014 Jan 1;6(1):a016121.

119. https://www.rhs.org.uk/science/articles/fun-fungi-facts. Ultimo accesso 28 Marzo 2023.

120. Maloof, A. C.; Porter, S. M.; Moore, J. L.; Dudas, F. O.; Bowring, S. A.; Higgins, J. A.; Fike, D. A.; Eddy, M. P. (2010). "The earliest Cambrian record of animals and ocean geochemical change". Geological Society of America Bulletin. 122 (11–12): 1731–1774.

121. Butterfield, N. J. (1 February 2003). "Exceptional Fossil Preservation and the Cambrian Explosion". Integrative and Comparative Biology. 43 (1): 166–177.

122. Conway Morris, Simon (1979). "The Burgess Shale (Middle Cambrian) Fauna". Annual Review of Ecology and Systematics. 10: 327–349.

123. Walter G. Kühne, "On a Triconodont tooth of a new pattern from a Fissure-filling in South Glamorgan", Proceedings of the Zoological Society of London, volume 119 (1949–1950) pages 345–350.

124. Robert D. Martin, Primates, Current Biology, Volume 22, Issue 18, 2012, Pages R785-R790,.

125. Stevens NJ, Seiffert ER, O'Connor PM, Roberts EM, Schmitz MD, Krause C, Gorscak E, Ngasala S, Hieronymus TL, Temu J. Palaeontological evidence for an Oligocene divergence between Old World monkeys and apes. Nature. 2013 May 30;497(7451):611–4.

126. https://australian.museum/learn/science/human-evolution/humans-are-apes-great-apes/. Ultimo accesso 11 Aprile 2023.

127. Patterson N, Richter DJ, Gnerre S, Lander ES, Reich D (2006). "Genetic evidence for complex speciation of humans and chimpanzees". Nature. 441 (7097): 1103–08.

128. Carotenuto F, Tsikaridze N, Rook L, Lordkipanidze D, Longo L, Condemi S, Raia P. Venturing out safely: The biogeography of Homo erectus dispersal out of Africa. J Hum Evol. 2016 Jun;95:1–12.

129. Raup DM, Sepkoski JJ (March 1982). "Mass extinctions in the marine fossil record". Science. 215 (4539): 1501–1503.

130. Jing, X., Yang, Z., Mitchell, R.N., et al. Ordovician–Silurian true polar wander as a mechanism for severe glaciation and mass extinction. Nat Commun 13, 7941 (2022).

131. Robert W. Gess, Per E. Ahlberg, A high latitude Gondwanan species of the Late Devonian tristichopterid Hyneria (Osteichthyes: Sarcopterygii), PLOS ONE, 18, 2, (e0281333), (2023).

132. Hautmann, Michael. (2012). Extinction: End-Triassic Mass Extinction. Encyclopedia of Life Sciences.

133. Thomas Servais, David A. T. Harper, Björn Kröger, Christopher Scotese, Alycia L. Stigall, Yong-Yi Zhen, Changing palaeobiogeography during the Ordovician Period, Geological Society, London, Special Publications, https://doi.org/10.1144/SP532-2022-168, 532, 1, (2022).

134. Qiu, Zhen; Zou, Caineng; Mills, Benjamin J. W.; Xiong, Yijun; Tao, Huifei; Lu, Bin; Liu, Hanlin; Xiao, Wenjiao; Poulton, Simon W. (5 April 2022). "A nutrient control on expanded anoxia and global cooling during the Late Ordovician mass extinction". Communications Earth and Environment. 3 (1): 82.

135. https://www.pbs.org/wgbh/evolution/change/deeptime/ordovician.html. Ultimo accesso 12 Aprile 2023.

136. Harper DAT. Late Ordovician Mass Extinction: Earth, fire and ice. Natl Sci Rev. 2023 Dec 18;11(1).

137. arXiv:astro-ph/0309415.

138. Ball, P. Gamma-ray burst linked to mass extinction. Nature (2003). https://doi.org/10.1038/news030922-7.

139. Frederiks, D.; Svinkin, D.; Lysenko, A. L.; Molkov, S.; Tsvetkova, A.; Ulanov, M.; Ridnaia, A.; Lutovinov, A. A.; Lapshov, I.; Tkachenko, A.; Levin, V. (May 18, 2023). "Properties of the Extremely Energetic GRB 221009A from Konus-WIND and SRG/ART-XC Observations". The Astrophysical Journal Letters. 949 (1): L7.

140. Becker, R. T.; Marshall, J. E. A.; Da Silva, A. -C.; Agterberg, F. P.; Gradstein, F. M.; Ogg, J. G. (1 January 2020), Gradstein, Felix M.; Ogg, James G.; Schmitz, Mark D.; Ogg, Gabi M. (eds.), "Chapter 22 – The Devonian Period", Geologic Time Scale 2020, Elsevier, pp. 733–810.

141. Cocks, L. Robin M.; Torsvik, Trond H., eds. (2016), "Devonian", Earth History and Palaeogeography, Cambridge: Cambridge University Press.

142. https://new.nsf.gov/news/climate-change-factors-fossil-record-accelerate. Ultimo accesso 17 Aprile 2023.

143. George R. McGhee, Chapter 3Modelling late Devonian extinction hypotheses, Editor(s): D.J. Over, J.R. Morrow, P.B. Wignall, Developments in Palaeontology and Stratigraphy, Elsevier, Volume 20, 2005.

144. Fields BD, Melott AL, Ellis J, Ertel AF, Fry BJ, Lieberman BS, Liu Z, Miller JA, Thomas BC. Supernova triggers for end-Devonian extinctions. Proc Natl Acad Sci USA. 2020 Sep 1;117(35):21008–21010.

145. Erwin, D. H. The Permo–Triassic extinction. Nature 367, 231–236 (1994).

146. Burgess, S. D., Bowring, S. and Shen, S. Z. High-precision timeline for Earth's most severe extinction. Proc. Natl Acad. Sci. USA 111, 3316–3321 (2014).

147. Wang J, Pfefferkorn HW. Nystroemiaceae, a new family of Permian gymnosperms from China with an unusual combination of features. Proc Biol Sci. 2010 Jan 22;277(1679):301–9.

148. https://www.livescience.com/43219-permian-period-climate-animals-plants.html. Ultimo accesso 30 Aprile 2023.

149. arXiv:1911.10188 [physics.ao-ph].

150. K Kaiho, Y Kajiwara, T Nakanao, Y Miura, H Kawahata, K Tazaki, M Ueshima, Z Chen, G R Shi Geology 29, 815–818 (2001).

151. Whiteside, Jessica H.; Olsen, Paul E.; Eglington, Timothy; Brookfield, Michael E.; Sambrotto, Raymond N. (22 March 2010). "Compound-specific carbon isotopes from Earth's largest flood basalt eruptions directly linked to the end-Triassic mass extinction". Proceedings of the National Academy of Sciences of the United States of America. 107 (15): 6721–6725.

152. G.M. Stampfli, C. Hochard, C. Vérard, C. Wilhem, J. von Raumer, The formation of Pangea, Tectonophysics, Volume 593, 2013, Pages 1–19.

153. L.H. Tanner, S.G. Lucas, M.G. Chapman, Assessing the record and causes of Late Triassic extinctions, Earth-Science Reviews,Volume 65, Issues 1–2, 2004, Pages 103–139.

154. Jablonski, D.; Chaloner, W. G. (1994). "Extinctions in the fossil record (and discussion)". Philosophical Transactions of the Royal Society of London B. 344 (1307): 11–17.

155. Alvarez, Luis W.; Alvarez, Walter; Asaro, F.; Michel, H. V. (1980). "Extraterrestrial cause for the Cretaceous-Tertiary extinction" (PDF). Science. 208 (4448): 1095–1108.

156. Donovan, M., Iglesias, A., Wilf, P. et al. Rapid recovery of Patagonian plant-insect associations after the end-Cretaceous extinction. Nat Ecol Evol 1, 0012 (2017).

157. https://samnoblemuseum.ou.edu/understanding-extinction/minor-mass-extinctions/. Ultimo accesso 1 Maggio 2023.

158. The Zoologist Guide to the Galaxy. What Animals on Earth Reveal About Aliens – and Ourselves. Dr. Arik Kershenbaum. Penguin Books. (2020).

159. Lewontin Richard C. (2007)-– in Enciclopedia Treccani della Scienza e della Tecnica.

160. Kardashev, N.S. (1964) Transmission of Information by Extraterrestrial Civilizations. Soviet Astronomy, 8, 217–221.

161. Zhang, A., Yang, J., Luo, Y. et al. Forecasting the progression of human civilization on the Kardashev Scale through 2060 with a machine-learning approach. Sci Rep 13, 11305 (2023).

162. https://mkaku.org/home/articles/the-physics-of-extraterrestrial-civilizations/. Ultimo accesso 5 Maggio 2023.

163. Seager S, Bains W, Petkowski JJ. Toward a List of Molecules as Potential Biosignature Gases for the Search for Life on Exoplanets and Applications to Terrestrial Biochemistry. Astrobiology. 2016 Jun;16(6):465–85.

164. arXiv:1801.00732 [astro-ph.SR].

165. Woods, P. More dips for Tabby's Star. Nat Astron 2, 185 (2018).

166. J. Richard Gott, III (1993). "Implications of the Copernican principle for our future prospects." Nature. 363 (6427): 315–319.

167. Callaway, Ewan (7 June 2017). "Oldest Homo sapiens fossil claim rewrites our species' history." Nature. https://doi.org/10.1038/nature.2017.22114.

168. Chris Stringer, Julia Galway-Witham. When did modern humans leave Africa? Science 359, 389–390 (2018).

169. Romanovskaya IK. Migrating extraterrestrial civilizations and interstellar colonization: implications for SETI and SETA. International Journal of Astrobiology. 2022;21(3):163–187.

170. arXiv:2110.15213 [physics.pop-ph].

171. https://www.seti.org. Ultimo accesso 18 Maggio 2023.

172. https://www.seti.org/press-release/massive-radio-array-search-extraterrestrial-signals-other-civilizations. Ultimo accesso 18 Maggio 2023.

173. George Gaylord Simpson. The Nonprevalence of Humanoids. Science, 21 Feb 1964, Vol 143, Issue 3608, pp. 769–775.

174. Ernst Mayr "A Critique of the Search for Extraterrestrial Intelligence", The Bioastronomy News, vol. 7, no. 3, 1995.

175. Rare Earth – why complex life is uncommon in the universe. Peter Ward and Donald Brownlee Copernicus Publishers, New York, USA (2000).

176. Lucky planet: why Earth is exceptional– and what that means for life in the universe. David Waltham. New York : Basic Books, a member of the Perseus Books Group, [2014].

177. Laskar, J, Chaotic Diffusion in the Solar System, https://arxiv.org/pdf/0802.3371. Ultimo accesso 25 Maggio 2023.

178. Aleksandr Lyapunov, The General Problem of Stability of Motion, 1892, Kharkov University.

179. Tokovinin, A. 2014a, AJ, 147, 86.

180. M. Cuntz 2014 ApJ 780 14.

181. Elisa V. Quintana, Jack J. Lissauer arXiv:0705.3444 [astro-ph].

182. Wiegert, Paul A.; Holman, Matt J. (April 1997). "The stability of planets in the Alpha Centauri system". The Astronomical Journal. 113 (4): 1445–1450.

183. Jerome A. Orosz et al. 2019 AJ 157 174.

184. Reipurth, B. and Mikkola, S. Formation of the widest binary stars from dynamical unfolding of triple systems. Nature 492, 221–224 (2012).

185. Mamajek, E.E.; Hillenbrand, L.A. (2008). "Improved age estimation for Solar-type dwarfs using activity-rotation diagnostics". Astrophysical Journal. 687 (2): 1264–1293.

186. Schwamb, Megan E.; Orosz, Jerome A.; Carter, Joshua A.; Welsh, William F.; Fischer, Debra A.; Torres, Guillermo; Howard, Andrew W.; Crepp, Justin R.; Keel, William C.; Lintott, Chris J.; Kaib, Nathan A.; Terrell, Dirk; Gagliano, Robert; Jek, Kian J.; Parrish, Michael; Smith, Arfon M.; Lynn, Stuart; Simpson, Robert J.; Giguere, Matthew J.; Schawinski, Kevin (2013). "Planet Hunters: A Transiting Circumbinary Planet in a Quadruple Star System". The Astrophysical Journal. 768 (2): 127.

187. https://www.nasa.gov/wp-content/uploads/2015/01/yoss_act_4.pdf. Ultimo accesso 27 Maggio 2023.

188. https://www.nasa.gov/wp-content/uploads/2015/01/yoss_act_4.pdf. Ultimo accesso 27 Maggio 2023.

189. https://science.nasa.gov/exoplanets/trappist1/. Ultimo accesso 27 Maggio 2023.

190. de Wit, Julien; Wakeford, Hannah R.; et al. (5 February 2018). "Atmospheric reconnaissance of the habitable-zone Earth-sized planets orbiting TRAPPIST-1". Nature Astronomy. 2 (3). Nature: 214–219.

191. Måns Wallner et al., Abiotic molecular oxygen production—Ionic pathway from sulfur dioxide.Sci. Adv.8,eabq5411(2022).

192. Liu, Zibo, and Dongdong Ni. "Quantitative correlation of refractory elemental abundances between rocky exoplanets and their host stars." Astronomy and Astrophysics 674 (2023): A137.

193. Alan P. Boss Metallicity and Planet Formation: Models, August 2009Proceedings of the International Astronomical Union 5(S265):391–398.

194. Pineda, J.S., Villadsen, J. Coherent radio bursts from known M-dwarf planet-host YZ Ceti. Nat Astron 7, 569–578 (2023).

195. https://www.nsf.gov/mps/ast/outreach/MilkyWayLEDCraft2019.pdf. Ultimo accesso 12 Giugno 2023.

196. arXiv:1810.12641.

197. GALACTICNUCLEUS: A high-angular-resolution JHKs imaging survey of the Galactic centre – II. First data release of the catalogue and the most detailed CMDs of the GC. F. Nogueras-Lara, R. Schödel, A. T. Gallego-Calvente, H. Dong, E. Gallego-Cano, B. Shahzamanian, J. H. V. Girard, S. Nishiyama, F. Najarro and N. Neumayer. AandA, 631 (2019) A20.

198. Daly Reginald A. 1946 Origin of the Moon and its topography. Proc. Am. Phil. Soc. 90, 104–119.

199. Denis Andrault, Julien Monteux, Michael Le Bars, Henri Samuel, The deep Earth may not be cooling down, Earth and Planetary Science Letters, Volume 443, 2016, Pages 195–203, ISSN 0012-821X, https://doi.org/10.1016/j.epsl.2016.03.020.

200. Nakajima, M., Genda, H., Asphaug, E. et al. Large planets may not form fractionally large moons. Nat Commun 13, 568 (2022).

201. https://science.nasa.gov/solar-system/oort-cloud/. Ultimo accesso 20 Giugno 2023.

202. Janson M, Gratton R, Rodet L, Vigan A, Bonnefoy M, Delorme P, Mamajek EE, Reffert S, Stock L, Marleau GD, Langlois M, Chauvin G, Desidera S, Ringqvist S, Mayer L, Viswanath G, Squicciarini V, Meyer MR, Samland M, Petrus S, Helled R, Kenworthy MA, Quanz SP, Biller B, Henning T, Mesa D, Engler N, Carson JC. A wide-orbit giant planet in the high-mass b Centauri binary system. Nature. 2021 Dec;600(7888):231–234. https://doi.org/10.1038/s41586-021-04124-8.

203. Alfred Wegener, "The Origin of Continents". (1912).

204. https://education.nationalgeographic.org/resource/plate-tectonics/. Ultimo accesso 26 Giugno 2023.

205. https://www.whoi.edu/multimedia/carbon-dioxide-shell-building-and-ocean-acidification/. Ultimo accesso 27 Giugno 2023.

206. Weller, M.B., Evans, A.J., Ibarra, D.E. et al. Venus's atmospheric nitrogen explained by ancient plate tectonics. Nat Astron 7, 1436–1444 (2023).

207. Kattenhorn, Simon and Prockter, Louise. (2014). Evidence for subduction in the ice shell of Europa. Nature Geoscience. 7. 762–767.

208. Tobias G. Meier et al 2021 ApJL 908 L48.

209. https://www.nationalgeographic.com/animals/invertebrates/facts/tardigrades-water-bears. Ultimo accesso 30 Giugno 2023.

210. Hanson, Robin, The Great Filter – Are We Almost Past It?.

211. Schrödinger, Erwin (1974). What is life? mind and matter: the physical aspect of the living cell. Cambridge University Press.

212. Watson, J., Crick, F. Molecular Structure of Nucleic Acids: A Structure for Deoxyribose Nucleic Acid. Nature 171, 737–738 (1953).

213. Libretti S, Puckett Y. Physiology, Homeostasis. [Updated 2023 May 1]. In: StatPearls [Internet]. Treasure Island (FL): StatPearls Publishing; 2024 Jan.

214. Wang D, Farhana A. Biochemistry, RNA Structure. [Updated 2023 Jul 29]. In: StatPearls [Internet]. Treasure Island (FL): StatPearls Publishing; 2024 Jan-.

215. Pavlinova P, Lambert CN, Malaterre C, Nghe P. Abiogenesis through gradual evolution of autocatalysis into template-based replication. FEBS Lett. 2023 Feb;597(3):344–379.

216. Schrum JP, Zhu TF, Szostak JW. The origins of cellular life. Cold Spring Harb Perspect Biol. 2010 Sep;2(9):a002212.

217. Gánti, Tibor (31 December 2003). Chemoton Theory: Theory of Living Systems. Translated by Elisabeth Csárán. Kluwer Academic/Plenum Publishers.
218. https://www.nature.com/scitable/definition/prokaryote-procariote-18. Ultimo accesso 5 Luglio 2023.
219. Martin D. Brasier, Owen R. Green, Andrew P. Jephcoat, Annette K. Kleppe, Martin J. Van Kranendonk, John F. Lindsay, Andrew Steele and Nathalie V. Grassineauk. Nature | Vol 416 | pp. 76–81. 7 March 2002. https://doi.org/10.1038/416076a.
220. Bar-On YM, Phillips R, Milo R. The biomass distribution on Earth. Proc Natl Acad Sci U S A. 2018 Jun 19;115(25):6506–6511.
221. Dey G, Thattai M, Baum B. On the Archaeal Origins of Eukaryotes and the Challenges of Inferring Phenotype from Genotype. Trends Cell Biol. 2016 Jul;26(7):476–485.
222. Cavalier-Smith T. Origin of mitochondria by intracellular enslavement of a photosynthetic purple bacterium. Proc Biol Sci. 2006 Aug 7;273(1596):1943–52.
223. Cooper GM. The Cell: A Molecular Approach. 2nd edition. Sunderland (MA): Sinauer Associates; 2000. The Origin and Evolution of Cells.
224. Goodenough U, Heitman J. Origins of eukaryotic sexual reproduction. Cold Spring Harb Perspect Biol. 2014 Mar 1;6(3):a016154.
225. J.T Bonner The Evolution of Complexity by Means of Natural Selection Princeton University Press, Princeton, NJ (1988).
226. Sanderson, M. J. Molecular data from 27 proteins do not support a Precambrian origin of land plants. American Journal of Botany 90, 954–956 (2003).
227. https://www.science.org/content/article/earth-s-first-animals-may-have-been-sea-sponges. Ultimo accesso 12 Luglio 2023.
228. Herries, A. I. R., Martin, J. M., Leece, A. B., Adams, J. W., Boschian, G., Joannes-Boyau, R., Edwards, T. R., Mallett, T., Massey, J., Murszewski, A., Neubauer, S., Pickering, R., Strait, D. S., Armstrong, B. J., Baker, S., Caruana, M. V., Denham, T., Hellstrom, J., Moggi-Cecchi, J., Mokobane, S., Penzo-Kajewski, P., Rovinsky, D. S., Schwartz, G. T., Stammers, R. C., Wilson, C., Woodhead, J., & Menter, C. (2020). Contemporaneity of Australopithecus, Paranthropus, and early Homo erectus in South Africa. Science, 368(6486), eaaw7293.
229. https://gorillafund.org/dian-fossey/social-groups/. Ultimo accesso 15 Luglio 2023.
230. Johnson RT, O'Neill MC, Umberger BR. The effects of posture on the three-dimensional gait mechanics of human walking compared to walking in bipedal chimpanzees. J Exp Biol. 2022 Mar 1;225(5):jeb243272.
231. Gould SJ. 1990. Wonderful life: the burgess shale and the nature of history. New York, NY: W.W. Norton and Co.
232. Bostrom, Nick (2018). The Vulnerable World Hypothesis.
233. Nick Bostrom. Where are They? Why I hope that the search for extraterrestrial life finds nothing. MIT Technology Review, May/June issue

(2008): pp. 72–77. https://www.technologyreview.com/2008/04/22/220999/where-are-they/. Ultimo accesso 15 Aprile 2024.

234. Tarter, J. C., Agrawal, A., Ackermann, R., et al. 2010, in Proc. SPIE, Vol. 7819, Instruments, Methods, and Missions for Astrobiology XIII, 781902.

235. Hemming, John (1987). The Conquest of the Incas. Penguin Books.

236. John A. Ball, The Zoo Hypothesis, Icarus, Volume 19, Issue 3, 1973, Pages 347–349.

237. Duncan Forgan, arXiv:1105.2497 [astro-ph.EP].

238. George K. Zipf (1935): The Psychobiology of Language. Houghton-Mifflin.

239. Brin, G. D. (1 September 1983). "The Great Silence – the Controversy Concerning Extraterrestrial Intelligent Life". Quarterly Journal of the Royal Astronomical Society. 24: 283–309.

240. https://www.projectnash.com/aliens-the-fermi-paradox-and-the-dark-forest-theory/. Ultimo accesso 2 Agosto 2023.

241. https://www.ligo.org/science/Publication-GW150914/. Ultimo accesso 4 Agosto 2023.

242. arXiv:2402.15707v1 [eess.SP] 24 Feb 2024, A Quick Guide to Quantum Communication. Rohit Singh, Member, IEEE, Roshan M. Bodile, Member, IEEE.

243. Einstein, A; B Podolsky; N Rosen (1935-05-15). "Can Quantum-Mechanical Description of Physical Reality be Considered Complete?" (PDF). Physical Review. 47 (10): 777–780.

244. Albert Einstein, Lens-Like Action of a Star by the Deviation of Light in the Gravitational Field. Science 84, 506–507 (1936).

245. https://www.wildlifehotline.com/help/opossums. Ultimo accesso 3 Settembre 2023.

246. Bates H.W. 1863. The Naturalist on the River Amazons. 2 vols, Murray, London.

247. https://nationalzoo.si.edu/animals/sinaloan-milksnake. Ultimo accesso 3 Settembre 2023.

248. Emily A. Gilbert, Andrew Vanderburg, Joseph E. Rodriguez, Benjamin J. Hord, Matthew S. Clement, Thomas Barclay, Elisa V. Quintana, Joshua E. Schlieder, Stephen R. Kane, Jon M. Jenkins, Joseph D. Twicken, Michelle Kunimoto, Roland Vanderspek, Giada N. Arney, David Charbonneau, Maximilian N. Günther, Chelsea X. Huang, Giovanni Isopi, Veselin B. Kostov, Martti H. Kristiansen, David W. Latham, Franco Mallia, Eric E. Mamajek, Ismael Mireles, Samuel N. Quinn, George R. Ricker, Jack Schulte, S. Seager, Gabrielle Suissa, Joshua N. Winn, Allison Youngblood, Aldo Zapparata, A Second Earth-sized Planet in the Habitable Zone of the M Dwarf, TOI-700, The Astrophysical Journal Letters, 944, 2, (L35), (2023).

249. That is not dead which can eternal lie: the aestivation hypothesis for resolving Fermi's paradox: arXiv:1705.03394 [physics. pop-ph].

250. Bennett, C.H., Hanson, R. and Riedel, C.J. Comment on 'The Aestivation Hypothesis for Resolving Fermi's Paradox'. Found Phys 49, 820–829 (2019).

251. Wolfe JW, Rummel JD. Long-term effects of microgravity and possible countermeasures. Adv Space Res. 1992;12(1):281–4.

252. https://nssdc.gsfc.nasa.gov/planetary/factsheet/saturnfact.html. Ultimo accesso 10 Settembre 2023.

253. https://www.space.com/nasa-parker-solar-probe-fastest-man-made-object-breaks-record. Ultimo accesso 23 Settembre 2023.

254. https://www.space.com/how-long-does-it-take-to-get-to-the-moon. Ultimo accesso 23 Settembre 2023.

255. https://www.sciencealert.com/worlds-largest-nuclear-fusion-rocket-engine-begins-construction. Ultimo accesso 24 Settembre 2023.

256. arXiv:gr-qc/0009013.

257. Albert Einstein and Nathan Rosen, The Particle Problem in the General Theory of Relativity (abstract), Phys. Rev. 48, 73 – Published 1 July, 1935. https://doi.org/10.1103/PhysRev.48.73. Abstract "These solutions involve the mathematical representation of physical space by a space of two identical sheets, a particle being represented by a "bridge" connecting these sheets".

258. https://www.nasa.gov/headquarters/library/find/bibliographies/long-term-challenges-to-human-space-exploration/. Ultimo accesso 26 Settembre 2023.

259. Saberhagen, Fred (January 1963). "Fortress Ship". Worlds of IF. pp. 96–105.

260. Computing Machinery and Intelligence Author(s): A. M. Turing Source: Mind, New Series, Vol. 59, No. 236 (Oct. 1950), pp. 433–460. Published by Oxford University Press on behalf of the Mind Association.

261. Bickle, John. 2006. "Reducing mind to molecular pathways: explicating the reductionism implicit in current cellular and molecular neuroscience." Synthese, 151, 411–434.

262. Chalmers, D. J. 1995. Facing up to the problem of consciousness. Journal of Consciousness Studies 2: 200–19.

263. Johnson, Steven (2001). Emergence: The Connected Lives of Ants, Brains, Cities, and Software. New York, NY: Scribner.

264. https://www.scientificamerican.com/article/google-engineer-claims-ai-chatbot-is-sentient-why-that-matters/. Ultimo accesso 30 Settembre 2023.

265. Le avventure di Pinocchio. Storia di un burattino (1883).

266. Theory of self-reproducing automata by Von Neumann, John, Burks, Arthur W. (Arthur Walter), Publication date 1966, Publisher Urbana, University of Illinois Press.

267. Kahn J (2006). "Nanotechnology". National Geographic. 2006 (June): 98–119.

268. Binnig G, Rohrer H (1986). "Scanning tunneling microscopy". IBM Journal of Research and Development. 30 (4): 355–369.

269. Von Neumann, J., Morgenstern, O. (1944). Theory of games and economic behavior. Princeton University Press.

270. Nash, John (1950) "Equilibrium points in n-person games" Proceedings of the National Academy of Sciences 36(1):48–49.
271. H. A. Bethe, "Ultimate Catastrophe?," Bull. Atomic Scientists 32, No. 6, 36 (1976).
272. B. Koch, M. Bleicher, and H. Stoecker, "Exclusion of Black Hole Disaster Scenarios at the LHC," Phys. Lett. B 672, 71 (2009).
273. Diogenis Laertii Vitae philosophorum edidit Miroslav Marcovich, Stuttgart-Lipsia, Teubner, 1999–2002. Bibliotheca scriptorum Graecorum et Romanorum Teubneriana, vol. 1: Books I–X.
274. "The Theory of the Universal Wave Function," (1955).
275. Messiah, Albert: Quantum Mechanics,1965.
276. Planck, Max (1901), "Ueber das Gesetz der Energieverteilung im Normalspectrum", Ann. Phys., 309 (3): 553–63.
277. Faye, Jan (2019). "Copenhagen Interpretation of Quantum Mechanics". In Zalta, Edward N. (ed.). Stanford Encyclopedia of Philosophy. Metaphysics Research Lab, Stanford University.
278. DeWitt, B. S. (1967). "Quantum Theory of Gravity. I. The Canonical Theory". Phys. Rev. 160 (5): 1113–1148.
279. Pieter Thyssen. The Block Universe: A Philosophical Investigation in Four Dimensions. Philosophy.Institute of Philosophy, KU Leuven (Belgium), 2020.
280. Totani, T. Emergence of life in an inflationary universe. Sci Rep 10, 1671 (2020).
281. Guth, Alan H. (2007). "Eternal inflation and its implications". J. Phys. A. 40 (25): 6811–6826.
282. P.J. Steinhardt "Natural Inflation," in The Very Early Universe, ed. by G. Gibbons, S. Hawking and S. Siklos, (Cambridge University Press: 1983), pp. 251.
283. "Evolution of the Solar System and the Expansion of the Universe" R. H. Dicke and P. J. E. Peebles, Phys. Rev. Lett. 12, 435 – 1964.
284. Just Six Numbers: The Deep Forces That Shape the Universe (Science Masters): Written by Sir Martin Rees, 1999 Edition, (First Edition) Publisher: W and N.
285. David J. Chalmers The matrix as metaphysics. 2005 – In Christopher Grau (ed.), Philosophers Explore the Matrix. Oxford University Press. pp. 132.
286. Nick Bostrom Are we living in a computer simulation? – 2003 – Philosophical Quarterly 53 (211):243–255.
287. https://iep.utm.edu/brain-in-a-vat-argument. Ultimo accesso 4 Ottobre 2023.
288. Kaluza, T. (1921) Zum Unitätsproblem in der Physik. Sitzungsber. Preuss. Akad. Wiss. Berlin. (Math. Phys.), 966–972.
289. Klein, Oskar (1926). "Quantentheorie und fünfdimensionale Relativitätstheorie". Zeitschrift für Physik A (in German). 37 (12): 895–906.
290. Becker, Katrin; Becker, Melanie; Schwarz, John (2007). String theory and M-theory: A modern introduction. Cambridge University Press.

291. Bergshoeff, Eric; Sezgin, Ergin; Townsend, Paul (1987). "Supermembranes and eleven-dimensional supergravity" (PDF). Physics Letters B. 189 (1): 75–78.

292. Westman, Robert S.. "Nicolaus Copernicus". Encyclopedia Britannica, 7 Oct. 2024, https://www.britannica.com/biography/Nicolaus-Copernicus. Ultimo accesso 14 Ottobre 2024.

293. Mandelbrot Benoit (1977) Fractals: Form, chance and dimension. W.H. Freeman, San Francisco.

294. P.J.E. Peebles, The fractal galaxy distribution, Physica D: Nonlinear Phenomena, Volume 38, Issues 1–3,1989, Pages 273–278.

295. Dicke, R. Dirac's Cosmology and Mach's Principle. Nature 192, 440–441 (1961).

296. Carter, Brandon. 1974. Large number coincidences and the anthropic principle in cosmology. In Longair (1974), p. 291–298.

297. Tintori SC, Çağlar D, Ortiz P, Chyzhevskyi I, Mousseau TA, Rockman MV. Environmental radiation exposure at Chornobyl has not systematically affected the genomes or chemical mutagen tolerance phenotypes of local worms. Proc Natl Acad Sci USA. 2024 Mar 12;121(11):e2314793121.

298. Postberg, F., Sekine, Y., Klenner, F. et al. Detection of phosphates originating from Enceladus's ocean. Nature 618, 489–493 (2023).

299. "Frequently Asked Questions about Europa". NASA. 2012.

300. Phillips, Cynthia B.; Pappalardo, Robert T. (20 May 2014). "Europa Clipper Mission Concept". Eos, Transactions American Geophysical Union. 95 (20): 165–167.

301. https://europa.nasa.gov/resources/174/induced-magnetic-field-from-europas-subsurface-ocean/. Ultimo accesso 20 Ottobre 2023.

302. https://science.nasa.gov/jupiter/moons/europa/europa-facts/. Ultimo accesso 20 Ottobre 2023.

303. Berna, Francesco (2012). "Microstratigraphic evidence of in situ fire in the Acheulean strata of Wonderwerk Cave, Northern Cape province, South Africa". Proceedings of the National Academy of Sciences of the United States of America. 109 (20): E1215–20.

304. Locey KJ, Lennon JT. Scaling laws predict global microbial diversity. Proc Natl Acad Sci. 2016;113:5970–5975.

Indice analitico

GPSR Compliance
The European Union's (EU) General Product Safety Regulation (GPSR) is a set
of rules that requires consumer products to be safe and our obligations to
ensure this.

If you have any concerns about our products, you can contact us on

ProductSafety@springernature.com

In case Publisher is established outside the EU, the EU authorized
representative is:

Springer Nature Customer Service Center GmbH
Europaplatz 3
69115 Heidelberg, Germany